普通高等院校电子信息类专业应用型本科规划教材

# 自动识别技术概论

刘平 主编 ／ 付丽华 李志 冯暖 副主编

清华大学出版社
北京

## 内容简介

本教材系国家级综合改革试点专业——电子信息工程及其自动识别技术方向课程建设的成果。本书根据应用型人才的培养目标和"应用为本、学以致用"的办学理念，贯彻"精、新、实"的编写原则，以"必需、够用"为度，精选必需的内容，其余内容引导学生根据兴趣和需要，有目的、有针对性地自学。本书的编写突出了以下主要特点：案例导入，更易激发学生的学习兴趣；图文并茂、重在应用，既重历史，又体现最新应用的情况，尤其是身边的事例；采用结构式描述，易读、易懂、易学、易记。

本书既可以作为应用型本科信息类各专业的自动识别技术课程教材，也可以作为非信息类专业学生及物联网技术、物流技术、自动识别技术企业及相关应用单位人员学习自动识别技术的入门书籍。

版权所有，侵权必究。举报：010-62782989，beiqinquan@tup.tsinghua.edu.cn。

图书在版编目（CIP）数据

自动识别技术概论/刘平主编. —北京：清华大学出版社，2013（2021.12重印）
普通高等院校电子信息类专业应用型本科规划教材
ISBN 978-7-302-32123-1

Ⅰ. ①自… Ⅱ. ①刘… Ⅲ. ①自动识别–高等学校–教材 Ⅳ. ①TP391.4

中国版本图书馆 CIP 数据核字（2013）第 082955 号

责任编辑：孙　坚　赵从棉
封面设计：傅瑞学
责任校对：赵丽敏
责任印制：朱雨萌

出版发行：清华大学出版社
网　　址：http://www.tup.com.cn, http://www.wqbook.com
地　　址：北京清华大学学研大厦 A 座　　邮　编：100084
社　总　机：010-62770175　　邮　购：010-62786544
投稿与读者服务：010-62776969，c-service@tup.tsinghua.edu.cn
质　量　反　馈：010-62772015，zhiliang@tup.tsinghua.edu.cn

印 装 者：北京富博印刷有限公司
经　　销：全国新华书店
开　　本：185mm×260mm　　印　张：15.75　　字　数：378 千字
版　　次：2013 年 8 月第 1 版　　印　次：2021 年 12 月第 10 次印刷
定　　价：45.00元

产品编号：048279-03

# 主编简介

刘平，教授，现任沈阳工学院（原沈阳理工大学应用技术学院）信息与控制学院院长，历任专业带头人、经济与管理学院副院长。目前兼任中国自动识别技术协会常务理事、辽宁省自动识别产业技术创新战略联盟秘书长、中国未来研究会理事。拥有清华大学和美国哥伦比亚大学双硕士学位，熟悉中外管理理论，并富有从基层到高层的管理实践经验。

近年来主持省教育厅2012年度辽宁省普通高等教育本科教学改革研究立项"电信专业'满足学生就业、升学、个性化发展'的分类培养、分级教学的多元化人才培养模式探索与实践"（课题编号：B20120039）、辽宁省教育科学"十二五"规划2011年度立项课题"跨学科复合型应用人才培养模式研究"（课题编号：JG11DB232）、2009年辽宁省社会科学规划基金项目"大学生创业教育通俗读本"（课题编号：L09DJY068）等多项省部级教科研项目，曾经主持承担国家级火炬计划项目"热转式条码印制机及条码打印机"（课题编号：9421104027）以及重点科技攻关项目"金融终端系统和支付工具"（课题编号：85-712-14-5-4），是2011年省级综合改革试点专业、2012年被推荐为国家级综合改革试点专业电子信息工程（自动识别技术方向）联合负责人和项目执行人，2010年省级精品课程负责人，2011年省级优秀教学团队带头人。

获得多项省部级成果奖，其中"借力国际品牌、深化校企融合、立足学以致用、培养应用型卓越工程人才"2012年获辽宁省普通高等教育本科教学成果二等奖（排名第2）、"民生中的若干问题"2011年获辽宁省第三届哲学社会科学优秀成果一等奖1项（排名第2）、"以需求为导向培养技术应用型人才"2010年获辽宁省教育科学"十一五"规划优秀成果三等奖（排名第1）、"条码技术产品"获部级科技进步一等奖1项（主要参与者）。

近年在高等教育出版社、机械工业出版社、电子工业出版社、清华大学出版社等国家一级出版社以第一作者出版10余部著作和教材，其中《创业攻略：成功创业之路》2010年获辽宁省学术成果奖著作类二等奖、《保险学概论》2011年获辽宁省人力资源和社会保障科学研究成果二等奖、《创业学：理论与实践（第二版）》2012年入选辽宁省"十二五"普通高等教育本科省级规划教材并被推荐参评国家级"十二五"规划教材，《用友ERP企业经营沙盘模拟实训手册（第三版）》、《拯救AIG：解读美国最大的金融拯救计划》、《保险战争》等已成为畅销书。

在光明日报、中国教育报·高等教育、现代经济探讨、企业管理、中外管理等核心期刊和国家期刊奖百种重点期刊发表文章30余万字，其中《再看破坏性创新》、《中国需要什么样的软件人才》、《如何成为标准的创造者》、《高成长企业的长赢基因》等多篇文章被广泛转载，3篇文章被人大报刊复印资料全文转载。

主要研究方向：电子信息工程、发展战略、创业理论与实务。

作者交流邮箱：liuping661005@126.com

# 前言

自动识别技术是将信息数据自动识别、自动输入计算机的重要方法和手段。它是以计算机技术和通信技术为基础的综合性科学技术，包括条码识别技术、射频识别技术、卡类识别技术、图像识别技术（含 OCR 光符识别技术）、生物特征识别技术等，其中生物特征识别技术又分为指纹识别技术、人脸识别技术、虹膜识别技术、语音识别技术等。

然而，目前已有的自动识别技术概论（导论）教材存在以下一些问题，比如更多地侧重于条码技术，忽视了其他的自动识别技术；不像概论，对个别技术（如编码技术）涉猎太深；同时，案例太少，过于抽象，不生动，引不起学生的学习兴趣。

为此，本教材根据应用型人才的培养目标和"应用为本、学以致用"的办学理念，贯彻"精、新、实"的编写原则，以"必需、够用"为度，精选必需的内容，采用最新的研究成果和数据（许多引用数据用到了 2012 年），内容系统实用。本书的编写突出了以下原则和主要特点。

## 本书定位

（1）电子信息工程及其自动识别技术方向、物流工程专业、物联网工程专业的专业基础课。

（2）非自动识别技术类专业的专业课、专业选修课，如电子商务、物流管理、测控技术与仪器、自动化、计算机、电子信息类其他专业等。

## 读者对象

应用自动识别技术的人。

## 本书特色

（1）案例导入，更易激发学生的学习兴趣。

（2）图文并茂、重在应用。既重历史，更体现出最新应用的情况，尤其是身边的事例，新颖、丰富、具有典型性。本书采用了大量的实物照片，使教材变得非常生动。

（3）采用结构式描述，易读、易懂、易学、易记。

## 章（节）正文内容形式

（1）发展历程：使读者概要了解该项识别技术的来龙去脉。

（2）应用现状：重点介绍该项识别技术的应用现状和典型案例，开拓读者视野，启发应用思路，促进应用推广。

（3）技术基础：了解该项识别技术的基本工作原理，以利于更好地应用该项技术，同时为更深入地学习和研究该项技术奠定了初步的基础。

（4）设备概述：概要介绍了相关设备的特性，利于读者应用选型。

（5）前景展望：用前瞻的眼光探讨该项识别技术未来的发展趋势。

## 各章基本体例结构

（1）内容提要：概括本章讲解的主要内容。

（2）学习目标与本章重点：说明学习重点及学习收获。

（3）关键术语：本篇需要重点理解的关键词汇。

（4）引入案例：目的是引入思维环境。

（5）本章正文。

（6）个案介绍：穿插于正文中，介绍典型应用。

（7）概念辨析：将前后文知识或相关知识进行对比，便于学习理解和加深记忆。

（8）知识链接：穿插于正文中，介绍相关知识。

（9）阅读文章：此类资料篇幅要大于个案介绍和知识链接，是相对比较完整的补充阅读材料，拓宽学生的知识面，加深对正文内容的理解和认识。

（10）本章小结：对本章主要内容和知识点进行概要回顾。

（11）本章内容结构：采用结构图的方式给出了本章核心内容的体系结构和逻辑关系。

（12）综合练习：包括名词解释、简述题、比较思考题、实际观察题等题型。

（13）参考书目及相关网站：每章后列出 8~12 本阅读书籍和相关网站，给出了深入学习本章内容的参考书籍和网址。

本书既可以作为应用型本科信息类各专业的自动识别技术课程教材，也可以作为非信息类专业学生及物联网技术、物流技术、自动识别技术企业及相关应用单位人员学习自动识别技术的入门书籍。

本书由沈阳工学院（原沈阳理工大学应用技术学院）刘平教授起草写作大纲并担任主编，付丽华、李志、冯暖担任副主编。具体分工如下：刘平第一章，刘莹第二章，付丽华第三章，冯暖第四章，李娜第五章，赵云鹏第六章第一节、第三节，贾婷第六章第二节，李志第六章第四节。最后，由付丽华老师先初步统稿，刘平教授最终统稿定稿。

本书在写作的过程中，参阅了大量的文献资料，在此向原作者表示诚挚的感谢。本书作者力图在书中和书后参考文献中全面完整地注明引用出处，但也难免有疏漏的地方，特别是有个别段落文字引自网络，无从考证原文作者的真实姓名，无法注明出处，在此一并表示感谢。

写书和出书在某种程度上来说也是一种"遗憾"的事情。由于种种缘由，每每在书稿完成后，总能发现有缺憾之处，本书也不例外。作者诚恳希望读者在阅读本书的过程中，指出存在的缺点和错误，提出宝贵的指导意见，这是对作者的最高奖赏和鼓励。作者邮箱：liuping661005@126.com，在此谢谢广大读者的厚爱！

刘　平

于李石开发区

# 目 录

第一章 绪论 ............................................................. 1
　【引入案例】幸福是什么？............................................. 1
　　一、自动识别技术的基本概念 ........................................ 2
　　二、自动识别技术分类与本书结构 .................................... 4
　　三、自动识别技术的一般性原理 ...................................... 6
　　四、自动识别技术在经济发展中的作用 ................................ 8
　　五、自动识别技术的发展现状 ....................................... 11
　　六、自动识别技术的发展趋势 ....................................... 14
　【阅读文章 1-1】国务院关于推进物联网有序健康发展的指导意见 ......... 18
　【阅读文章 1-2】物联网"十二五"发展规划 ............................ 22
　本章小结 ........................................................... 30
　本章内容结构 ....................................................... 31
　综合练习 ........................................................... 32
　参考书目及相关网站 ................................................. 32

第二章 条码识别技术 ................................................... 33
　【引入案例】"黑白条空"带来的技术变革 ............................... 33
　第一节 条码识别技术的发展历程 ...................................... 34
　　一、条码识别技术的起源 ........................................... 34
　　二、条码识别技术在国外的发展情况 ................................. 35
　　三、条码识别技术在国内的发展情况 ................................. 36
　第二节 条码识别技术的应用及现状 .................................... 40
　　一、条码识别技术的优点 ........................................... 40
　　二、条码识别技术的典型应用 ....................................... 41
　第三节 条码识别技术基础 ............................................ 49
　　一、条码的符号表示 ............................................... 49
　　二、条码的种类及主要码制介绍 ..................................... 50
　　三、条码的印刷、识读与检测 ....................................... 58
　第四节 条码设备概述 ................................................ 62
　　一、条码印刷（打印）设备 ......................................... 62
　　二、条码识读设备 ................................................. 67

三、条码检测设备 ... 70

【阅读文章 2-1】二维条码标准与我国物联网发展 ... 72

本章小结 ... 75

本章内容结构 ... 76

综合练习 ... 77

参考书目及相关网站 ... 77

## 第三章 射频识别技术 ... 78

【引入案例】一张卡片引发的消费方式变革 ... 78

第一节 RFID 技术的发展历程 ... 79
    一、RFID 技术的发展简史 ... 79
    二、RFID 技术在国内外的发展状况 ... 83
    三、相关技术标准 ... 84

第二节 RFID 技术的应用现状 ... 84
    一、国外应用现状 ... 85
    二、国内应用现状 ... 87

第三节 RFID 技术基础 ... 89
    一、RFID 系统的构成 ... 89
    二、RFID 系统的基本工作原理 ... 89
    三、射频标签的基本工作原理 ... 93
    四、射频读写设备的基本工作原理 ... 96

第四节 RFID 技术设备概述 ... 98
    一、射频标签 ... 98
    二、射频读写设备 ... 104
    三、RFID 技术与其他自动识别技术的比较 ... 108

第五节 对 RFID 技术的未来展望 ... 109

【阅读文章 3-1】2009—2011 年中国 RFID 行业年度评选获奖名单（节选） ... 111

【阅读文章 3-2】条码与射频之争 ... 114

本章小结 ... 116

本章内容结构 ... 117

综合练习 ... 117

参考书目及相关网站 ... 118

## 第四章 卡类识别技术 ... 119

【引入案例】小卡片，大作用 ... 119

第一节 卡类识别技术概述 ... 120
    一、卡类识别技术的分类 ... 120
    二、磁卡技术 ... 122

三、IC 卡技术......124
第二节　卡类识别技术的应用现状......127
　　一、磁卡技术的应用现状......127
　　二、IC 卡技术的应用现状......129
　　三、其他卡技术的应用现状......134
第三节　卡类识别技术基础......135
　　一、光卡技术基础......135
　　二、磁卡技术基础（选修）......136
　　三、IC 卡技术基础......139
第四节　卡类识别技术设备概述......142
　　一、磁卡技术设备......142
　　二、IC 卡技术设备......143
　　三、光卡技术设备......147
第五节　对卡类技术发展的展望......147
　　一、卡类识别技术的迁徙......147
　　二、国内 IC 卡的发展情况......148
　　三、对未来 IC 卡应用领域的展望......150
本章小结......151
本章内容结构......152
综合练习......153
参考书目及相关网站......153

## 第五章　图像识别技术......154

【引入案例】小心！"电子眼"......154
第一节　数字图像处理技术概述......155
　　一、图像处理技术的起源与发展历程......155
　　二、数字图像处理的层次与基本特点......157
　　三、数字图像技术与电磁波技术......159
第二节　数字图像识别技术基础......164
　　一、图像的分类......164
　　二、数字图像的描述......165
　　三、数字图像处理的研究内容......166
　　四、数字图像处理系统的构成......169
第三节　数字图像处理技术的应用案例......171
　　一、汽车牌照自动识别系统......171
　　二、数字图像处理技术在其他领域的应用......174
　　三、数字图像处理技术展望......176

第四节　数字图像处理技术的硬件设备..................................................178
　　一、常见的图像采集设备..............................................................179
　　二、常见的图像输出设备..............................................................179
　　三、数字图像处理技术的硬件芯片..................................................180
第五节　光符识别技术..........................................................................181
　　一、OCR 技术的发展历程............................................................181
　　二、OCR 技术的应用..................................................................182
　　三、光标识别技术......................................................................184
【阅读文章 5-1】数字 OMR 的应用前景..................................................185
【阅读文章 5-2】3G 给我们带来了什么？...............................................187
【阅读文章 5-3】车牌照的字符结构规律..................................................187
本章小结..........................................................................................188
本章内容结构....................................................................................189
综合练习..........................................................................................189
参考书目及相关网站...........................................................................190

## 第六章　生物特征识别技术..................................................191

【引入案例】寻找阿富汗少女................................................................191
第一节　生物特征识别技术概述.............................................................192
　　一、生物特征识别技术的起源及发展..............................................192
　　二、生物特征识别技术的基本原理.................................................194
　　三、生物特征识别技术的主要内容.................................................195
第二节　指纹识别技术..........................................................................198
　　一、指纹识别技术的起源与发展....................................................198
　　二、指纹识别技术的原理和特点....................................................201
　　三、指纹识别技术的应用..............................................................205
第三节　人脸识别技术..........................................................................206
　　一、人脸识别技术的发展历程........................................................206
　　二、人脸识别技术的应用现状........................................................207
　　三、人脸识别技术的基础..............................................................210
　　四、人脸识别系统的实际案例分析..................................................215
第四节　虹膜识别技术..........................................................................217
　　一、虹膜识别技术的起源与发展....................................................217
　　二、虹膜识别技术基础.................................................................218
　　三、国外虹膜识别技术的应用案例..................................................221
　　四、我国虹膜识别技术的应用前景..................................................223
第五节　语音识别技术..........................................................................224
　　一、语音识别技术的发展历程........................................................225

二、语音识别技术基础....................................................227
　　三、语音识别技术的应用领域............................................232
　　四、语音识别技术的发展趋势............................................234
　第六节　对生物特征识别技术的展望........................................236
本章小结.................................................................237
本章内容结构.............................................................238
综合练习.................................................................239
参考书目及相关网站.......................................................239

# 第一章

# 绪 论

**内容提要**

自动识别技术是一种高度自动化的信息或者数据采集与处理技术,是物联网的主要支撑技术之一。本章主要介绍了自动识别技术的含义、分类体系、一般性的工作原理,以及在经济社会中的重要作用、应用现状和发展趋势,并给出了本书的内容结构。

**学习目标与重点**

◆ 掌握自动识别技术的含义、分类体系。
◆ 了解自动识别技术的一般性工作原理。
◆ 理解自动识别技术在经济社会中的重要作用、应用现状和发展趋势。

**关键术语**

自动识别技术、定义识别、模式识别、物联网

【引入案例】　　　　　　　　　幸福是什么?

中国移动在 2011 年推出一款 "带你体验前所未有的幸福" 的广告,截图如图 1-1 所示,让我们看看我们孜孜不倦追求的幸福是怎样的?

(a)

(b)

图 1-1 "带你体验前所未有的幸福" 广告截图

图 1-1 （续）

（a）"幸福是当你等待的时候，有人懂得你的希望；幸福是烦恼的时候，有人指引方向"（智能公交系统——用到自动识别公交 IC 卡）。(b)"幸福是安心享受"，食品安全溯源——用到二维条码识别技术）。(c)"幸福的答案在身旁，再也不用匆匆忙忙"（远程物流管理——用到一维条码识别技术）。(d)"为了幸福而改变就是我们的理想"（我们日常生活中的方方面面更是全面地用到了各种自动识别技术）。

这些只言片语诉说着我们对幸福的诉求，而各种自动识别技术助力我们对幸福的追求。

在经济全球化、贸易国际化、信息网络化的推动下，自动识别技术已经广泛地应用于商业流通、物流、邮政、交通运输、医疗卫生、航空、图书管理、电子商务、电子政务等多个领域，并成为物联网的主要支撑技术之一。

现代高效快捷的社会生活里，自动识别技术与每个人的联系也日益紧密，无论你到超市采购商品、乘公交车刷卡，还是你所使用的银行卡以及身份证，都有自动识别技术的应用，可以说，这项技术已经渗透到现代社会生活的各个领域。

从技术的层面上看，自动识别技术归根到底还是数据采集技术和计算机处理技术。在自动识别系统中，数据的采集是信息系统的基础，这些数据通过计算机信息系统的处理、分析和过滤，成为提高管理工作的效率、准确性和智能化的重要手段。

## 一、自动识别技术的基本概念

### 1. 识别的基本概念

识别是人类参与社会活动的基本要求。人们认识和了解事物的特征及信息就是一种识别，为有差异的事物命名是一种识别，为便于管理而为一个单位的每一个人或一个包装箱内的每一件物品进行编号也是一种识别。因此，识别是一个集定义、过程与结果为一体的概念。

随着技术的进步和发展，人们所面临的识别问题越来越复杂，完成识别所花费的人力代价也越来越大，在某些情况下，必须借助一些设备和技术才能完成更高效、更快速和更准确的识别，这就用到了自动识别技术。

### 2．自动识别技术的含义

自动识别（Automatic Identification，Auto-ID）技术是指通过非人工手段获取被识别对象所包含的标识信息或特征信息，并且不使用键盘即可实现数据实时输入计算机或其他微处理器控制设备的技术。

下面我们从几个不同的角度对其特征进行定义。

（1）综合技术概念

自动识别技术是以传感器技术、计算机技术和通信技术为基础的一门综合性科学技术，是集数据编码、数据采集、数据标识、数据管理、数据传输于一体的信息数据自动识读、自动输入计算机的重要方法和手段，是一种高度自动化的信息或者数据采集与处理技术。

（2）应用设备概念

自动识别技术是应用一定的识别装置，通过被识别物品和识别装置之间的接近活动，自动地获取被识别物品的相关信息，并提供给后台的计算机处理系统来完成相关后续处理的一种技术。例如商场的条码扫描系统就是一种典型的自动识别技术，售货员通过条码阅读器扫描条码，获取商品的代码信息，然后将代码信息传送到后台来获取商品的名称、价格，在POS终端即可计算出该批次商品的价格，从而完成顾客所购买商品的结算。

（3）技术系统概念

自动识别技术是一个以传感器技术、信息处理技术为主的技术系统，最主要的目的是提供一个快速、准确地获得信息的有效手段，其处理的结果可作为管理工作的决策信息或自动化装置等技术系统的控制信息。

（4）自动采集概念

在信息处理系统早期，相当部分的数据处理都是通过人工录入的，这样的录入方法不仅数据量十分庞大、操作者的劳动强度高，而且人为产生错误的概率也相应较高，造成录入的数据不准确，使得对这些数据的分析失去了实时的意义。

为了解决这些问题，人们研究和发展了各种自动识别技术，将操作者从繁重而又重复、且十分不准确的手工输入劳动中解放出来，提高了系统输入信息的实时性和准确性，这就是自动识别技术的目的（主要解决的问题）。

（5）多种技术概念

自动识别技术包括条码识别技术、射频识别技术、磁卡识别技术、IC卡识别技术、图像识别技术、光字符识别技术、生物特征识别技术（指纹识别、人脸识别、虹膜识别、语音识别）等多种自动识别技术方法和手段。

### 3. 自动识别技术的特点

自动识别技术具有如下共同的特点：

(1) 准确性——自动数据采集，彻底消除人为错误。
(2) 高效性——信息交换实时进行。
(3) 兼容性——自动识别技术以计算机技术为基础，可与信息管理系统无缝连接。

## 二、自动识别技术分类与本书结构

### 1. 自动识别技术分类

自动识别技术根据识别对象的特征、识别原理和方式可以分为两大类，分别是数据采集技术（定义识别）和特征提取技术（模式识别）。这两大类自动识别技术的基本功能是一致的，都是完成物品的自动识别和数据的自动采集。

(1) 定义识别是赋予被识别对象一个 ID 代码，并将此 ID 代码的载体（条码、射频标签、磁卡、IC 卡等）放在要被识别的对象上进行标识，通过对载体的自动识读获得原 ID 代码，然后通过计算机实现对对象的自动识别。

(2) 模式识别（Pattern Recognition）是指对表征事物或现象的各种形式的（数值的、文字的和逻辑关系的）信息进行处理和分析，以对事物或现象进行描述、辨认、分类和解释的过程，即通过采集被识别对象的特征数据，并通过与计算机存储的原特征数据进行特征比对，实现对对象的自动识别。模式识别是信息科学和人工智能的重要组成部分。

数据采集技术的基本特征是需要被识别物体具有特定的识别特征载体（如标签等，仅光学字符识别例外）；而特征提取技术（特征识别）则根据被识别物体本身的属性特征和行为特征来完成数据的自动采集，如图 1-2 所示是可用于模式识别的人体生物特征示意图。

图 1-2 可用于模式识别的人体生物特征示意图

【概念辨析 1-1】 数据采集技术（定义识别）与特征提取技术（模式识别）

#### 1. 研究对象

定义识别主要研究对象为条码识别、射频识别（Radio Frequency Identification，RFID）、磁识别、IC 卡识别等载体、编码方法和识别技术。

模式识别研究主要集中在两方面，一是研究生物体（包括人）是如何感知对象的，属于认识科学的范畴；二是在给定的任务下，如何用计算机实现模式识别的理论和方法。主要涉及图像识别、光符识别、生物特征识别（如指纹识别、脸部识别、虹膜识别、语音识别等）。

| 数据采集技术（定义识别）包括： | 特征提取技术（模式识别）包括： |
|---|---|
| （1）光存储器<br>条码（一维、二维）<br>光卡<br>光标阅读器（OMR）<br>光学字符识别（OCR）<br>（2）磁存储器<br>磁条<br>非接触磁卡<br>（3）电存储器<br>接触式IC卡<br>RFID射频识别（无芯片、有芯片）<br>存储卡（智能卡、非接触式智能卡） | （1）身体特征<br>指纹<br>虹膜<br>脸型<br>掌型<br>视网膜<br>DNA<br>骨骼<br>（2）行为特征<br>签名（签字）<br>语音<br>行走步态 |

**2．研究方法**

（1）定义识别是通过将信息编码进行定义、代码化，并装载于相关的载体（如条码符号、射频标签、磁条、IC卡等）中，然后借助于相应的识读设备，实现对定义信息的自动识别、采集、传输和输入计算机信息处理系统。

（2）模式识别目前已形成了两种基本的识别方法：统计模式识别方法和结构（句法）模式识别方法。

① 统计模式识别方法

统计模式识别方法是受数学中决策理论的启发而产生的一种识别方法，它一般假定被识别的对象或经过特征提取向量是符合一定分布规律的随机变量。

统计模式识别方法就是用给定的有限数量的样本集，在已知研究对象统计模型或已知判别函数类条件下，根据一定的准则，通过学习算法把多维特征空间划分为若干个区域，每一个区域与每一类别相对应。模式识别系统在进行工作时只要判断被识别的对象落入哪一个区域，就能确定出它所属的类别。

由噪声和传感器所引起的变异性，可通过预处理来部分消除；而模式本身固有的变异性则可通过特征抽取和特征选择得到控制，尽可能地使模式在该特征空间中的分布满足上述理想条件。因此，一个统计模式识别系统应包含预处理、特征抽取、分类器等部分。

分类器有多种设计方法，如贝叶斯分类器、树分类器、线性判别函数、近邻法分类、最小距离分类、聚类分析等。

② 结构（句法）模式识别方法

结构模式识别是用模式的基本组成元素（基元）及其相互间的结构关系对模式进行描述和识别的方法。在多数情况下，可以有效地用形式语言理论中的文法来表示模式的结构信息，因此，也常称为句法模式识别。

结构模式识别的基本思想是把一个模式描述为较简单的子模式的组合，子模式又可描述为更简单的子模式的组合，最终得到一个树形的结构描述。在底层的最简单的子模式，称为模式基元。

在结构方法中选取基元的问题，相当于在统计模式识别方法中选取特征的问题，通常要求所选的基元能提供一个紧凑的、并能反映其结构关系的描述,又要易于用非结构方法加以抽取。

显然,基元本身不应该含有重要的结构信息。模式以一组基元和它们的组合关系来描述,称为模式描述语句,这相当于在语言中,句子和短语用词组合,词用字符组合一样。基元组合成模式的规则,由所谓语法来指定。一旦基元被鉴别,识别过程可通过句法分析进行,即分析给定的模式语句是否符合指定的语法,满足某类语法的,即可被分入该类。

**3. 研究应用领域**

定义识别主要研究条码、RFID、磁记录等编码和识别技术,以便更高效地应用于商品零售、物流、银行、医药和医院管理、工业生产流水线控制、铁路运输管理、高速公路不停车及停车场收费、门禁和考勤等系统。

模式识别主要是研究如何使机器具有感知能力,主要研究视觉模式和听觉模式的识别,如能识别物体、地形、图像、声音和字体(如签字)的机器人。模式识别的应用领域涉及:①机器识别和人工智能;②医学;③军事;④卫星遥感、卫星航空图片解释、天气预报;⑤银行、保险、刑侦;⑥工业产品检测;⑦字符识别、语音识别、指纹识别。

目前自动识别技术的主要研究对象已经基本形成了一个包括定义识别和模式识别两大类识别的体系,其中条码识别、射频识别、卡类识别、图像识别、光符识别、指纹识别、脸部识别、虹膜识别、语音识别等是目前自动识别技术研究的主要内容。

此外,自动识别技术系统的输入信息还可分为特定格式信息和图像图形格式信息两大类。特定格式信息就是采用规定的表现形式来表示所要表达的信息,如条码符号、IC卡、磁卡、射频标签中的数据格式都属于此类。图像图形格式信息则是指二维图像与一维波形等信息,如文字、地图、照片、指纹等二维图像以及语音等一维波形均属于这一类。

### 2. 本书主要的内容结构

本书将主要介绍目前主流的自动识别技术,具体如下:条码识别技术(第二章)、射频识别技术(第三章)、卡类识别技术(第四章)、图像识别技术(第五章)和生物特征识别技术(第六章)。

第四章的卡类识别技术主要介绍光卡、磁卡和接触式IC卡技术,非接触式IC卡在第三章里介绍;第五章图像识别技术最后介绍了光符识别技术(OCR)和光标阅读器(OMR);第六章生物特征识别技术里主要介绍了指纹识别技术、人脸识别技术、虹膜识别技术和语音识别技术。本书主要内容结构如图1-3所示,加粗的部分为主要识别技术。

## 三、自动识别技术的一般性原理

自动识别系统是一个以信息处理为主的技术系统,它也是传感器技术、计算机技术、通信技术综合应用的一个系统,它的输入端是被识别信息,输出端是已识别信息。

自动识别系统中的信息处理是指为达到快速应用目的而对信息所进行的变换和加工,例如为抗干扰性进行的信道编码处理和为了提高传输效率而进行的信源编码处理,还有诸

图 1-3　本书主要的内容结构

如调制、均衡等信息处理、信息操作的总称。自动识别技术广泛地应用于各种商务活动和各类行业管理的信息采集与数据交换领域。

抽象概括自动识别技术系统的工作过程如图 1-4 所示,它是最一般的自动识别技术信息处理系统的模型框图,是适用于自动识别技术领域的通用研究模型。如果具体到各类信息的采集和处理,此模型可以再具体化,不同类别的信息采集对应着不同的信息处理部分。

图 1-4　自动识别技术信息处理系统的模型框图

(1) 定义识别的数据信息的采集由于其信息格式的固定化,且具有量化特征,数据量相对较小,所对应的自动识别系统模型也较为简单,如图 1-5 所示。条码识别、射频识别、磁卡识别、IC 卡识别等自动识别技术即为这一类。

图 1-5　特定格式信息的自动识别系统的模型框图

（2）特征识别的特征信息的采集和处理过程较定义识别的数据信息的采集来说要复杂得多。第一，它没有固定的信息格式；第二，为了让计算机能够处理这些信息，必须使其量化，而量化的结果往往会产生大量的数据；第三，还要对这些数据作大量的计算与特殊的处理。因此，其系统模型也较为复杂，如图1-6所示。图像识别、指纹识别、人脸识别、虹膜识别、语音识别等自动识别技术即为这一类。

图1-6　图像形式格式信息的自动识别系统模型

根据两种不同的输入格式信息建立的自动识别系统模型，主要的区别就在于"处理信息"部分，而"处理信息"部分的不同将造成系统构成的巨大差异。

（1）对于定义识别，信息处理就是各种不同种类的译码。为了顺利地实现译码，需要事先有固定的编码规则，如各种码制规范；有载体，如条码标签、射频标签、磁条、IC卡等，按编码规则制作相应的标签附于被识别物品上；有内置编码规则的译码器，按编码规则译码，识别效率非常高，误码率非常低。

（2）对于特征识别，信息处理过程一般包括预处理、特征提取与选择、分类决策等几部分。

① 预处理操作是指对图像图形进行各种加工，即对获得的图像图形信息进行预处理以消除干扰、噪声，做几何、彩色校正等，以改善图像图形的质量，是从图像到图像的过程，强调图像之间进行的变换。有时还得对图像图形进行增强、分割、定位和分离、复原处理、压缩等。常见的图像图形预处理方法可分成两种：空间域的预处理方法和变换域的预处理方法。空间域的预处理方法有：灰度均衡化处理、尺寸的归一化处理、色彩空间的归一化处理等；变换域的预处理方法有：DCT变换、DFT变换、小波变换、滤波处理等。

② 特征提取与选择是指对处理后的图像图形进行分类和特征提取，并对某些特征参数进行测量、再提取、分类，有时还要对图像图形进行结构分析，对图像图形进行描述，它是以观察者为中心研究客观世界的一个过程。特征提取是一个从图像图形到数据的过程，常见的特征提取方法有基于代数特征的提取方法和基于几何特征的提取方法等。

③ 分类决策是指利用掌握的特征信息，对未知的训练样本按照某种判别准则进行分析，得出分类后的结果。常见的有两种分类识别方式：监督分类识别和非监督分类识别，例如距离分类器、神经网络分类器、支持向量机分类器、聚类分类器等。

## 四、自动识别技术在经济发展中的作用

自动识别技术与计算机技术、软件技术、互联网技术、通信技术、半导体技术的发展紧密相关，正在成为我国信息产业的重要组成部分，而物联网技术的兴起和蓬勃发展给自动识别技术带来前所未有的发展和机遇。自动识别技术产业的发展及技术应用的推广，将在我国的经济建设中发挥举足轻重的作用。

党的十六大报告（2002年11月8日）中明确指出："以信息化带动工业化，优先发展

信息产业,在经济和社会领域广泛应用信息技术。"党的十八大报告(2012年11月8日)中进一步明确指出:"坚持走中国特色新型工业化、信息化、城镇化、农业现代化道路,推动信息化和工业化深度融合、工业化和城镇化良性互动、城镇化和农业现代化相互协调,促进工业化、信息化、城镇化、农业现代化同步发展。"

自动识别技术的推广应用工作是我国信息化建设的重要基础工作之一,《国家中长期科学和技术发展规划纲要(2006—2020年)》中也明确指出,"**重点开发多种新型传感器及先进条码自动识别、射频标签、基于多种传感信息的智能化信息处理技术。**"这为我国自动识别技术的应用提出了更高的要求,也为自动识别技术产业实现跨越式发展,赶上并超过西方发达国家带来了契机,我国自动识别技术的发展和应用在未来具有广阔和美好的前景。

### 1. 自动识别技术是国民经济信息化的重要基础和技术支撑

21世纪是信息高速发展的数字化社会,中国要缩短与发达国家的差距,成为经济强国,必须利用现代信息技术打造数字化中国。自动识别与数据采集技术,是一种可以通过自动(非人工)的方式获取项目(实物、服务等各类事物)的管理信息,并将信息数据实时输入计算机、微处理器、逻辑控制器等信息系统的技术,已成为突破信息采集速度低和准确率差的最佳手段。

作为自动识别技术之一的条码技术,从20世纪40年代有了第一项专利,70年代逐渐形成规模,近30年来已取得长足的发展。条码识别技术具有信息采集可靠性高、成本低廉等特点,可以实现信息快速、准确地获取与传递,可以把供应链中的制造商、批发商、分销商、零售商以及最终客户整合为一个整体,为实现全球贸易及电子商务提供了一个通用的语言环境。

在金融、海关、社保、医保等部门,也可以利用条码技术对顾客的账户和资金往来进行实时的信息化管理,并伴随着电子货币的广泛应用,逐步实现资金流电子化。同时,条码技术的应用发展不仅使商品交易的信息传输电子化,也将使商品储运配送的管理电子化,从而为建立更大规模的、快捷的物流储运中心和配送网络奠定了技术基础,最终及时、准确地完成电子商务的全过程。多年来,条码技术广泛成功地应用于我国的零售业、进出口贸易、电子商务等行业,为国民经济的增长奠定了重要的基础,并取得了显著的经济效益。

射频识别(RFID)技术是一种非接触式的自动识别技术,它通过射频标签与射频读写器之间的感应、无线电波或微波能量进行非接触式双向通信,实现数据交换,从而达到识别的目的。通过与互联网技术相结合,可以实现全球范围内物品的跟踪与信息的共享。RFID技术是继互联网和移动/无线通信两次技术大潮之后的又一次技术大潮。RFID技术可应用于身份识别、资产管理、高速公路的收费管理、门禁管理、宠物管理等领域,可以实现快速批量的识别和定位,并可根据需要,进行长期的跟踪管理;还可应用于物流、制造与服务等行业,可以大幅度地提高企业的管理和运作效率,并降低流通成本。随着识别技术的进一步完善和应用的广泛推进,RFID产品的成本将迅速降低,其带动的产业链将成为一个新兴的高技术产业群。建立在RFID技术上的支撑环境,也将在提高社会信息化水平以及加强国防安全等方面产生重要影响。

生物特征识别技术是利用人体所固有的生理特征或行为特征来进行个人身份鉴定的技

术。随着人们对社会安全和身份鉴定的准确性和可靠性需求的日益提高，以及生物特征识别技术的装备和应用系统不断完善，生物特征识别作为一门新兴的高科技技术，正蓬勃发展起来。在我国，指纹识别、虹膜识别、掌纹识别等产品已开始在国家安全、金融等领域中得到推广和普及。生物特征识别技术不仅可以大大提升安全防范技术的技术层次，而且还是安全防范技术的三大主导技术之一。生物特征识别产业的发展，将对我国政府的信息安全、经济秩序以及反恐等方面起到重要的支撑作用。

### 2. 自动识别技术已成为我国信息产业的有机组成部分

自动识别技术作为一种快速、适时、准确的收集、储存、处理信息的高新技术，是实现国民经济现代化，建设大市场、搞活大流通、发展大贸易，建立信息网络，实行电子数据交换，发展国内外贸易，参与国际经济技术大循环，增强竞争能力不可缺少的技术工具和手段。

目前，自动识别技术作为信息技术的一个重要分支，已经渗透到商业、工业、交通运输、邮电通信、物资管理、仓储、医疗卫生、安全检查、餐饮旅游、票证管理以及军事装备、工程项目等各行各业，在国民经济和人民的日常生活中，担当着不可或缺的重要角色，成为推动国民经济信息化发展的一项重要技术。自动识别技术在各行业中的应用，有力地支持了传统产业的升级和改造，带动其他行业向信息化和智能化迈进，改变了过去"高增长、高能耗"的经济增长方式，节约了制造成本，增加了国民经济效益。

同时，我国自动识别技术在近30年取得了长足发展，已初步形成了一个包括条码技术、磁条技术、IC卡技术、OCR技术、射频技术、指纹识别技术、人脸识别技术、虹膜识别技术、语音识别技术及图像识别技术等以光、磁、机电、计算机、通信技术为一体的高新技术产业。自动识别技术系列产品的创新和广阔的市场需求，也将成为我国国民经济新的增长点。

因此，自动识别技术产业的健康发展对国民经济新的增长方式的转变和国民经济效益的增加有着非常重要的作用。数字化宏观管理、政府的规划与决策，无不需要各领域数据的准确与及时。自动识别技术在国民经济发展过程中的应用，将成为我国信息产业的一个重要的有机组成部分，具有广阔的发展前景。

### 3. 自动识别技术可提升企业供应链的整体效率

从企业的层面上讲，自动识别技术已经成为企业价值链的必要构成部分，是我国企业信息化的基石。自动识别技术具有提升传统产业的现代化管理水平、促进企业的运作模式和流程变革的作用。

自条码技术进入物流业和零售业以后，零售企业和物流企业的传统运作模式被打破，具有先进管理模式的现代零售企业（如超级市场、大卖场等）开始出现。企业可以及时获得商品信息，实现商品管理的自动化和库存管理的精确化，最大限度地减少库存成本和人力成本，提高企业的综合竞争能力。

自动识别技术也为零售企业的规模扩张提供了技术支撑。当今企业间的竞争已经不是单一的企业层面之间的竞争，而是整体供应链间的竞争。而供应链上、下游伙伴间信息的"无缝"连接，需要条码、射频识别等自动识别技术的支持。

近年来，随着产品电子代码（Electronic Product Code，EPC）和物联网概念的提出，更是为自动识别技术在物流供应链中的应用提供了广阔的市场前景。EPC 作为产品信息沟通的纽带，通过识别承载 EPC 信息的电子标签，利用计算机互联网、无线数据通信等技术，实现对整个供应链中物品的自动识别与信息的交换和共享，进而实现对物品的透明化管理。EPC 是条码识别技术的拓展和延伸，它将成为信息技术和网络社会高速发展的一种新趋势。EPC 的发展不仅会对整个自动识别产业带来变革，而且还将对提高现代物流供应链管理，发展电子商务和国际经济贸易，甚至对人们的日常生活和工作带来巨大而深远的影响。

【知识链接 1-1】　　　　　　　　物联网的定义

物联网源于其英文名称——"The Internet of Things"（IOT），由该名称可见，物联网就是"物物相连的互联网"。这有以下两层意思：

第一，物联网的核心和基础仍然是互联网，是在互联网基础上延伸和扩展的一种网络；

第二，其用户端延伸和扩展到了任何物品与物品之间，进行信息交换和通信。

因此，物联网的定义是通过射频识别（RFID）装置、红外感应器、全球定位系统、激光扫描器等信息传感设备，按约定的协议，把任何物品与互联网相连接，进行信息交换和通信，以实现智能化识别、定位、跟踪、监控和管理的一种网络。

## 五、自动识别技术的发展现状

近几十年来，自动识别技术在全球范围内得到了迅猛的发展。伴随着条码技术的成熟应用，RFID 技术正在以其第二代信息技术载体的优势，呈现出飞速发展的趋势。指纹识别、人脸识别、语音识别等生物特征识别技术，以及图像图形识别等自动识别技术，也逐渐以其鲜明的技术特点和优势，在信息安全、身份认证等不同的应用领域，显现出不可替代的作用。欧美及日本等国家的自动识别技术已经形成规模化应用。在发达国家，自动识别技术广泛地应用于金融保险、商业流通、工业制造、交通运输、邮电通信、宾馆旅游、仓储物资管理以及国家安全、信息安全、身份识别、门禁控制等领域。

我国的自动识别技术从 20 世纪 80 年代末开始起步，近 30 年内的发展尤为迅速。部分应用领域已形成了标准化的数据编码、数据载体、数据采集、数据传输、数据管理以及数据共享技术，在我国的信息化建设中发挥着举足轻重的作用，并为未来的电子商务平台的建设、进出口贸易的全球化以及政府的宏观调控，奠定了坚实的基础。

在我国加入 WTO 和经济全球化趋势的背景下，进出口企业对自动识别技术的应用要求更加迫切，商品零售、物流信息化、企业供应链和社会信息化管理等领域，都必须应用自动识别技术。

我国的零售业是条码识别技术应用最成熟的领域，商品条码的用户已达十几万家，大型超市和连锁便利店都采用了可读条码的 POS 机，大大促进了中国零售业产值的提高，同时也使物流业得到了飞速发展。

中国的物流企业与发达国家的物流企业相比，信息化程度还较低。自动识别技术作为物流信息化的核心技术，应用水平不高，直接导致了我国物流成本远远高于发达国家。当前，物流信息化在我国的应用正处于快速发展阶段。

目前，世界上从事自动识别技术及其系列产品的开发、生产和经营的厂商多达一万多家，开发经营的产品可达数万种，成为具有相当规模的高新技术产业。而我国条码产业经过近30年的发展，从无到有，从小到大，至今已具雏形。目前，我国从事条码识别技术的企业和科研院所已超过1000家，部分企业还开发出了具有自主知识产权的条码识别技术设备，并在利用国外先进技术和对产品进行二次开发和集成应用等方面，也取得了重要的进展。

"十一五"期间，我国经济的持续增长和对信息技术应用的普及，为自动识别技术在国民经济各个领域的应用拓展了前所未有的市场空间，促进了产业规模的不断扩大。但是我国条码技术产业目前仍处于初级阶段，产业规模偏小，在国际市场上所占份额偏低。据国际知名的市场研究与预测公司IDC调查的数据显示，2011年中国条码扫描设备市场规模达1.419亿美元，在过去三年保持超过30%的复合增长，中国大陆已成为亚太地区最大的条码扫描设备市场。

IDC预计从2015年开始，随着全球经济复苏，中国制造业回暖，二维条码扫描设备普及率进一步提升，金融、医疗等新兴行业条码设备使用量将进一步增加，2016年中国条码扫描设备市场规模将达3.039亿美元，未来五年年复合增长率达16.5%，而我国条码技术产业的市场规模预计超过250亿元。（摘自《2013—2016年中国自动识别产业发展纲要》，中国自动识别技术协会，2012-11）

这里需要特别指出的是"汉信码"。2007年8月23日，具有我国自主知识产权的，特别适用于以汉字作为信息交换手段的新型二维矩阵码——汉信码的国家标准（GB/T 21049—2007）由国家质检总局和国家标准化管理委员会发布，自2008年2月1日起开始实施。2011年9月，《汉信码》获得国际AIM标准化组织的批准，由国家标准上升为国际标准。

近年来，无线射频识别技术的发展备受各国的青睐，随着物联网技术的全面推广，射频识别技术得到了社会各界的前所未有的关注。目前，我国RFID产业市场规模超过100亿元，其中，低频和高频RFID相对成熟。"全国有1600多家企、事业单位从事传感器的研制、生产和应用，年产量达24亿只，市场规模超过900亿元。"（摘自《物联网"十二五"发展规划》，国家工业和信息化部，2011-11-28）

2009年8月，温家宝总理到无锡物联网产业研究院考察物联网的建设工作时提出"感知中国"的概念，RFID技术、二维条码技术、图像识别技术、生物特征识别技术等自动识别技术是构成传感器网络的核心技术，是物联网的前端数据采集平台，也是物联网技术的主要组成部分。因此，很多业内人士把2010年定义为"物联网元年"。

2013年2月5日，国务院发布《关于推进物联网有序健康发展的指导意见》。该意见指出，"物联网是新一代信息技术的高度集成和综合运用，具有渗透性强、带动作用大、综合效益好的特点，推进物联网的应用和发展，有利于促进生产生活和社会管理方式向智能化、精细化、网络化方向转变，对于提高国民经济和社会生活信息化水平，提升社会管理和公共服务水平，带动相关学科发展和技术创新能力增强，推动产业结构调整和发展方式转变具有重要意义，我国已将物联网作为战略性新兴产业的一项重要组成内容。"

目前，我国射频识别技术产业呈现出"以点带面、全面开花"的发展特征，形成了以北京、上海、广东、江苏为核心点，以天津、沈阳、青岛、宁波等为辐射带的产业格局。随着 RFID 产品成本的不断降低和标准的统一，RFID 技术将在无线传感网络、实时定位、安全防伪、个人健康、产品溯源管理等领域有更为广阔的应用前景。

据权威机构数据显示，2011 年我国射频识别技术产业市场规模达到了 179.7 亿元，比 2010 年增长了 47.94%。2012 年我国 RFID 市场仍保持快速增长，预计比 2011 年增长 49.2%，市场规模达到 268.1 亿元。（摘自《2013—2016 年中国自动识别产业发展纲要》，中国自动识别技术协会，2012-11）

同时，随着信息化进程的加快，人们对社会环境和安全提出了更高级别的防范要求，特别是对身份的认证，成为各国自动识别技术关注的重点。由于个人的生物特性具有终生不变、因人而异和携带方便等特性，生物特征识别技术在军队、政法、银行、物业、海关和安检等领域，正发挥着不可替代的作用。

我国生物特征识别技术经过 10 余年的市场发展和演变，技术不断完善、核心技术开始普及、产品生产商的门槛逐渐降低。生物特征识别技术中，应用最多的 CMOS 芯片大多已经实现国产化，但部分高端芯片仍需要进口。半导体类型的指纹传感器仍依赖进口。在指纹识别、人脸识别、虹膜识别等算法技术方面，不断改善各项指标，部分成果已处于国际先进水平。

我国的语音识别技术在计算机技术、软件技术和存储技术得到突飞猛进发展的同时，也随之快速地发展。目前，我国在语音识别技术的研究上，与世界发达国家的水平相比，还有一定距离，但在汉语语音识别技术上，拥有自己的特点与优势，达到国际先进水平。

由清华大学电子工程系"语音技术与专用芯片设计"课题组研发的，非特定人汉语数码串连续语音识别系统的识别精度可达 94.8%（不定长数字串）和 96.8%（定长数字串），这是目前国际最好的识别结果之一，其性能已接近实用水平。研发的 5000 词邮包校核非特定人连续语音识别系统的识别率达到 98.73%，前三选识别率达 99.96%；并且可以识别普通话与四川话两种语言，达到实用要求。

图像图形识别技术由于其应用的直观性，已广泛深入到家庭、社会生活中。目前，图像图形识别技术已经在卫星遥感、医用图像处理、交通管理、公安、军事、安全保卫、机器人等领域得到了广泛的应用。

【知识链接 1-2】　　　　我国自动识别技术标准化工作近况

标准化工作是未来产业发展的重要基础之一。而技术层面的标准化占据其首要位置，为产品的开发提供了重要的支持；产品的标准化在应用层面提供了支撑。技术层面、产品层面和应用层面的标准化是一个塔形结构，技术层面的标准化位于最高端，应用层面的标准化与具体的应用相关联，具有众多的标准化需求。目前，企业的需求成为标准制定的重要动力，在全球范围内，已形成标准化组织与企业共同制定相关技术标准的格局。

2009 年，由产业界专家共同制定的"条码打印机技术规范"已进入国家标准报批阶段，"条码阅读设备技术规范"已进入国标终审阶段；2009 年申报的"汉信码"国际 AIM

标准已于 2011 年 9 月批准公布；有关条码耗材技术——即碳带的协会标准已于 2012 年制定完成。

经过多年的技术发展，国际上已完成了大量的 RFID 技术层面的标准化工作，典型的包括 ISO/IEC 18000 系列射频识别技术空中接口标准。有关射频识别产品层面的标准化工作有待统一认识，进一步地补充完善。在产品测试方法方面，ISO/IEC 18046 定义了射频识别系统、电子标签和读写器的一般测试方法，ISO/IEC 18046 定义了不同工作频段射频识别系统、电子标签和读写器的具体测试要求。

近年来，中国信息技术标准化技术委员会、中国自动识别技术协会、中国安防协会等机构，组织成立了专门的标准工作组，制定了十几项生物特征识别技术标准，为生物特征识别技术应用的发展提供了基础技术保障。已发布的这些标准主要是针对在公安行业中的指纹识别技术，而对于其他生物识别技术及产业化领域，尚属于空白。总体来讲，目前我国生物特征识别技术应用标准化程度还很低，明显落后于欧美国家水平。

我国下一步标准化的工作方向：

在条码技术领域，重点是随着物联网应用模式的需求，着重于二维码技术的研发与标准化、本体标识技术与应用的标准化、食品安全的应用规范化、产品质量追溯应用的规范化、新的商业模式推广的标准化，以及条码技术与其他技术集成应用的标准化规范。

射频识别技术标准方面，未来的主要发展方向是跟踪现有的国际标准，推出相关的国家标准，加速编码、数据管理与交换、频率配置方面的通用性射频识别标准的制定。在产品标准层面，充实完善相关测试的标准，实现不同标准的相互兼容和不同标准产品的互联互通；在应用层面，将出现越来越多的、以基本规模应用为基础的应用标准。

对于生物特征识别技术，我国目前与国际水平还有一定差距，市场还不是很完善，缺乏技术与市场需求的良性互动。其中，最为关键的是缺乏行业应用与关键技术的统一规范与标准，从而制约了整个行业的良性发展。生物特征识别技术应着重于开展规模化应用所涉及技术、产品和系统的标准化工作。

摘编自《2013—2016 年中国自动识别产业发展纲要》，中国自动识别技术协会，2012-11

## 六、自动识别技术的发展趋势

信息已经成为当代和未来社会最重要的战略资源之一。人类认识世界和改造世界的一切有意义的活动，都离不开信息资源的开发、加工和利用。信息技术的突飞猛进，使其应用已经渗透到社会生产的各行各业、科学研发的各门学科，极大地提高了社会的生产力水平，同时也促进了许多相关技术的飞速发展，如识别技术、感测技术、通信技术、人工智能技术和控制技术等，都是以信息技术为平台，向深度与广度飞速发展的。

### 1. 自动识别技术设备向多功能化、便携化方向发展

自动识别技术包含多个技术研究领域，由于这些技术都具有辨认或分类识别的特性，且工作过程大同小异，正如一条大河由许多支流组成一样，由此构成了一个技术体系。所

以说，自动识别技术体系是各种技术发展到一定程度后的综合体，而这一点也从侧面印证了现代科学正在由近代的"分析时代"向现代的"分析-综合时代"转变的特征。自动识别技术体系中各种技术的发展历程各有不同，但其共同点都是随着信息技术的需求而发展起来的。

目前，自动识别技术发展很快，随之出现了许多新型的技术装备，相关技术的产品正向多功能化（RFID、传感器等）、便携化、集成多种现代通信技术和网络技术的一体化设备方向发展，向信息传递快速、安全可靠、经济实用等方向发展，其应用也正在向纵深方向发展。面向企业信息化管理深层的集成应用，是未来应用发展的趋势。

随着人们对自动识别技术认识的加深，其应用领域的日益扩大、应用层次的提高以及中国市场巨大的增长潜力，都为我国自动识别技术产业的发展带来了良机。面对各行业的信息化应用，各项技术各有所长，自动识别技术将形成互补的局面，并将更广泛地应用于各行各业。

### 2．自动识别系统向多种识别技术的集成化应用方向及发展

事物的要求往往是多样性的，而一种技术的优势只能满足某一方面的需求。由于这种矛盾，必然使人们将几种技术集成应用，以满足事物多样性的要求。在应用解决方案方面，传感器与 RFID 集成，条码与 RFID 集成，条码、RFID、传感器与无线通信的集成应用，将会获得进一步的深入发展。

例如，使用智能卡设置的密码较易被破译，这往往会造成用户财产的损失。而新兴的生物特征识别技术与条码识别技术、射频识别技术相集成，就可以诞生出一种新的、具有广泛生命力的交叉技术。利用二维条码、电子标签数据储存量大的特点，可将人的生物特征（如指纹、虹膜、照片等）信息存储在二维条码、电子标签中，现场进行脱机认证，这样既提高了效率，又节省了联网在线查询的成本，同时极大地提高了应用的安全性，实现了一卡多用。

又如，对一些有高度安全要求的场合，必须进行必要的身份识别，以防未经授权的进出。此时可采用多种识别技术的集成，来实现对不同级别的身份识别。如一般级别身份的识别可采用带有二维条码的证件检查；特殊级别身份的识别可使用在线签名的笔迹鉴定；绝密级别身份的识别则可应用虹膜识别技术（存储在电子标签或二维条码中）来保证其安全性。而且相关的每种识别技术，其标识载体都可以存储大量的文字、图像等信息。

再者，RFID 和 EPC 技术的出现及推广应用，将增进人们对自动识别技术的关注和认识，从而进一步扩大对自动识别技术的需求。而条码识别技术作为成本低廉、应用便捷的自动识别技术，已形成了成熟的配套产品和产业链，仍将是多个领域中自动识别技术的首选。国内相关企业和专家也正在研究 EPC 的编码技术与二维条码相结合的应用，将 EPC 存储到二维条码中，在不需要快速、多目标同时识读的条件下，解决单个产品的惟一标识和数据携带；或将 EPC 存储在电子标签中，从而实现快速、多目标、远距离的同时识读。可以预见，在未来几年内，EPC 将对我国的条码、电子标签市场带来更大的拉动。

### 3．与无线通信相结合是未来自动识别产业发展的重要趋势

自动识别技术与以 802.11b/g 为代表的无线局域网（Wireless LAN，WLAN）技术、蓝

牙技术和数字蜂窝移动通信系统（Global System for Mobile Communication，GSM）、通用无线分组业务（General Packet Radio Service，GPRS）、码分多址（Code-Division Multiple Access，CDMA）、全球定位系统（Global Positioning System，GPS），以及3G无线广域网数据通信技术的紧密结合，将引领未来发展的潮流。

传统的自动识别技术采集数据后，通过存储或有线与主计算机进行交互，未来在手持数据采集、标签生成等设备上集成无线通信功能的产品，将帮助企业实现在任何时间、任何地点实时采集数据，并将信息通过无线局域网、无线广域网实时传输，通过企业后台管理信息系统对信息进行高效管理。无线技术的应用，将把自动识别技术的发展推向新的高潮。

手机作为无线通信设备，现在人们又给手机融入了自动识别技术，变成具备自动识别功能的无线设备。手机识读条码的开发和应用，已成为条码识别技术应用的一个亮点。未来的手机将既是身份证、银行卡、公交卡，又是识读条码和射频卡的识读器。

目前在日、韩等国，手机识读条码技术已开始较大规模的应用。近两年来，国内一些公司也开始涉足这一领域的研发和应用推广。在2010年的上海世博会上，手机可以作为"电子钱包"进行购物。随着该技术的进一步成熟，手机识读条码将在电子商务、物流、商品流通、身份认证、防伪、市场促销等领域，得到更为广泛的应用。

此外，随着社会和企业需要管理传输数据的日趋庞大，要求数据可以实现跨行业的交换。结合现代通信技术和网络技术搭建的数据管理和增值服务通信平台，将成为行业、企业数据管理和自动识别技术之间的桥梁和依托，从而使得政府和企业在信息化应用中的有关数据传输、通信、可靠性以及网络差异等一系列问题得到有效的解决。

### 4．越来越多地应用于自动控制领域，使智能化水平不断提高

控制的基础在信息，没有信息就没有从信息加工出来的控制策略，控制就会是盲目的，无法达到控制的目的。信息不但是控制的基础，而且是控制的出发点、前提和归宿。由于计算机技术的不断成熟，控制信息的处理已不成问题，所以，控制技术的优劣差异更多的是依赖信息采集的准确性和广泛性，没有准确的信息采集就没有完善的控制策略，就不能达到精确控制的目的。

目前，自动识别的输出结果主要用来取代人工输入数据和支持人工决策，用于进行"实时"控制的应用还不广泛。当然，这与识别速度还没有达到"实时"控制的要求有关。更重要的是，长期以来，管理方面对自动识别的要求更为迫切。随着对控制系统智能水平的要求越来越高，仅仅依靠测试技术已经不能全面地满足需要，自动识别技术与人工智能技术相结合，将会使得控制技术实现智能化。

另外，自动识别技术还只是初步具有处理语法信息的能力，对信息含义的识别和理解还有一段距离。要真正实现具有较高思维能力的智能控制，就必须使机器不仅具备处理语法信息（仅仅涉及处理对象形式因素的信息部分）的能力，还必须具备处理语义信息（涉及处理对象含义因素的信息部分）和语用信息（涉及处理对象效用因素的信息部分）的能力，否则，就谈不上对信息的理解，只是停留在感知的水平上。

所以，提高对信息的理解能力，从而提高自动识别系统处理语义信息和语用信息的能力，将是自动识别技术向纵深发展的一个重要趋势。

### 5. 自动识别技术的应用领域将继续拓宽并向纵深方向发展

自动识别技术中的条码技术最早应用于零售业，后来条码技术逐渐扩展到物流运输、工业制造等领域，并且其应用领域的拓展趋势还在继续。近年来，一些新兴的自动识别技术的应用市场正在悄然兴起，如政府、医疗、商业服务、金融、出版业等领域的自动识别技术的应用，每年均以较高的速度增长。

从自动识别技术应用的发展趋势来看，在发达国家，自动识别技术的发展重点正向着生产自动化、交通运输现代化、金融贸易国际化、医疗卫生高效化、票证金卡普及化、安全防盗防伪保密化等领域推进。虽然目前我国的自动识别技术在众多领域内的应用还处于相对空白和薄弱的位置，但这也正是我国自动识别产业发展的大好时机。

从应用需求前景看，围绕二维条码进行应用和产品的开发，将成为条码技术的主流之一，围绕移动条码、移动终端、影像技术的研发，将是产业升级的潮流所在。未来，条码技术产业将继续朝着集群化、规模化、国际化、相关产业融合化的方向快速发展。随着物联网体系和信息化社会的建设，条码技术产业将再次飞跃，形成一个综合性的基础产业。

射频识别技术的发展和应用市场正在迅速拓宽。13.56MHz 的 RFID 系统在国内获得了广泛的应用，如居民身份证、校园一卡通、电子车票等；更低频率的 RFID 系统如电子防盗（EAS）也在商场、超市得到了广泛应用；RFID 技术在动物识别方面的应用也已经开始起步；在远距离 RFID 系统应用方面，以 915MHz 为代表的 RFID 系统在机动车辆的自动识别方面得到了较好的应用，尤其是在铁路应用中，中国具有国际上最先进、规模也是最大的铁路车号自动识别应用系统。

在我国推广 RFID 技术具有重要的意义。一方面，以出口为目的的制造业必须满足国际上关于电子标签的强制性指令；另一方面，RFID 的技术优势使得人们有理由相信，该技术在物流、资产管理、制造业、安全和出入控制等诸多领域的应用，将改变上述领域信息采集手段落后、信息传递不及时和管理效率低下的现状，并将产生巨大的经济效益。

从应用发展的趋势来看，随着物联网的兴起与发展，两大主流自动识别技术——条码识别技术与射频识别技术，作为物联网前端的数据采集技术，有相互融合发展（条码与 EPC 相结合）和应用领域不断拓展的趋势。

以指纹技术为典型代表的生物特征识别技术，在经历十余年的自然增长后，将迎来黄金发展期。未来在安防市场领域，指纹在门禁、门锁、考勤、保险柜等场合的应用将更加普遍；并且随着物联网应用示范的推广，指纹技术将与移动商务、移动支付、信息安全等领域的集成应用，也将成为值得关注的课题。

近两年，国内房地产业不断对指纹锁提出需求，开启了指纹锁进入民居的时代。同时，随着人们个人财产的增加和安全意识的增强，指纹锁柜产品也已进入家庭，并预计未来几年内会出现高速增长。在银行业，指纹识别系统将覆盖全国的网点。在其他行业，如教育、交通、电力、社保、医疗、证券、电信等，也都将逐步把指纹识别技术引入内控系统。具有指纹识别功能的银行卡，在未来几年的发展备受关注。新一代身份证里加载指纹将扮演指纹应用的主线，推动治安、宾馆、购物等领域使用指纹技术。我国已启用的新型电子护照，持照人的照片和指纹图像存储在护照内嵌的芯片里，可直接用于持照人以自助方式通过边防检查，出入境更加方便。同时，遍布每个城市的和楼宇的智能监控系统中，未来将对人脸识别和行为识别的技术及装备有着巨大的需求。

《国务院关于推进物联网有序健康发展的指导意见》（2013-2-5）指出，"目前，在全球范围内物联网正处于起步发展阶段，物联网技术发展和产业应用具有广阔的前景和难得的机遇。经过多年发展，我国在物联网技术研发、标准研制、产业培育和行业应用等方面已初步具备一定基础，但也存在关键核心技术有待突破、产业基础薄弱、网络信息安全存在潜在隐患、一些地方出现盲目建设现象等问题，急需加强引导、加快解决。"

意见同时指出，"围绕经济社会发展的实际需求，以市场为导向，以企业为主体，以突破关键技术为核心，以推动需求应用为抓手，以培育产业为重点，以保障安全为前提，营造发展环境，创新服务模式，强化标准规范，合理规划布局，加强资源共享，深化军民融合，打造具有国际竞争力的物联网产业体系，实现物联网在经济社会各领域的广泛应用，成为推动经济社会智能化发展的重要力量，为促进经济社会可持续发展作出积极贡献。"

因此，我们完全有理由相信，作为传感器网络核心技术之一的自动识别技术产业，必将迎来巨大的发展机遇和广阔的应用前景。

## 【阅读文章 1-1】

### 国务院关于推进物联网有序健康发展的指导意见
国发[2013]7 号

各省、自治区、直辖市人民政府，国务院各部委、各直属机构：

物联网是新一代信息技术的高度集成和综合运用，具有渗透性强、带动作用大、综合效益好的特点，推进物联网的应用和发展，有利于促进生产生活和社会管理方式向智能化、精细化、网络化方向转变，对于提高国民经济和社会生活信息化水平，提升社会管理和公共服务水平，带动相关学科发展和技术创新能力增强，推动产业结构调整和发展方式转变具有重要意义，我国已将物联网作为战略性新兴产业的一项重要组成内容。目前，在全球范围内物联网正处于起步发展阶段，物联网技术发展和产业应用具有广阔的前景和难得的机遇。经过多年发展，我国在物联网技术研发、标准研制、产业培育和行业应用等方面已初步具备一定基础，但也存在关键核心技术有待突破、产业基础薄弱、网络信息安全存在潜在隐患、一些地方出现盲目建设现象等问题，急需加强引导加快解决。为推进我国物联网有序健康发展，现提出以下指导意见。

一、指导思想、基本原则和发展目标

（一）指导思想

以邓小平理论、"三个代表"重要思想、科学发展观为指导，加强统筹规划，围绕经济社会发展的实际需求，以市场为导向，以企业为主体，以突破关键技术为核心，以推动需求应用为抓手，以培育产业为重点，以保障安全为前提，营造发展环境，创新服务模式，强化标准规范，合理规划布局，加强资源共享，深化军民融合，打造具有国际竞争力的物联网产业体系，有序推进物联网持续健康发展，为促进经济社会可持续发展作出积极贡献。

（二）基本原则

统筹协调。准确把握物联网发展的全局性和战略性问题，加强科学规划，统筹推进物联网应用、技术、产业、标准的协调发展。加强部门、行业、地方间的协作协同。统筹好经济发展与国防建设。

创新发展。强化创新基础，提高创新层次，加快推进关键技术研发及产业化，实现产业集聚发展，培育壮大骨干企业。拓宽发展思路，创新商业模式，发展新兴服务业。强化创新能力建设，完善公共服务平台，建立以企业为主体、产学研用相结合的技术创新体系。

需求牵引。从促进经济社会发展和维护国家安全的重大需求出发，统筹部署、循序渐进，以重大示范应用为先导，带动物联网关键技术突破和产业规模化发展。在竞争性领域，坚持应用推广的市场化。在社会管理和公共服务领域，积极引入市场机制，增强物联网发展的内生性动力。

有序推进。根据实际需求、产业基础和信息化条件，突出区域特色，有重点、有步骤地推进物联网持续健康发展。加强资源整合协同，提高资源利用效率，避免重复建设。

安全可控。强化安全意识，注重信息系统安全管理和数据保护。加强物联网重大应用和系统的安全测评、风险评估和安全防护工作，保障物联网重大基础设施、重要业务系统和重点领域应用的安全可控。

（三）发展目标

总体目标。实现物联网在经济社会各领域的广泛应用，掌握物联网关键核心技术，基本形成安全可控、具有国际竞争力的物联网产业体系，成为推动经济社会智能化和可持续发展的重要力量。

近期目标。到2015年，实现物联网在经济社会重要领域的规模示范应用，突破一批核心技术，初步形成物联网产业体系，安全保障能力明显提高。

——协同创新。物联网技术研发水平和创新能力显著提高，感知领域突破核心技术瓶颈，明显缩小与发达国家的差距，网络通信领域与国际先进水平保持同步，信息处理领域的关键技术初步达到国际先进水平。实现技术创新、管理创新和商业模式创新的协同发展。创新资源和要素得到有效汇聚和深度合作。

——示范应用。在工业、农业、节能环保、商贸流通、交通能源、公共安全、社会事业、城市管理、安全生产、国防建设等领域实现物联网试点示范应用，部分领域的规模化应用水平显著提升，培育一批物联网应用服务优势企业。

——产业体系。发展壮大一批骨干企业，培育一批"专、精、特、新"的创新型中小企业，形成一批各具特色的产业集群，打造较完善的物联网产业链，物联网产业体系初步形成。

——标准体系。制定一批物联网发展所急需的基础共性标准、关键技术标准和重点应用标准，初步形成满足物联网规模应用和产业化需求的标准体系。

——安全保障。完善安全等级保护制度，建立健全物联网安全测评、风险评估、安全防范、应急处置等机制，增强物联网基础设施、重大系统、重要信息等的安全保障能力，形成系统安全可用、数据安全可信的物联网应用系统。

二、主要任务

（一）加快技术研发，突破产业瓶颈。以掌握原理实现突破性技术创新为目标，把握技术发展方向，围绕应用和产业急需，明确发展重点，加强低成本、低功耗、高精度、高可靠、智能化传感器的研发与产业化，着力突破物联网核心芯片、软件、仪器仪表等基础共性技术，加快传感器网络、智能终端、大数据处理、智能分析、服务集成等关键技术研发创新，推进物联网与新一代移动通信、云计算、下一代互联网、卫星通信等技术的融合发展。充分利用和整合现有创新资源，形成一批物联网技术研发实验室、工程中心、企业技术中心，促进应用单位与相关技术、产品和服务提供商的合作，加强协同攻关，突破产业发展瓶颈。

（二）推动应用示范，促进经济发展。对工业、农业、商贸流通、节能环保、安全生产等重要领域和交通、能源、水利等重要基础设施，围绕生产制造、商贸流通、物流配送和经营管理流程，推动物联网技术的集成应用，抓好一批效果突出、带动性强、关联度高的典型应用示范工程。积极利用物联网技术改造传统产业，推进精细化管理和科学决策，提升生产和运行效率，推进节能减排，保障安全生产，创新发展模式，促进产业升级。

（三）改善社会管理，提升公共服务。在公共安全、社会保障、医疗卫生、城市管理、民生服务等领域，围绕管理模式和服务模式创新，实施物联网典型应用示范工程，构建更加便捷高效和安全可靠的智能化社会管理和公共服务体系。发挥物联网技术优势，促进社会管理和公共服务信息化，扩展和延伸服务范围，提升管理和服务水平，提高人民生活质量。

（四）突出区域特色，科学有序发展。引导和督促地方根据自身条件合理确定物联网发展定位，结合科研能力、应用基础、产业园区等特点和优势，科学谋划，因地制宜，有序推进物联网发展，信息化和信息产业基础较好的地区要强化物联网技术研发、产业化及示范应用，信息化和信息产业基础较弱的地区侧重推广成熟的物联网应用。加快推进无锡国家传感网创新示范区建设。应用物联网等新一代信息技术建设智慧城市，要加强统筹、注重效果、突出特色。

（五）加强总体设计，完善标准体系。强化统筹协作，依托跨部门、跨行业的标准化协作机制，协调推进物联网标准体系建设。按照急用先立、共性先立原则，加快编码标识、接口、数据、信息安全等基础共性标准、关键技术标准和重点应用标准的研究制定。推动军民融合标准化工作，开展军民通用标准研制。鼓励和支持国内机构积极参与国际标准化工作，提升自主技术标准的国际话语权。

（六）壮大核心产业，提高支撑能力。加快物联网关键核心产业发展，提升感知识别制造产业发展水平，构建完善的物联网通信网络制造及服务产业链，发展物联网应用及软件等相关产业。大力培育具有国际竞争力的物联网骨干企业，积极发展创新型中小企业，建设特色产业基地和产业园区，不断完善产业公共服务体系，形成具有较强竞争力的物联网产业集群。强化产业培育与应用示范的结合，鼓励和支持设备制造、软件开发、服务集成等企业及科研单位参与应用示范工程建设。

（七）创新商业模式，培育新兴业态。积极探索物联网产业链上、下游协作共赢的新型商业模式。大力支持企业发展有利于扩大市场需求的物联网专业服务和增值服务，推进应用服务的市场化，带动服务外包产业发展，培育新兴服务产业。鼓励和支持电信运营、信息服务、系统集成等企业参与物联网应用示范工程的运营和推广。

（八）加强防护管理，保障信息安全。提高物联网信息安全管理与数据保护水平，加强信息安全技术的研发，推进信息安全保障体系建设，建立健全监督、检查和安全评估机制，有效保障物联网信息采集、传输、处理、应用等各环节的安全可控。涉及国家公共安全和基础设施的重要物联网应用，其系统解决方案、核心设备以及运营服务必须立足于安全可控。

（九）强化资源整合，促进协同共享。充分利用现有公共通信和网络基础设施开展物联网应用。促进信息系统间的互联互通、资源共享和业务协同，避免形成新的信息孤岛。重视信息资源的智能分析和综合利用，避免重数据采集、轻数据处理和综合应用。加强对物联网建设项目的投资效益分析和风险评估，避免重复建设和不合理投资。

### 三、保障措施

（一）加强统筹协调形成发展合力。建立健全部门、行业、区域、军地之间的物联网发展统筹协调机制，充分发挥物联网发展部际联席会议制度的作用，研究重大问题，协调制定政策措施和行动计划，加强应用推广、技术研发、标准制定、产业链构建、基础设施建设、信息安全保障、无线频谱资源分配利用等的统筹，形成资源共享、协同推进的工作格局和各环节相互支撑、相互促进的协同发展效应。加强物联网相关规划、科技重大专项、产业化专项等的衔接协调，合理布局物联网重大应用示范和产业化项目，强化产业链配套和区域分工合作。

（二）营造良好发展环境。建立健全有利于物联网应用推广、创新激励、有序竞争的政策体系，抓紧推动制定完善信息安全与隐私保护等方面的法律法规。建立鼓励多元资本公平进入的市场准入机制。加快物联网相关标准、检测、认证等公共服务平台建设，完善支撑服务体系。加强知识产权保护，积极开展物联网相关技术的知识产权分析评议，加快推进物联网相关专利布局。

（三）加强财税政策扶持。加大中央财政支持力度，充分发挥国家科技计划、科技重大专项的作用，统筹利用好战略性新兴产业发展专项资金、物联网发展专项资金等支持政策，集中力量推进物联网关键核心技术研发和产业化，大力支持标准体系、创新能力平台、重大应用示范工程等建设。支持符合现行软件和集成电路税收优惠政策条件的物联网企业按规定享受相关税收优惠政策，经认定为高新技术企业的物联网企业按规定享受相关所得税优惠政策。

（四）完善投融资政策。鼓励金融资本、风险投资及民间资本投向物联网应用和产业发展。加快建立包括财政出资和社会资金投入在内的多层次担保体系，加大对物联网企业的融资担保支持力度。对技术先进、优势明显、带动和支撑作用强的重大物联网项目优先给予信贷支持。积极支持符合条件的物联网企业在海内外资本市场直接融资。鼓励设立物联网股权投资基金，通过国家新兴产业创投计划设立一批物联网创业投资基金。

（五）提升国际合作水平。积极推进物联网技术交流与合作，充分利用国际创新资源。鼓励国外企业在我国设立物联网研发机构，引导外资投向物联网产业。立足于提升我国物联网应用水平和产业核心竞争力，引导国内企业与国际优势企业加强物联网关键技术和产品的研发合作。支持国内企业参与物联网全球市场竞争，推动我国自主技术和标准走出去，鼓励企业和科研单位参与国际标准制定。

（六）加强人才队伍建设。建立多层次多类型的物联网人才培养和服务体系。支持相关高校和科研院所加强多学科交叉整合，加快培养物联网相关专业人才。依托国家重大专项、科技计划、示范工程和重点企业，培养物联网高层次人才和领军人才。加快引进物联网高层次人才，完善配套服务，鼓励海外专业人才回国或来华创业。

各地区、各部门要按照本意见的要求，进一步深化对发展物联网重要意义的认识，结合实际，扎实做好相关工作。各部门要按照职责分工，尽快制定具体实施方案、行动计划和配套政策措施，加强沟通协调，抓好任务措施落实，确保取得实效。

国务院<br>2013 年 2 月 5 日

**【阅读文章 1-2】**

物联网"十二五"发展规划

物联网已成为当前世界新一轮经济和科技发展的战略制高点之一，发展物联网对于促进经济发展和社会进步具有重要的现实意义。为抓住机遇，明确方向，突出重点，加快培育和壮大物联网，根据我国《国民经济和社会发展第十二个五年规划纲要》和《国务院关于加快培育和发展战略性新兴产业的决定》，特制定本规划，规划期为 2011—2015 年。

一、现状及形势

（一）发展现状

目前，我国物联网发展与全球同处于起步阶段，初步具备了一定的技术、产业和应用基础，呈现出良好的发展态势。

产业发展初具基础。无线射频识别（RFID）产业市场规模超过 100 亿元，其中低频和高频 RFID 相对成熟。全国有 1600 多家企事业单位从事传感器的研制、生产和应用，年产量达 24 亿只，市场规模超过 900 亿元，其中，微机电系统（MEMS）传感器市场规模超过 150 亿元；通信设备制造业具有较强的国际竞争力。建成全球最大、技术先进的公共通信网和互联网。机器到机器（M2M）终端数量接近 1000 万，形成全球最大的 M2M 市场之一。据不完全统计，我国 2010 年物联网市场规模接近 2000 亿元。

技术研发和标准研制取得突破。我国在芯片、通信协议、网络管理、协同处理、智能计算等领域开展了多年技术攻关，已取得许多成果。在传感器网络接口、标识、安全、传感器网络与通信网融合、物联网体系架构等方面相关技术标准的研究取得进展，成为国际标准化组织（ISO）传感器网络标准工作组（WG7）的主导国之一。2010 年，我国主导提出的传感器网络协同信息处理国际标准获正式立项，同年，我国企业研制出全球首颗二维码解码芯片，研发了具有国际先进水平的光纤传感器，TD-LTE 技术正在开展规模技术试验。

应用推广初见成效。目前，我国物联网在安防、电力、交通、物流、医疗、环保等领域已经得到应用，且应用模式正日趋成熟。在安防领域，视频监控、周界防入侵等应用已取得良好效果；在电力行业，远程抄表、输变电监测等应用正在逐步拓展；在交通领域，路网监测、车辆管理和调度等应用正在发挥积极作用；在物流领域，物品仓储、运输、监测应用广泛推广；在医疗领域，个人健康监护、远程医疗等应用日趋成熟。除此之外，物联网在环境监测、市政设施监控、楼宇节能、食品药品溯源等方面也开展了广泛的应用。

尽管我国物联网在产业发展、技术研发、标准研制和应用拓展等领域已经取得了一些进展，但应清醒地认识到，我国物联网发展还存在一系列瓶颈和制约因素。主要表现在以下几个方面：核心技术和高端产品与国外差距较大，高端综合集成服务能力不强，缺乏骨干龙头企业，应用水平较低，且规模化应用少，信息安全方面存在隐患等。

（二）面临形势

"十二五"时期是我国物联网由起步发展进入规模发展的阶段，机遇与挑战并存。

国际竞争日趋激烈。美国已将物联网上升为国家创新战略的重点之一；欧盟制定了促进物联网发展的14点行动计划；日本的U-Japan计划将物联网作为四项重点战略领域之一；韩国的IT839战略将物联网作为三大基础建设重点之一。发达国家一方面加大力度发展传感器节点核心芯片、嵌入式操作系统、智能计算等核心技术，另一方面加快标准制定和产业化进程，谋求在未来物联网的大规模发展及国际竞争中占据有利位置。

创新驱动日益明显。物联网是我国新一代信息技术自主创新突破的重点方向，蕴含着巨大的创新空间，在芯片、传感器、近距离传输、海量数据处理以及综合集成、应用等领域，创新活动日趋活跃，创新要素不断积聚。物联网在各行各业的应用不断深化，将催生大量的新技术、新产品、新应用、新模式。

应用需求不断拓宽。在"十二五"期间，我国将以加快转变经济发展方式为主线，更加注重经济质量和人民生活水平的提高，急需采用包括物联网在内的新一代信息技术改造升级传统产业，提升传统产业的发展质量和效益，提高社会管理、公共服务和家居生活智能化水平。巨大的市场需求将为物联网带来难得的发展机遇和广阔的发展空间。

产业环境持续优化。党中央、国务院高度重视物联网发展，明确指出要加快推动物联网技术研发和应用示范；大部分地区将物联网作为发展重点，出台了相应的发展规划和行动计划，许多行业部门将物联网应用作为推动本行业发展的重点工作加以支持。随着国家和地方一系列产业支持政策的出台，社会对物联网的认知程度日益提升，物联网正在逐步成为社会资金投资的热点，发展环境不断优化。

二、指导思想、发展原则、发展目标

（一）指导思想

以邓小平理论和"三个代表"重要思想为指导，深入贯彻落实科学发展观，把握世界新科技革命和产业革命的历史机遇，抓住我国加快培育和发展战略性新兴产业的契机，加强统筹规划，促进协同发展；加强自主创新，注重应用牵引；加强监督管理，保障信息安全；加强政策扶持，优化发展环境。重点突破核心技术，研制关键标准，拓展规模应用，构建产业体系，为我国物联网的全面发展并在新一轮国际竞争中占据有利位置奠定坚实基础。

（二）发展原则

1. 坚持市场导向与政府引导相结合。既要充分遵循市场经济规律，利用市场手段配置资源，面向市场需求发挥企业主体作用，又要注重政府调控引导，加强规划指导，加大政策支持力度，营造良好产业发展环境，促进产业快速健康发展。

2. 坚持全国统筹与区域发展相结合。做好顶层设计，进行统筹规划、系统布局、促进协调发展。同时，各地区根据自身基础与优势，明确发展方向和重点，大力培育特色产业集群，形成重点突出、优势互补的产业发展态势。

3. 坚持技术创新与培育产业相结合。着力推进原始创新，大力增强集成创新，加强引进消化吸收再创新，充分利用国、内外两个市场两种资源，大力推动技术成果的产业化进程，形成以企业为主体、产学研用相结合的技术创新体系，发展培育壮大物联网产业。

4. 坚持示范带动与全面推进相结合。推动信息化与工业化深度融合，加快推进重点行业和重点领域的先导应用，逐步推进全社会、全行业的物联网规模化应用，形成重点覆盖、逐步渗透、全面推进的局面。从政策法规、标准规范、技术保障能力等多角度，全面提升物联网安全保障水平。

（三）发展目标

1. 到 2015 年，我国要在核心技术研发与产业化、关键标准研究与制定、产业链条建立与完善、重大应用示范与推广等方面取得显著成效，初步形成创新驱动、应用牵引、协同发展、安全可控的物联网发展格局。

2. 技术创新能力显著增强。攻克一批物联网核心关键技术，在感知、传输、处理、应用等技术领域取得 500 项以上重要研究成果；研究制定 200 项以上国家和行业标准；推动建设一批示范企业、重点实验室、工程中心等创新载体，为形成持续创新能力奠定基础。

3. 初步完成产业体系构建。形成较为完善的物联网产业链，培育和发展 10 个产业聚集区，100 家以上骨干企业，一批"专、精、特、新"的中小企业，建设一批覆盖面广、支撑力强的公共服务平台，初步形成门类齐全、布局合理、结构优化的物联网产业体系。

4. 应用规模与水平显著提升。在经济和社会发展领域广泛应用，在重点行业和重点领域应用水平明显提高，形成较为成熟的、可持续发展的运营模式，在 9 个重点领域完成一批应用示范工程，力争实现规模化应用。

三、主要任务

（一）大力攻克核心技术

集中多方资源，协同开展重大技术攻关和应用集成创新，尽快突破核心关键技术，形成完善的物联网技术体系。

1. 提升感知技术水平。重点支持超高频和微波 RFID 标签、智能传感器、嵌入式软件的研发，支持位置感知技术、基于 MEMS 的传感器等关键设备的研制，推动二维码解码芯片研究。

2. 推进传输技术突破。重点支持适用于物联网的新型近距离无线通信技术和传感器节点的研发，支持自感知、自配置、自修复、自管理的传感网组网和管理技术的研究，推动适用于固定、移动、有线、无线的多层次物联网组网技术的开发。

3. 加强处理技术研究。重点支持适用于物联网的海量信息存储和处理，以及数据挖掘、图像视频智能分析等技术的研究，支持数据库、系统软件、中间件等技术的开发，推动软、硬件操作界面基础软件的研究。

4. 巩固共性技术基础。重点支持物联网核心芯片及传感器微型化制造、物联网信息安全等技术研发，支持用于传感器节点的高效能微电源和能量获取、标识与寻址等技术的开发，推动频谱与干扰分析等技术的研究。

（二）加快构建标准体系

按照统筹规划、分工协作、保障重点、急用先行的原则，建立高效的标准协调机制，积极推动自主技术标准的国际化，逐步完善物联网标准体系。

1. 加速完成标准体系框架的建设。全面梳理感知技术、网络通信、应用服务及安全保障等领域的国内外相关标准，做好整体布局和顶层设计，加快构建层次分明的物联网标准体系框架，明确我国物联网发展的急需标准和重点标准。

2. 积极推进共性和关键技术标准的研制。重点支持物联网系统架构等总体标准的研究，加快制定物联网标识和解析、应用接口、数据格式、信息安全、网络管理等基础共性标准，大力推进智能传感器、超高频和微波 RFID、传感器网络、M2M、服务支撑等关键技术标准的制定工作。

3. 大力开展重点行业应用标准的研制。面向重点行业需求，依托重点领域应用示范工程，形成以应用示范带动标准研制和推广的机制，做好物联网相关行业标准的研制，形成一系列具有推广价值的应用标准。

（三）协调推进产业发展

以形成和完善物联网产业链为目标，引入多元化的竞争机制，协调发展与物联网紧密相关的制造业、通信业与应用服务业。重点突破感知制造业发展瓶颈，推进物联网通信业发展，加快培育应用服务业，形成产业链上、下游联动，协调可持续的发展格局。

1. 重点发展物联网感知制造业。重点发展与物联网感知功能密切相关的制造业。推动传感器/节点/网关、RFID、二维条码等核心制造业高端化发展，推动仪器仪表、嵌入式系统等配套产业能力的提升，推动微纳器件、集成电路、微能源、新材料等产业的发展和壮大。

2. 积极支持物联网通信业。支持与物联网通信功能紧密相关的制造、运营等产业。推动近距离无线通信芯片与终端制造产业的发展，推动 M2M 终端、通信模块、网关等产品制造能力的提升，推动基于 M2M 等运营服务业发展，支持高带宽、大容量、超高速有线/无线通信网络设备制造业与物联网应用的融合。

3. 着力培育物联网服务业。鼓励运营模式创新，大力发展有利于扩大市场需求的专业服务、增值服务等服务新业态。着力培育海量数据存储、处理与决策等基础设施服务业，推进操作系统、数据库、中间件、应用软件、嵌入式软件、系统集成等软件开发与集成服务业发展，推动物联网应用创造和衍生出的独特市场快速发展。

（四）着力培育骨干企业

重点培育一批影响力大、带动性强的大企业；营造企业发展环境，采取灵活多样的模式，做好一批"专、精、特、新"中小企业的孵化和扶持工作；加强产业联盟建设，逐步形成门类齐全、协同发展、影响力强的产业体系。

引导企业间通过联合并购、品牌经营、虚拟经营等方式形成大型的物联网企业或企业联合体，提高产业集中度。在传感器、核心芯片、传感节点、操作系统、数据库软件、中间件、应用软件、嵌入式软件、系统集成、传感器网关及信息通信网、信息服务、智能控制等各领域打造一批品牌企业。

（五）积极开展应用示范

面向经济社会发展的重大战略需求，以重点行业和重点领域的先导应用为引领，注重自主技术和产品的应用，开展应用模式的创新，攻克一批关键技术，形成通用、标准、自主可控的应用平台，加快形成市场化运作机制，促进应用、技术、产业的协调发展。

1. 开展经济运行中重点行业应用示范。重点支持物联网在工业、农业、流通业等领域的应用示范。通过物联网技术进行传统行业的升级改造，提升生产和经营运行效率，提升产品质量、技术含量和附加值，促进精细化管理，推动落实节能减排，强化安全保障能力。

2. 开展面向基础设施和安全保障领域的应用示范。重点支持交通、电力、环保等领域的物联网应用示范工程，推动物联网在重大基础设施管理、运营维护方面的应用模式创新，提升重大基础设施的监测管理与安全保障能力，提升对重大突发事件的应急处置能力。

3. 开展面向社会管理和民生服务领域的应用示范。重点支持公共安全、医疗卫生、智能家居等领域的物联网应用示范工程。发挥物联网技术优势，提升人民生活质量和社会公共管理水平，推动面向民生服务领域的应用创新。

（六）合理规划区域布局

充分尊重市场规律，加强宏观指导，结合现有开发区、园区的基础和优势，突出发展重点，按照有利于促进资源共享和优势互补、有利于以点带面推进产业长期发展、有利于土地资源节约集约利用的原则，初步完成我国物联网区域布局，防止同质化竞争，杜绝盲目投资和重复建设。

加快推进无锡国家传感网创新示范区建设，积累经验，以点带面，辐射带动物联网产业在全国范围内的发展。充分考虑技术、人才、产业、区位、经济发展、国际合作等基础因素，在东、中、西部地区，以重点城市或城市群为依托，高起点培育一批物联网综合产业集聚区；以推进物联网应用技术进步及物联网服务业为导向，以特色农业、汽车生产、电力设施、石油化工、光学制造、家居照明、海洋港口等一批特色产业基地为依托，打造一批具有物联网特色产业聚集区，促进物联网产业与已有特色产业的深度融合。

（七）加强信息安全保障

建立信息安全保障体系，做好物联网信息安全顶层设计，加强物联网信息安全技术的研究开发，有效保障信息采集、传输、处理等各个环节的安全可靠。加强监督管理，做好物联网重大项目的安全评测和风险评估，构建有效的预警和管理机制，大力提升信息安全保障能力。

1. 加强物联网安全技术研发。研制物联网信息安全基本架构，突破信息采集、传输、处理、应用各环节安全共性技术、基础技术、关键技术与关键标准。重点开展隐私保护、节点的轻量级认证、访问控制、密钥管理、安全路由、入侵检测与容侵容错等安全技术研究，推动关键技术的国际标准化进程。

2. 建立并完善物联网安全保障体系。建立以政府和行业主管部门为主导，第三方测试机构参与的物联网信息安全保障体系，构建有效的预警和管理机制。对各类物联网应用示范工程全面开展安全风险与系统可靠性评估工作。重点支持物联网安全风险与系统可靠性评估指标体系研制，测评系统开发和专业评估团队的建设；支持应用示范工程安全风险与系统可靠性评估机制建立，在物联网示范工程的规划、验证、监理、验收、运维全生命周期推行安全风险与系统可靠性评估，从源头保障物联网的应用安全可靠。

3. 加强网络基础设施安全防护建设。充分整合现有资源，提前部署，加快宽带网络建设和布局，提高网络速度，促进信息网络的畅通、融合、稳定、泛在，为新技术应用预留空间，实现新老技术的兼容转换。加强对基础设施性能的分析和行为预测，有针对性地做好网络基础设施的保护。

（八）提升公共服务能力

积极利用现有存量资源，采取多种措施鼓励社会资源投入，支持物联网公共服务平台建设和运营，提升物联网技术、产业、应用公共服务能力，形成资源共享、优势互补的物联网公共支撑服务体系。积极探索物联网公共服务与运营机制，确保形成良性、高效的发展机制。

1. 加强专业化公共服务平台建设。不断明确需求,细化专业分工,加强建设和完善共性技术、测试认证、知识产权、人才培训、推广应用、投融资等公共服务平台,全面提升物联网公共服务平台的专业化服务能力和水平。

2. 加快公共支撑机构建设。依托相关部门和行业的资源,建设物联网重点实验室、工程实验室、工程中心、推广应用中心等公共支撑机构,促进物联网技术创新、应用推广和产业化。

3. 整合公共服务资源。加快整合各区域、各行业现有平台建设资源,采取多种措施吸引相应的社会资源投入,形成资源共享、优势互补的产业公共服务体系,提升物联网技术研发、产业化、推广应用等方面的公共服务能力。

### 四、重点工程

#### (一)关键技术创新工程

充分发挥企业主体作用,积极利用高校和研究所实验室的现有研究成果,在信息感知和信息处理技术领域追赶国际先进水平,在信息传输技术领域达到国际领先水平,增强信息安全保障能力,力争尽快突破关键核心技术,形成较为完备的物联网技术体系并实现产业化。

**专栏 1  关键技术创新工程**

1. 信息感知技术

超高频和微波 RFID:积极利用 RFID 行业组织,开展芯片、天线、读写器、中间件和系统集成等技术协同攻关,实现超高频和微波 RFID 技术的整体提升。

微型和智能传感器:面向物联网产业发展的需求,开展传感器敏感元件、微纳制造和智能系统集成等技术联合研发,实现传感器的新型化、小型化和智能化。

位置感知:基于物联网重点应用领域,开展基带芯片、射频芯片、天线、导航电子地图软件等技术合作开发,实现导航模块的多模兼容、高性能、小型化和低成本。

2. 信息传输技术

无线传感器网络:开展传感器节点及操作系统、近距离无线通信协议、传感器网络组网等技术研究,开发出低功耗、高性能、适用范围广的无线传感器系统和产品。

异构网络融合:加强无线传感器网络、移动通信网、互联网、专网等各种网络间相互融合技术的研发,实现异构网络的稳定、快捷、低成本融合。

3. 信息处理技术

海量数据存储:围绕重点应用行业,开展海量数据新型存储介质、网络存储、虚拟存储等技术的研究,实现海量数据存储的安全、稳定和可靠。

数据挖掘:瞄准物联网产业发展重点领域,集中开展各种数据挖掘理论、模型和方法的研究,实现国产数据挖掘技术在物联网重点应用领域的全面推广。

图像视频智能分析:结合经济和社会发展实际应用,有针对性地开展图像视频智能分析理论与方法的研究,实现图像视频智能分析软件在物联网市场的广泛应用。

4. 信息安全技术

构建"可管、可控、可信"的物联网安全体系架构,研究物联网安全等级保护和安全测评等关键技术,提升物联网信息安全保障水平。

## （二）标准化推进工程

以构建物联网标准化体系为目标，依托各领域标准化组织、行业协会和产业联盟，重点支持共性关键技术标准和行业应用标准的研制，完善标准信息服务、认证、检测体系，推动一批具有自主知识产权的标准成为国际标准。

**专栏2　标准化推进工程**

> 标准体系架构：全面梳理国内外相关标准，明确我国物联网发展的急需标准和重点标准，开展顶层设计，构建并不断完善物联网标准体系。
>
> 共性关键技术标准：重点支持标识与解析、服务质量管理等共性基础标准和传感器接口、超高频和微波RFID、智能网关、M2M、服务支撑等关键技术标准的制定。
>
> 重点行业应用标准：面向工业、环保、交通、医疗、农业、电力、物流等重点行业需求，以重大应用示范工程为载体，总结成功模式和成熟技术，形成一系列具有推广价值的行业应用标准。
>
> 信息安全标准：制定物联网安全标准体系框架，重点推进物联网感知节点、数据信息安全标准的制定和实施，建立国家重大基础设施物联网安全监测体系，明确物联网安全标准的监督和执行机制。
>
> 标准化服务：整合现有标准化资源，建立国内外标准信息数据库和智能化检索分析系统，形成综合性的标准咨询、检测和认证服务平台，建立物联网编码与标识解析服务系统。

## （三）"十区百企"产业发展工程

重点培育10个产业聚集区和100个骨干企业，形成以产业聚集区为载体，以骨干企业为引领，专业特色鲜明、品牌形象突出、服务平台完备的现代产业集群。

**专栏3　"十区百企"产业发展工程**

> 产业聚集区：培育以研发中心、研发型企业、测试认证中心为主体的综合物联网产业聚集区；紧密结合相关行业应用特点，在感知制造、通信运营、应用服务等领域，打造具有鲜明特色的物联网产业聚集区，实现产业链上下游企业的汇集和产业资源整合。
>
> 骨干企业培育：在全国范围内培育100家掌握核心关键技术、经营状况良好、主业突出、产品市场前景好、对产业发展带动作用大、发展初具规模的物联网产业骨干企业。

## （四）重点领域应用示范工程

在重点领域开展应用示范工程，探索应用模式，积累应用部署和推广的经验和方法，形成一系列成熟的可复制推广的应用模板，为物联网应用在全社会、全行业的规模化推广做准备。经济领域应用示范以行业主管部门或典型大企业为主导，民生领域应用示范以地方政府为主导，联合物联网关键技术、关键产业和重要标准机构共同参与，形成优秀解决方案并进行部署、改进、完善，最终形成示范应用牵引产业发展的良好态势。

## 专栏4　重点领域应用示范工程

> 智能工业：生产过程控制、生产环境监测、制造供应链跟踪、产品全生命周期监测，促进安全生产和节能减排。
>
> 智能农业：农业资源利用、农业生产精细化管理、生产养殖环境监控、农产品质量安全管理与产品溯源。
>
> 智能物流：建设库存监控、配送管理、安全追溯等现代流通应用系统，建设跨区域、行业、部门的物流公共服务平台，实现电子商务与物流配送一体化管理。
>
> 智能交通：交通状态感知与交换、交通诱导与智能化管控、车辆定位与调度、车辆远程监测与服务、车路协同控制，建设开放的综合智能交通平台。
>
> 智能电网：电力设施监测、智能变电站、配网自动化、智能用电、智能调度、远程抄表，建设安全、稳定、可靠的智能电力网络。
>
> 智能环保：污染源监控、水质监测、空气监测、生态监测，建立智能环保信息采集网络和信息平台。
>
> 智能安防：社会治安监控、危险品运输监控、食品安全监控，重要桥梁、建筑、轨道交通、水利设施、市政管网等基础设施安全监测、预警和应急联动。
>
> 智能医疗：药品流通和医院管理，以人体生理和医学参数采集及分析为切入点，面向家庭和社区开展远程医疗服务。
>
> 智能家居：家庭网络、家庭安防、家电智能控制、能源智能计量、节能低碳、远程教育等。

### （五）公共服务平台建设工程

在国家和各级地方政府主管部门的政策引导和资金扶持下，充分发挥园区、企业、科研院所等责任主体的作用，实现平台的多方共建，充分整合现有资源，建立资源共享优势互补的公共服务平台。

## 专栏5　公共服务平台建设工程

> 公共技术平台：针对技术的研究开发、产品的验证测试和质量检测等需求，整合全行业的技术资源，提供面向软件、硬件、系统集成方面的共性技术服务。
>
> 应用推广平台：针对前沿技术、解决方案、科研成果、专利等内容，为使用者提供最直观的使用体验和前瞻示范，促进科技成果转化。
>
> 知识产权平台：建立覆盖支撑技术创新和应用创新的知识产权服务体系，建立关键技术和产品及关键应用领域的专利数据库，建立动态的物联网知识产权数据监测与分析服务机制。
>
> 信息服务平台：为政、产、学、研、用各类主体提供及时、丰富的物联网各类信息，为用户提供一站式信息服务。

### 五、保障措施
#### （一）建立统筹协调机制

建立和完善协同工作机制，加强部门合作，协调物联网在重点领域应用示范工作，解决物联网发展面临的关键技术研发、标准制定、产业发展、安全保障等问题。建立健全行业统计和运行监测分析工作体系,加强对重大项目建设的监督、检查和处理,推动物联网产业发展。

(二)营造政策法规环境

加强对国内外物联网发展形势研究,做好政策预研工作,针对发展中出现的热点、难点问题,及时制定出台相关管理办法。总结推广各地区、各部门的先进经验,加强政策协调,制定促进物联网健康有序发展的政策法规。

(三)加大财税支持力度

增加物联网发展专项资金规模,加大产业化专项等对物联网的投入比重,鼓励民资、外资投入物联网领域。积极发挥中央国有资本经营预算的作用,支持中央企业在安全生产、交通运输、农林业等领域开展物联网应用示范。落实国家支持高新技术产业和战略性新兴产业发展的税收政策,支持物联网产业发展。

(四)注重国际技术合作

发挥各种合作机制的作用,多层次、多渠道、多方式推进国际科技合作与交流。鼓励境外企业和科研机构在我国设立研发机构;鼓励我国企业和研发机构积极开展全球物联网产业研究,在境外开展联合研发和设立研发机构,大力支持我国物联网企业参与全球市场竞争,持续拓展技术与市场合作领域。

(五)加强人才队伍建设

制定和落实相关人才引进和配套服务政策。以良好的服务稳定人才,努力做好引进人才的户口管理以及子女入学、基本养老、基本医保等配套的公共服务,有计划地改进生活配套设施建设,创造适合人才事业发展和健康生活的生存环境。加大力度培养各类物联网人才,建立健全激励机制,造就一批领军人才和技术带头人。

工业和信息化部<br>
二〇一一年十一月二十八日

## 本 章 小 结

自动识别技术是指通过非人工手段获取被识别对象所包含的标识信息或特征信息,并且不使用键盘即可实现数据实时输入计算机或其他微处理器控制设备的技术。

自动识别技术是以传感器技术、计算机技术和通信技术为基础的一门综合性科学技术,是集数据编码、数据采集、数据标识、数据管理、数据传输于一体的信息数据自动识读、自动输入计算机的重要方法和手段,是一种高度自动化的信息或者数据采集与处理技术。

自动识别技术包括条码识别技术、射频识别技术、磁卡识别技术、IC卡识别技术、图像图形识别技术、光学字符识别技术、生物特征识别技术(指纹识别、人脸识别、虹膜识别、语音识别)等多种自动识别技术方法和手段。

自动识别技术根据识别对象的特征、识别原理和方式,可以分为两大类,分别是数据采集技术(定义识别)和特征提取技术(模式识别)。

定义识别是将被识别对象赋予一个ID代码,并将ID代码载体(条码、射频标签、磁卡、IC 卡等）放在要被识别的对象上进行标识，通过对载体的自动识读获得原 ID 代码，然后通过计算机实现对对象的自动识别。主要研究对象为条码识别、RFID 射频识别、磁识别、IC 卡识别等载体、编码方法和识别技术。

模式识别是指对表征事物或现象的各种形式的（数值的、文字的和逻辑关系的）信息进行处理和分析，以对事物或现象进行描述、辨认、分类和解释的过程，即通过采集被识别对象的特征数据，并通过与计算机存储的原特征数据进行特征比对，实现对对象的自动识别，是信息科学和人工智能的重要组成部分。主要涉及图像识别、光符识别、生物特征识别（如指纹识别、人脸识别、虹膜识别、语音识别）等。

因此，定义识别的方式主要是采用数据采集方式进行识别，而特征识别的方式主要是采用特征信息采集方式进行识别。定义识别的复杂度与信息存储量和特征识别相比要低得多。

自动识别技术与计算机技术、软件技术、互联网技术、通信技术、半导体技术的发展紧密相关，正在成为我国信息产业的重要组成部分，而物联网技术的兴起和蓬勃发展，给自动识别技术带来前所未有的发展机遇。

在经济全球化、贸易国际化、信息网络化的推动下，自动识别技术已经广泛地应用于商业流通、物流、邮政、交通运输、医疗卫生、航空、图书管理、电子商务、电子政务等多个领域，并成为物联网的主要支撑技术之一。自动识别技术产业的发展及技术应用的推广，将在我国的经济建设中发挥举足轻重的作用。

## 本章内容结构

## 综合练习

### 一、名词解释

自动识别技术　　　模式识别　　　定义识别　　　物联网

### 二、简述题

1. 简述自动识别技术的内涵。
2. 简述自动识别技术的分类。
3. 简述自动识别技术的一般性工作原理。
4. 简述自动识别技术在经济社会中的作用。
5. 简述自动识别技术的应用现状。
6. 简述自动识别技术的发展趋势。

### 三、比较思考题

1. 比较定义识别（数据采集技术）与模式识别（特征提取技术）的区别与联系。
2. 比较物联网与互联网的区别与联系。

### 四、实际观察题

寻找你身边应用自动识别技术的例子。你觉得带来了哪些便利？还存在什么不足？

## 参考书目及相关网站

[1] 国务院. 国务院关于推进物联网有序健康发展的指导意见. 2013-02-05.
[2] 中国自动识别技术协会. 2013—2016年中国自动识别产业发展纲要. 2012-11.
[3] 工业与信息化部. 物联网"十二五"发展规划. 2011-11-28.
[4] 中国物品编码中心, 中国自动识别技术协会. 自动识别技术导论[M]. 武汉：武汉大学出版社，2007.
[5] 卢瑞文. 自动识别技术导论[M]. 北京：化学工业出版社，2005.
[6] 张铎. 自动识别技术产品与应用[M]. 武汉：武汉大学出版社，2009.
[7] 中国自动识别技术协会网址 http://www.aimchina.org.cn
[8] 自动识别网 http://www.autoid-china.com.cn
[9] 中国物品编码中心网址 http://www.ancc.org.cn

# 第二章

# 条码识别技术

**内容提要**

条码技术起源于 20 世纪 20 年代，是迄今为止最经济、最实用的一种自动识别技术，它通过条码符号保存相关数据，并通过条码识读设备实现数据的自动采集。本章主要讲述条码技术的发展历程、应用现状、技术基础和主要设备。

**学习目标与重点**

◆ 了解条码识别技术的发展历程。
◆ 重点掌握条码识别技术的应用现状和典型应用案例。
◆ 初步掌握条码识别系统的基本构成、工作原理和技术特点。
◆ 掌握各类条码打印设备、条码识读设备的主要特性和用途。

**关键术语**

条码识别技术、条码打印机、条码识读器、条码标签

---

【引入案例】　　　　　"黑白条空"带来的技术变革

手工录入文字最快的速度是多少？约为 300 字符/min。按此速度计算，录入如图 2-1 所示的 13 位图书数据，1 分钟可以录入 23 组。

如果用专用的设备录入呢？使用一个普通的专用扫描设备，扫描速度可达 40 字符/s，即 2400 字符/min，且误码率仅为 1/100 万。那么，1 分钟可以录入 184 组，效率是前者的 8 倍。

通过上述比较，我们可以看出，在进行数据信息录入的时候，使用自动采集装置和设备，效率和准确率要明显优于传统的手工录入的方式。本案例中所使用的自动采集技术，就是条码扫描技术。

图 2-1　一本书籍的条码

条码，又称条形码，即如图 2-1 所示的"黑白条"，是将宽度不等的多个黑条和空白，按照一定的编码规则排列，用以表达一组信息的图形标识符。常见的条码是由反射率相差很大的黑条（简称条）和白条（简称空）排成的平行线图案。

条码是迄今为止最经济、最实用的一种自动识别技术。条码可以标出物品的生产国、制造厂家、商品名称、生产日期、图书分类号、邮件起止地点、类别、日期等许多信息，

因此，在商品流通、图书管理、邮政管理、银行系统等许多领域，都得到了广泛的应用。

在经济全球化、信息网络化、生活国际化的资讯社会到来之际，起源于 20 世纪 20 年代、应用于 70 年代、普及于 80 年代的条码与条码技术，引起了世界流通领域里的大变革。90 年代的国际流通领域将条码誉为商品进入国际市场的"身份证"，使得全世界都对它刮目相看。

## 第一节 条码识别技术的发展历程

### 一、条码识别技术的起源

条码技术最早产生在风声鹤唳的 20 世纪 20 年代，诞生于威斯汀·豪斯（Westing House）的实验室里。一位名叫约翰·科芒德（John Kermode）的性格古怪的发明家，"异想天开"地想对邮政单据实现自动分检。在那个年代，对电子技术应用方面的每一个设想，都会使人感到非常新奇。

他的想法是在信封上做条码标记，条码中的信息是收信人的地址，这类似于现在使用的邮政编码，为此，科芒德发明了最早的条码标识。设计方案非常的简单，即 1 个"条"表示数字"1"，2 个"条"表示数字"2"，并以此类推。然后，他又发明了由基本的元件组成的条码识读设备：一个扫描器，能够发射光并接收反射光；测定反射信号条和空的方法，即边缘定位线圈；和使用测定结果的方法，即译码器。

科芒德的扫描器使用当时新发明的光电池来收集反射光，"空"反射回来的是强信号，"条"反射回来的是弱信号。与当今高速度的电子元器件应用不同的是，科芒德利用磁性线圈来测定"条"和"空"，这就像一个小孩将电线与电池连接，再绕在一颗钉子上来夹纸一样。科芒德用一个带铁芯的线圈在接收到"空"信号的时候，吸引一个开关；在接收到"条"信号的时候，释放开关并接通电路。因此，最早的条码阅读器使用起来会发出很大的噪声。开关由一系列的继电器控制，"开"和"关"由打印在信封上"条"的数量来决定。通过这种方法，实现对信件的分检。

此后不久，科芒德的合作者道格拉斯·杨（Douglas Young），在科芒德码的基础上作了些改进。科芒德码所包含的信息量相当的低，并且很难编出 10 个以上的不同代码。杨码使用更少的条，但是利用条之间空的尺寸变化，就像今天的 UPC 条码符号使用 4 个不同的条空尺寸一样。对于同样大小的空间，杨码可以对 100 个不同的地区进行编码，而科芒德码只能对 10 个不同的地区进行编码。

20 世纪 40 年代，美国乔·伍德兰德（Joe Woodland）和伯尼·西尔沃（Berny Silver）两位工程师开始研究用代码表示食品项目及相应的自动识别设备，并于 1949 年获得了美国专利。至此，专利文献中才有了关于全方位条码符号的记载，在这之前的专利文献中始终没有条码技术的记录，也没有投入实际应用的先例。这种代码的图案如图 2-2 所示。

图 2-2　公牛眼条码[1]

该图案很像微型射箭靶,被叫做"公牛眼"代码,靶式的同心圆是由圆条和空绘成的圆环形。在原理上,"公牛眼"代码与后来的条码很相近,遗憾的是,当时的工艺和商品经济还没有能力印制出这种码。然而,10 年后,乔·伍德兰德作为 IBM 公司的工程师,成为北美统一代码——UPC 码的奠基人。以杰拉德·费伊塞尔(Girard Fessel)为代表的几名发明家,于 1959 年申请了一项专利,描述了数字 0～9 中的每个数字可由 7 段平行条组成,但这种码使机器难以识读,使人读起来也不方便。不过,这一构想的确促进了后来条码的产生与发展。

不久,E.F.布宁克(E.F.Brinker)申请了另一项专利,该专利是将条码标识在有轨电车上。20 世纪 60 年代西尔沃尼亚(Sylvania)发明的一个系统,被北美铁路系统采纳。这两项可以说是条码技术最早期的应用。

虽然条码专利最早出现在 20 世纪 40 年代,但得到实际的应用和发展还是在 70 年代左右。现在,世界上的各个国家和地区都已普遍使用条码技术,其应用领域越来越广泛,并逐步渗透到许多技术领域。

如今,印刷在商品外包装上的条码,像一条条经济信息的纽带,将世界各地的生产制造商、出口商、批发商、零售商和顾客有机地联系在一起。这一条条纽带,一经与 EDI 系统相连,便形成多项、多元的信息网,各种商品的相关信息犹如投入了一个无形的、永不停息的自动导向传送机构,流向世界各地。

## 二、条码识别技术在国外的发展情况

1970 年,美国超级市场 Ad Hoc 委员会制定出通用商品代码——UPC 码,与此同时,许多团体也提出了各种条码符号方案,如图 2-3 所示。UPC 码首先在杂货零售业中试用,这为以后条码的统一和广泛采用奠定了基础。次年,布莱西公司研制出布莱西码及相应的自动识别系统,用于库存盘点,这是条码技术第一次在仓库管理系统中的实际应用。1972 年,蒙那奇·马金(Monarch Marking)等人研制出库德巴(Code bar)码,至此,美国的条码技术进入新的发展阶段。

1973 年,美国统一编码协会(简称 UCC)建立了 UPC[2] 条码系统,实现了该码制的标准化。同年,食品杂货业把 UPC 码作为该行业的通用标准码制,为条码技术在商业流通销售领域里的广泛应用,起到了积极的推动作用。1974 年,美国易腾迈(Intermec)公司的戴维·阿利尔(Davide Allair)博士研制出 39 码,该码制很快就被美国国防部采纳,作为军用条码码制。

图 2-3　早期的条码符号[3]

---

1　图片来源:http://www.centrallinktech.com/barcode_knowledge/history.html
2　UPC 码(Universal Product Code)是美国统一代码委员会制定的一种商品用条码
3　图片来源:http://www.autoid123.com/news/data/679.htm

39 码是第一个字母、数字式相结合的条码，后来广泛地应用于工业领域。

1976 年，在美国和加拿大的超级市场中，UPC 码的成功应用给人们以很大的鼓舞，尤其是欧洲人对此也产生了极大的兴趣。次年，欧洲共同体在 UPC-A 码的基础上制定出欧洲物品编码 EAN-13 和 EAN-8 码，签署了《欧洲物品编码协议备忘录》，并正式成立了欧洲物品编码协会（简称 EAN[1]）。到了 1981 年，由于 EAN 已经发展成为一个国际性组织，故改名为"国际物品编码协会"，简称为 IAN。但由于历史原因和习惯，至今仍称为 EAN（后改为 EAN-international）。

【知识链接 2-1】　　　　　　国际物品编码协会

国际物品编码协会（EAN），是负责开发、建立和推动全球性的物品编码及条码标识标准化的一个国际性协会组织。国际物品编码协会的宗旨是建立全球统一的标识系统，促进国际贸易。

EAN 的主要任务是协调全球统一的标识系统在各国的应用，以确保成员组织规划与步调的充分一致。国际物品编码协会和一些经济发达的国家，正在将 EAN·UCC 系统的应用，从单独的物品标识推向整个供应链管理和服务领域。

日本从 1974 年开始着手建立 POS（point of sales）系统，研究标准化以及信息输入方式、印制技术等。并在 EAN 基础上，于 1978 年，制定出日本物品编码——JAN。并于同年加入了国际物品编码协会，开始进行厂家登记注册，并全面转入条码技术及其系列产品的开发工作，10 年后，成为 EAN 最大的用户。

从 20 世纪 80 年代初，人们围绕如何提高条码符号的信息密度，开展了多项研究，128 码和 93 码就是其中的研究成果。128 码于 1981 年被推荐使用，93 码于 1982 年开始使用。这两种码的优点是它们的条码符号密度比 39 码高出近 30%。随着条码技术的发展，条码码制种类不断增加，因此，标准化问题显得很突出。为此先后制定了军用标准 1189；交叉 25 码、39 码和库德巴码 ANSI 标准 MH10.8M 等。

同时，一些行业也开始建立行业标准，以适应发展的需要。此后，戴维·阿利尔又研制出 49 码，这是一种非传统的条码符号，它比以往的条码符号具有更高的密度（即二维条码的雏形）。接着，特德·威廉斯（Ted Williams）推出 16K 码，这是一种适用于激光扫描的码制。到 1990 年底，共有 40 多种条码码制，与其相应的自动识别设备和印刷技术也得到了长足的发展。

## 三、条码识别技术在国内的发展情况

国外发达国家条码的应用大致分为三个阶段，第一阶段是自动结算；第二阶段是应用于企业的内部管理；第三阶段是应用于整个供应链管理、物流配送、连锁经营和电子商务。

我国对条码技术的应用，目前基本上处于第二阶段或第三阶段的初期，虽然在 30 多年的时间里，条码技术的应用已取得了长足进展，但与国外发达国家相比，差距还很大。

---

1　EAN：European Artide Numbering

我国条码技术的推广和应用是从20世纪80年代开始的，目前已从商业零售领域向运输、物流、电子商务和产品追溯等多领域拓展，并初步带动了条码产业的形成和发展。

零售业是我国条码技术最先广泛应用的领域。目前，我国商品条码用户有十余万家，条码标识的产品超过100万种，使用条码自动扫描（POS）的商店数万家，大大提高了我国商品在国内外市场上的竞争力，促进了我国经济的发展。

目前，我国商品条码的用户主要集中在食品、日化行业，而在医疗保健、服装服饰、农副产品、化工、建材、家具、玩具、机械与电子、服务等行业的应用，仍有很大的发展空间。此外，在对国民经济有重大影响，却对条码技术有着迫切应用需求的食品、服装、家电、汽车等行业，条码技术的应用只是初步的，大都仅用于供应链末端的POS零售。

在欧美发达国家的工业制造领域，条码技术的应用已相当普遍。而在我国，条码技术在制造业的应用刚刚起步，只有少数制造业企业在生产、销售、供应和仓储管理等环节应用了条码技术，且应用的层次较低。条码技术尚未发挥其在食品安全溯源、供应链管理、产品召回等方面的重要作用。

当前，食品安全问题日益受到民众和政府部门的关注，我们可以预计在不久的将来，条码技术在食品安全溯源方面的应用将得到加强。中国物品编码中心将协同中国食品工业协会、农业部、药监局等相关部门，建立基于条码技术应用的我国食品安全与溯源体系。该体系以"农田到餐桌"的食品供应链过程为对象，以食品安全溯源中的信息编码、标签标识、信息交换用电子单证的内容及格式等为关键技术，提供一个完善的、物流与信息流同步的食品安全溯源方案，通过对食品的生产、加工、包装、储存、运输、销售等环节进行有效标识，保障消费者的健康和安全。

近年来，我国物流业飞速地发展，可预计未来10年中，我国物流业的规模将以每年20%的速度增长。条码作为物流信息化的核心技术，其应用正从起步走向快速发展的阶段。

我国条码产业经过近30年的发展，从无到有，从小到大，已具雏形。目前，我国从事条码识别技术的企业和科研院所已超过1000家，部分企业还开发出了具有自主知识产权的条码识别技术设备，并在利用国外先进技术和对产品进行二次开发和集成应用等方面，也取得了重要的进展。

【知识链接2-2】　　2009—2012年我国自动识别技术的专利数量

据中国自动识别技术协会秘书处对产业情况调研显示（不完全统计），2009—2012年，我国自动识别产业的自主知识产权数量有了大幅提升。其中，发明专利236个、实用新型专利487个、外观设计专利188个，专利总数量约913个，软件著作权556个。正在申报的发明专利327个、外观设计35个、实用新型115个。

摘自：中国自动识别技术协会第三届理事会工作报告，2012-11-21

虽然我国目前已在低端条码设备上获得了一些技术突破和竞争优势，但是，拥有自主知识产权的条码技术和产品非常有限，大部分产品的核心技术还是被国外企业所掌握。

我国在条码技术与射频技术等的集成研究、一体化的生成和识读设备的研发方面尚待加强。

总之，我国的条码技术产业目前还处于初级阶段，产业规模偏小，在国际市场上所占份额偏低，这与我国巨大的条码技术应用市场是不相匹配的。据国际知名的市场研究与预测公司 IDC 调查的数据显示，"2011 年中国条码扫描设备市场规模达 1.419 亿美元，在过去三年保持超过 30%的复合增长，中国大陆已成为亚太地区最大的条码扫描设备市场。"

IDC 预计从 2015 年开始，随着全球经济复苏，中国制造业回暖，二维条码扫描设备普及率进一步提升，金融、医疗等行业条码设备使用量将进一步增加，2016 年中国条码扫描设备市场规模将达 3.039 亿美元，未来五年年复合增长率达 16.5%。

从应用需求前景看，围绕二维条码进行应用和产品的开发将成为条码技术的主流之一，围绕移动条码、移动终端、影像技术研发将是产业升级的潮流所在。据预测和分析，到 2016 年，我国条码技术产业的市场规模预计超过 250 亿元。（摘自《2013—2016 年中国自动识别产业发展纲要》，中国自动识别技术协会，2012-11）

1991 年和 1997 年，我国以"中国物品编码中心"和"中国自动识别技术协会"的名义，分别参加了"国际物品编码协会"和"国际自动识别制造商协会"，这促使我国在条码自动识别技术的推广应用和条码自动识别技术装备的生产等方面，得到了迅速发展。

在标准发展方面，根据企业的实际需求和国际发展趋势，我国制定了一些码制标准和编码标准，对推动我国条码技术的发展发挥了积极的作用。但也存在着不足，比如标准比较零散，没有形成体系，标准的版本也比较陈旧等。目前，我国已成立了自动识别与数据采集技术标准化分技术委员会（SC31 China），专门负责我国自动识别技术方面的标准化工作。

条码技术的应用必须以信息分类编码为基础，而当前我国的物品编码体系很不完善，除了正在应用的商品条码的代码体系外，其他编码系统大都拓展性差、互不兼容、缺乏通用交换平台，影响了行业、企业间的信息交换。当前，中国物品编码中心正在积极筹建全国物品编码标准化技术委员会，致力于建立我国物品编码体系，这将极大地推动我国信息化的建设。

党的十六大报告（2002 年 11 月 8 日）中明确指出："以信息化带动工业化，优先发展信息产业，在经济和社会领域广泛应用信息技术"，党的十八大报告（2012 年 11 月 8 日）中进一步明确指出："坚持走中国特色新型工业化、信息化、城镇化、农业现代化道路，推动信息化和工业化深度融合、工业化和城镇化良性互动、城镇化和农业现代化相互协调，促进工业化、信息化、城镇化、农业现代化同步发展。"

条码技术的推广应用工作是我国信息化建设的重要基础工作之一，《国家中长期科学和技术发展规划纲要（2006—2020 年）》中也明确指出，"重点开发多种新型传感器及先进条码自动识别、射频标签、基于多种传感信息的智能化信息处理技术。"这为我国条码自动识别技术的应用提出了更高的要求，也为条码技术产业实现跨越式发展，赶上并超过西方发达国家带来了契机。我国条码技术的发展和应用，在未来具有广阔和美好的前景。

【知识链接 2-3】　　　　条码技术发展过程中的主要事件

- 1949 年，美国的 N.J.Woodland 申请了环形条码专利。
- 1960 年，美国提出铁路货车上用的条码识别标记方案。
- 1963 年，《控制工程》杂志 10 月号上发表了描述各种条码技术的文章。
- 1967 年，美国辛辛那提的一家超市首先使用条码扫描器。
- 1969 年，比利时邮政业采用荧光条码表示信函投递点的邮政编码。
- 1970 年，美国成立 UCC；美国邮政局采用长短形条码表示信函的邮政编码。
- 1971 年，第一个由英国 Plesssy 公司推出的欧洲码制——Plessey 码发布，该码制及系统最初是为国防部的文件处理系统而设计的，后来在图书管理中得到应用。
- 1972 年，美国提出库德巴码、交叉 25 码和 UPC 码。
- 1974 年，美国易腾迈（Intermec）公司提出 39 码。
- 1977 年，欧洲物品编码协会（European Article Numbering Association）正式成立，简称 EAN。欧洲建立了自己的欧洲物品编码系统（European Article Numbering System），简称 EAN 条码系统。
- 1978 年，第一台注册专利的条码检测仪 Lasercheck 2701，由美国的讯宝（Symbol）公司推出。
- 20 世纪 80 年代，日本推出第一台热转印 UPC 条码打印机。
- 1980 年，美国军事部门采纳 39 码作为其物品编码。
- 1981 年，国际物品编码协会成立；128 码被推荐使用。
- 1982 年，手持式激光条码扫描器实用化；美国军用标准 Military 标准 1189 被采纳；93 码开始使用。
- 1983 年，美国制定了 ANSI 标准 MH10.8M，包括交叉 25 码、39 码和 Codebar 码。
- 1984 年，美国制定医疗保健业用的条码标准。
- 1986 年，中国邮政确定采用条码信函分拣体制。
- 1987 年，美国的 David Allairs 博士提出 49 码。
- 1988 年，可见激光二极管研制成功；美国的 Ted Willians 提出适合激光系统识读的新颖码制——16K 码。
- 1988 年底，中国成立"中国物品编码中心"。
- 1988 年，由沈阳工业学院（现沈阳理工大学）创办的先达集团在国内条码技术的研究、应用和推广上起到了非常大的作用，时任中央政治局委员、国务院副总理邹家华、国务委员宋健等党和国家领导人以及中央部委、省市领导都曾经亲自视察过该公司。
- 1990 年，美国国家标准 ANSI X 3.182 "条码印制质量"颁布。同年，讯宝公司推出 PDF 417 二维条码。
- 1991 年 4 月，"中国物品编码中心"代表中国加入"国际物品编码协会"。
- 1991 年，中国研究制定了 39 条码国家标准（GB/T 12908—1991），2002 年，发布了新版本（GB/T 12908—2002），替代了 1991 年的版本。

- ◆ 1997年，我国研究制定了交叉25码国家标准（GB/T 16829—1997）。
- ◆ 2005年2月，随着美国统一代码委员会（UCC）和加拿大电子商务委员会（ECCC）相继加入国际物品编码协会，EAN International 正式向全球发布了更名信息，将组织名称正式变更为 GSI。
- ◆ 2007年，具有我国自主知识产权的，特别适用于以汉字作为信息交换重要手段的新型二维码——汉信码的国家标准于8月23日由国家质检总局和国家标准化管理委员会发布《汉信码》（GB/T 21049—2007），并于2008年2月1日起开始实施。
- ◆ 2010年，中国企业研制出全球首颗二维码解码芯片。
- ◆ 2011年9月，《汉信码》获得国际 AIM 标准化组织的批准，由国家标准上升为国际标准。

## 第二节 条码识别技术的应用及现状

### 一、条码识别技术的优点

条码是迄今为止最经济、最实用的一种自动识别技术。条码技术具有以下几个方面的优点。

（1）输入速度快：与键盘输入相比，条码输入的速度是键盘输入的5倍以上，并能实现"即时数据输入"。

（2）可靠性高：键盘输入数据的出错率为 1/300，利用光学字符识别技术的出错率为 1/10000，而采用条码技术的误码率低于 1/1000000。

（3）采集信息量大：利用传统的一维条码一次可采集几十位字符的信息，二维条码更可以携带数千个字符的信息，并具有一定的自动纠错能力。

（4）灵活实用：条码标识既可以作为一种识别手段单独使用，也可以和有关识别设备组成一个系统来实现自动化识别，还可以和其他控制设备联接起来实现自动化管理。

此外，条码标签易于制作，对设备和材料没有特殊要求，识别设备操作容易，不需要特殊培训，而且设备也相对便宜。鉴于以上优点，条码识别技术被广泛地应用于各个领域。

在商业零售中的应用：POS 系统是商业销售点实时系统，该系统以条码为手段，计算机为中心，实现对商店的进、销、存的管理，快速反馈进、销、存各个环节的信息，为经营决策提供信息。

在仓储管理中的应用：立体仓库是现代工业生产中的一个重要组成部分，利用条码技术，可以完成仓库货物的导向、定位、入格操作，提高识别速度，减少人为差错，从而提高仓库管理的水平。

条码技术还广泛地应用于交通管理、金融文件管理、商业文件管理、病历管理、血库血液管理以及各种分类技术方面，条码技术作为数据标识和数据自动输入的一种手段，已被人们广泛利用,渗透到计算机管理的各个领域。

条码标识基本上都覆盖了所有产品。目前,世界各国正在把条码技术的发展重点向着生产自动化、交通运输现代化、金融贸易国际化、票证单据数字化、安全防盗防伪保密化等领域推进。除大力推行 13 位商品条码外,同时重点推广应用 UCC/EAN-128 码、EAN·UCC 系统位置码、EAN·UCC 系统应用标识符、二维条码等。在介质种类上,除大多印刷在纸质介质外,还研究开发出金属条码、纤维织物条码、隐形条码等,这扩大了条码的应用领域,并保证了条码标识在各个领域、各种工作环境中的应用。

许多国家和地区,已经投入了大量资金,建立起地区或行业、国内或国际联通的电子数据交换系统,以提高现代化管理水平和在国际贸易中的竞争能力。随着条码技术不断向着深度和广度发展,条码自动识别技术装备也正向着多功能、远距离、小型化,软件硬件并举,信息传递快速、安全可靠,经济适用等方向发展,出现了许多新型的技术装备。

## 二、条码识别技术的典型应用

### 案例一:条码技术在无线仓储管理中的应用

随着制造业信息化技术的发展及应用的深入,大多数企业都建立了以产品数据管理 PDM[1]及企业资源管理 ERP(Enterprise Resource Planning)为核心的综合信息化管理系统。但是,在仓储管理的环节,由于缺少管理的现场化及精细化的技术手段,往往会造成信息数据与实物数据不一致的现象。

工程机械制造业仓储管理的基本要求为:
- ◆ 实现先进先出、批次管理。
- ◆ 入库、出库、配送数据准确、快速。
- ◆ 库间转移、库位更改方便准确。
- ◆ 现场实时动态的实物管理。
- ◆ 方便的库存结构统计分析。
- ◆ 与 ERP 紧密集成。
- ◆ 确保账物相符。

ERP 仓储管理的物品编码原则一般为种类管理,即 1 种物品对应 1 个编码,从而无法实现对物品的批次管理。尽管有的 ERP 具备批次管理功能,但是由于缺少确保实物与数据一一对应的实物现场管理的有效手段,往往会出现账物不符的严重问题。引入条码技术及无线仓储管理系统,是解决上述问题的有效途径,如图 2-4 所示。

无线条码仓储管理系统对仓储管理的主要业务流程:采购入库、配送出库、销售退库、采购退货、盘点均实现了条码化管理。

#### 1. 采购入库

首先,仓库管理系统(Warehouse Management System,WMS)通过 ERP 接口服务接收 ERP 检验合格的收料单,并由检验部门依据合格数量打印并粘贴条码。然后,PDA[2]通

---

1 PDM:产品数据管理(Product Data Management)是指以产品为中心,通过计算机网络和数据库技术,把企业生产过程中所有与产品相关的信息和过程集成起来进行管理的技术。

2 PDA:个人数字助理(Personal Digital Assistant),这是种集中了计算机、电话、传真和网络等多种功能的手持设备。

图 2-4 条码技术在仓储管理系统中的应用示意图

过 PDA 接口服务自动获取待入库物品明细,库管员用 PDA 扫描物品条码,扫描库位,物品上架。最后,PDA 自动生成入库单并上传 WMS 和 ERP,完成入库流程。

2. 配送出库

首先,WMS 通过 ERP 接口服务获得 ERP 发货通知单,WMS 按照发货仓库、客户、配送地点及先进先出的原则,组合或分解发货通知单,制作初次配送指示单。如果是由于库存不足,使得部分物品没有制作配送指示时,可以待库存充足后制作补充配送指示单,进行补充配送。

然后,PDA 通过 PDA 接口服务自动获得待配送物品明细,库管员根据 PDA 指示的出库物品库位及数量,用 PDA 扫描物品条码,物品下架。

最后,物品进入配送过程。配送到指定地点后,客户和配送人员进行现场收货,并在 PDA 上进行收料确认。如果确认数量与出库数量一致,PDA 自动生成出库单并上传 WMS 及 ERP;如果数量不一致,WMS 系统可以制作差异配送指示单,进行差异出库配送。

3. 销售退库

销售退库(类似入库)可分两种情况,一种是使用退库物品原有条码,另一种是重新生成条码,两种方式的区别在于是 ERP 主导还是 WMS 主导。本系统采用退库重新生成打印条码的方式,以 ERP 为主导,WMS 辅助执行。

首先,WMS 通过 ERP 接口服务接收 ERP 销售退库指示单,由检验部打印并粘贴物品条码。然后,PDA 通过 PDA 接口服务自动获得待退库的物品明细,库管员用 PDA 扫描物品条码,扫描库位,物品上架。最后,PDA 自动生成销售退库单上传 WMS 和 ERP,完成销售退库流程。

4. 采购退货

首先,由 WMS 通过 ERP 接口服务接收 ERP 采购退货指示单。然后,PDA 通过 PDA 接口服务自动获得待退货物品明细,库管员根据 PDA 指示的库位及数量扫描物品条码,物品下架。最后,PDA 自动生成采购退货单上传 WMS 和 ERP,完成采购退货流程。

**案例二:条码技术在电费收费系统中的应用**

供电企业所面临的是广大的用电客户,尤其是在实施一户一表后,出现了大量的居民客户。这些客户到供电局营业厅缴纳电费时,收费人员要在大量的电费票据当中手工查找,若不是当月电费则更费时费力。收费人员要手工将客户电费票据上的信息(如户号、电费日期、电费金额等)输入计算机,不但浪费时间,更存在很大的错误率。因此,方便、快捷、准确的条码技术在电费系统中的应用成为必要，具体的应用示意图，如图2-5所示。

图2-5　条码技术在电费系统中的应用示意图[1]

条码应用的实施是由条码符号设计、制作及自动识别系统的扫描阅读三步完成。在这三个部分中，只有条码制作，即带有条码的电费票据的打印存在一定的困难。条码的具体生成和打印大致有以下几种方式。

◆ 应用专用条码打印机。
◆ 利用条码打印控件通过编程实现。
◆ 将条码作为图形，完全通过程序输出到普通打印机。
◆ 利用条码字体实现。

电费收据上的条码，应在数据完整的基础上力求简单。

首先，对电费收据上的信息进行归纳整理。其中，电费发生日期、客户户号及电费应收金额为收费系统所必需的，同时也满足收费的需要。

第二，确定编码原则。在编码上，电费收费系统采用可表示数字和字母、并在管理领域应用最为广泛的39码（CODE39码），其中前4位为日期段，由年份的后两位和两位的月份组成；第5位至第12位为户号段，即客户的实际户号；第13位至第17位为金额段，由电费应收金额扩大100倍后形成，不足5位的前面补零。这样，就形成了共17位的条码，再在条码的前后各加一个"*"标识符，即可组成标准的39码。在条码的数字组成中，可以根据实际情况，调整各个数字段的数据源和数字格式，以满足不同情况的需要。

第三，条码打印。条码编制好后，即可在票据打印的程序设计中实现。首先，按照上述原则形成条码字段，然后在报表设计中将条码字段的内容设置成合适的条码字体，再对字号等略加调整即可。需要指出的是，条码打印应尽量清晰，颜色也要鲜明，这样将大大提高条码的识别率。

按照上述方法，进行了相应的程序设计，调整了票据打印和收费系统，实现了条码在电费收费系统中的应用。并在实际应用中，大大提高了收费人员的工作效率，取得了预期

---

1　图片来源：http://www.systron.com.cn/rfidxx/dianrfid.html

的效果。

**案例三：条码技术在医院信息系统（HIS）中的应用**

现代医学要求医疗机构收集、存档、加工、监督和管理大量的检验、治疗信息，而医院传统的手工抄写、热敏纸报告等方式形成的记录，已远远跟不上现代检验医学的发展。即使是中文单机报告和实验室内部的联网，也只是将计算机单纯作为科室或部门接收、储存、打印或发送数据的处理器，没有充分利用计算机网络的资源优势，使计算机管理仅停留于单向网或科内网的状态。

条码技术在医院信息系统中的应用以浙江邵逸夫医院对条码技术的应用为例。

浙江大学医学院附属邵逸夫医院成立于1994年，是香港知名实业家——邵逸夫爵士捐资、浙江省人民政府配套、美国罗马琳达大学医学中心协助管理的一所具有国内示范水准的现代化、综合性、研究性的三级甲类医院。医院位于杭州市中心地带，共有33个临床科室及附属的浙江大学邵逸夫临床研究所。

一流的医院需要一流的信息系统来提高整个医院的运作效率，邵逸夫医院将自动识别技术应用到检验科室，大大提高了医院的信息化管理水平。

**1．数据流程**

该医院的检验数据主要集中在护士站和实验室之间（见图2-6）。护士站工作流程，即一份检验医嘱产生的过程包括：医嘱申请→核对后标签打印→样本采样→签字（工号、时间）→送检。

图2-6 医院数据流程图[1]

实验室工作流程，即一份检验医嘱在实验室内部流动的过程，包括：样本接收→确认自动收费→分发至各小组→任务清单形成→上机测定→结果审核→相应护士站定时打印。

实验室维护和质控流程包括：维护操作（如：清洗仪器、擦洗工作台、记录温度、准备清洁剂、仪器定标等）→质控上机测定→核收质控结果。

---

[1] 图片来源：http://success.rfidworld.com.cn/2010_11/e6c1fbae3e17b406.html

## 2. 实施方案

实验室日常工作中常用到医嘱号和标本号。医嘱号是申请者开出的检验医嘱，是在实验室管理信息系统（LIS）执行时生成的流水号，它对应检验医嘱执行表中的一条记录。标本号是操作者在分析标本时编的号码。医嘱号与标本号是一对一关系，医嘱号或是标本号采用条码技术，分析仪、设备可以自接识别标本，结合 LIS，提高了实验室的自动化程度。在实验室常用一维条码，条码贴在圆形的试管上，保证识别率。条码标签由专门厂家定做，选用厚度薄、黏性好、防静电处理的材料。由于信息是动态的，条码只能用专用条码打印机现场打印。条码打印采用工业条码打印机打印，条码清楚，既代替了原来需手工写的申请单，又代替采样后贴在试管或容器上的标签，便于检验仪器识别。条码需要竖贴，角度不得超过15°。

条码标签采用二联或三联，一联贴在试管或容器上，另外一联留底或是给患者，减少了手工登记。而且采用取单证标签方式，患者可以清楚地知道报告时间和取单地点。

门诊服务台配置条码阅读器可以实现患者凭取单凭证标签的扫描，即可自动打印取单。

检验科工作站配备手持条形码阅读器，用于快速、准确地读取条码。LIS 可以根据条码，查询标本信息、分析仪上的状态、审核结果、查询报告、标本日志等所有与标本有关的工作。

为了区分如急诊、住院和门诊的标本，可以采用不同颜色碳带的方式轻松实现，如急诊室的打印机全部用红色碳带，条码为绿色，标本送到检验科后，很容易区分，便于尽快处理急诊标本。不过由于非黑色碳带价格相对较高（是黑色的 5~10 倍），目前采用较少。

## 3. 设备选型

根据浙江大学医学院附属邵逸夫医院的实际情况以及数据流程和方案的特点，系统集成商对该项目的设备进行了选择。

服务器门操作系统选用 Windows 2000 Advance Server、UNIX、LINUX 等；数据库软件以 Microsoft SQL Server 2000、ORACLE、ACCESS 等为主；工作站操作系统则选用 Windows 98、Windows 2000/XP 等；程序开发工具为 Power BUILDER、DELPHI、VB 等。

服务器、工作站、打印机及用卡硬件设备指标根据医院规模做相应配置。

对条码相关设备及耗材的选择，本着合理高效的原则进行采购。条码打印机选择 Zebra TLP2844，该机具有打印速度快、操作简单、内存可扩充，适用于各种一维条码及 MaX i Code，PDF417，Datamatrix 二维条码等特点，并充分考虑了系统的可扩展性。此外，该机 LAN/Ethernet via EPL PrintServer 可选，具备独特简便的 EPC2 编程语言。该项目对所需要的条码阅读器、碳带、标签等也都进行了配套选型。

自动识别技术在浙江大学医学院附属邵逸夫医院的应用取得了明显的应用效果。

（1）实现了真正的全自动操作。将条码技术成功地移植到检验分析的过程中，使得仪器能够识别标本的有关信息，自动按条码信息或是主机发送的信息执行各种操作，去除了人工在仪器上输入各种检测指令的过程，简化了工作程序，使全自动分析成为现实。

（2）减少了人为误差。由于条码的应用，使得抽血的原始试管贴上条码经过离心后，即可以直接放入仪器，进行测试。这就避免了分离血清时可能出现的搞错标本、不同标本间的相互污染等人为误差，提高了结果的准确度。

（3）增加了操作的灵活性。计算机和 HOST 之间的实时双向通信，使得操作更加灵活。必要时，在其中的任意一台计算机上都可以发出一定的指令，如令仪器复查某个项目等。

（4）减轻工作量，提高工作效率和检验质量。在标本采集时贴上条码，根据条码来完成标本分类、传送资料、分析仪双向通信、审核结果、查询报告、保存标本等实验室常规操作，条码是实验室操作中惟一识别标本。与分析仪双向通信，简化了实验室的工作流程。

条码技术在检验科中的应用，有效地提高了工作效率、结果的可靠性及自动化程度，是实验室未来发展的方向。

### 案例四：条码在制造业中的应用

#### 1. 应用背景

制造执行系统（Manufacturing Execution System，MES）是连接企业顶层计划系统与底层设备的桥梁，及时准确的生产现场数据是支撑整个 MES 运转的基本保证。由于产品生产过程中对生产进度的反馈和控制困难，生产管理者难以及时掌握生产能力和生产状况，难以控制生产进度，直接造成了产品交付拖期、设备利用率和生产效益降低、成本难以控制等问题。生产现场的数据采集能否及时且准确，已经成为制约 MES 在国内企业推广的瓶颈。

#### 2. 功能分析与设计

对车间生产业务流程和企业管理层对生产信息的需求进行分析，得出本设计的条码系统，主要包括 3 个功能模块：条码制作、现场数据采集、信息查询统计，同时，每个功能模块下又分为若干个子模块，系统的功能模块如图 2-7 所示。

图 2-7 在制品条码采集系统的功能模块示意图

1）条码制作

（1）条码信息维护。目的是对所选的条码所表征的实体对象的基本信息进行及时维护及按预定的编码规则对条码所表征的对象进行编码。其中，基本信息包括人员、设备、零件和零件批次信息。由于生产现场信息是动态变化的，这就要求基本信息维护的实时性非常强。为了保证信息的准确，就必须及时响应实体对象所包含的基本信息发生的变化，数据要及时维护，防止由于基本信息维护不及时导致的信息采集滞后和失真。

（2）条码打印。可选择自己开发条码标签的打印程序，运用普通打印机打印条码标签；也可采用专用条码打印机。专用条码标签打印机具有打印条码标签速度快、质量高，打印质量稳定，程序开发简单的优势。虽然专用条码打印机前期投资较大，但后期打印条码标签的成本相对低廉，与普通打印机墨盒的消耗量大形成鲜明对比。所以，本系统选择专用条码打印机，在现场按实际需要，实时印制不干胶条码标签。

2）现场数据采集

现场数据采集模块实现了系统人机接口功能，要求生产现场的工人每天根据自己的工作内容,将零件加工信息、设备信息、工作状况信息等如实输入 MES 系统。根据生产现场的工人素质参差不齐、操作系统时间有限的实际情况,要求现场数据采集具有操作流程简单,操作方法简单易学,需要手工录入的信息尽可能的少,人机对话界面友好,系统数据的安全性高等特点。同时,系统要有数据验证功能,以实现对录入数据的实时校验,防止错误数据进入系统,杜绝出现一个加工内容重复录入而造成的现场在制品统计不准确和工时统计不准确等现象,保证工人在完成繁重的加工任务的同时,将生产数据及时准确地输入 MES。

3)信息查询统计

(1)工人工时统计。根据工人加工零件的合格数量和零件工艺信息,统计工人实际加工所得工时;根据工人节假日和平时加班以及工人停工、缺勤、多人协作情况,调整工人所得工时。在此基础上,根据不同的时间跨度和部门编制,统计不同时间范围内的各级部门及个人的加工工时总量。

(2)计划完成情况统计。根据工人每天实际加工数量与计划派工数量的对比,统计每个工人的计划完成情况和各班组、工段的总计划完成情况。

(3)现场在制品统计。根据实时统计的零件加工信息,统计出现场生产零件的在制品信息,包括零件在制品总数、在各加工工序的分布情况、零件各生产批次的加工进度。

(4)设备监控。根据加工零件使用设备和加工零件使用的时间,统计每台设备的使用情况、利用率和负荷。

**案例五:条码在票务系统中的应用**

条码票务管理系统采用条码制作识别技术和计算机票务信息管理相结合,使传统手工售票工作电子化,同时实现票务管理工作走向全面自动化、规范化,能够从根本上解决票据查询难、售票劳动强度大的现状,提高票据管理效率和对客户的服务质量。如图 2-8 所示,为印有一维条码的旧火车票和印有二维条码的新火车票。如图 2-9 所示,为票务系统应用流程示意图。

图 2-8  新旧火车票对比图[1]

---

1 图片来源:http://zjphoto.yinsha.com/file/200912/2009121018131062.htm

图 2-9 票务系统应用流程示意图[1]

条码票务管理系统的主要功能如下所述。

（1）售票管理

可以根据不同场次、不同票种，售出不同的门票，输出门票时，自动打印条码。可提供相关售票信息的查询，以辅助售票工作的开展，方便售票员进行查询统计。

（2）检票、退票管理

提供入口处的检票功能，实现实时与批处理检票提供相关检票信息的提示，以辅助检票员的接待工作，或方便观众有疑问需要服务时进行查询。对于退票，进行严格的校验，对非法的票据予以杜绝。

（3）售票实时监控

为控制观众流量，提供售票控制功能，可设定限制一种或多种门票的出票数量，实时判断达到出票限量时，提示售票员并锁定该票种的售票。

（4）票务结算

提供票务收银报表，当每一个售票员当班结束后，将票款交至财务部时，财务即可从计算机中输出应交款的票务销售明细表。

可按场次及日期输出各经营部门售票员的票务收银明细表、日营业收入报表和出票情况汇总表。

能够统计已销售且已入场的门票情况。可汇总出售数量和总金额，包括可按票种、售票窗等分别统计，统计结果可打印。

提供按团体统计的票务结算报表，财务可从计算机中输出所有团体的票务结算汇总表及明细表。

（5）票务综合查询

实时查询门票出售人次和收入情况，包括分售票窗、门票种类等不同情况的查询。实时查询观众的入场情况等。

（6）决策分析

条码票务系统提供对票务数据的直观的图形分析能力，如直方图、折线图、圆饼图及

---

[1] 图片来源：http://www.e-works.net.cn

二维或三维的图形，使管理者能够更加形象地对数据加以分析、对比。

# 第三节　条码识别技术基础

## 一、条码的符号表示

### 1. 条码的编码

条码是利用"条"和"空"构成二进制的"0"和"1"，并以它们的组合来表示某个数字或字符，反映某种信息的。但不同码制的条码在编码方式上有所不同，一般有以下两种不同的编码方式。

（1）宽度调节编码法

宽度调节编码法，即条码符号中的条和空由宽、窄两种单元组成的条码编码方法。按照这种方式编码时，是以窄单元（条或空）表示逻辑值"0"，宽单元（条或空）表示逻辑值"1"，其中，宽单元通常是窄单元的 2～3 倍，如图 2-10 所示。

（2）模块组配编码法

模块组配编码法，即条码符号的字符由规定的若干个模块组成的条码编码方法。按照这种方式编码，条与空是由模块组合而成的，一个模块宽度的"条"模块，表示二进制的"1"；而一个模块宽度的"空"模块，表示二进制的"0"，如图 2-11 所示。

图 2-10　宽度调节法条码符号结构[1]

图 2-11　模块组配法条码符号结构

### 2. 条码的符号结构

条码符号通常由左右侧空白区、起始字符、数据字符、校验字符、终止字符等构成，具体结构如图 2-12 所示。

◆ 左侧空白区：位于条码左侧无任何符号的空白区域，主要用于提示扫描器准备开始扫描。

◆ 起始字符：条码字符的第一位字符，用于标识一个条码符号的开始，扫描器确认此字符存在后，开始处理扫描脉冲。

◆ 数据字符：位于起始字符后的字符，用来标识一个条码符号的具体数值，允许双向扫描。

◆ 检验字符：用来判定此次扫描是否有效的字符，通常是一种算法运算的结果。扫描器读入条码进行解码时，对读入的各字符进行运算，如果运算结果与检验码相同，

---

1　图片来源：http://jokom.com.cn/upfiles/1(8).jpg

图 2-12 条码符号结构[1]

则判定此次识读有效。
- ◆ 终止字符：位于条码符号右侧，表示信息结束的特殊符号。
- ◆ 右侧空白区：在终止字符之外的无印刷符号的空白区域。

## 二、条码的种类及主要码制介绍

条码可分为一维条码和二维条码。一维条码必须与计算机的数据库联系起来应用；二维条码比一维条码包含更多的信息容量，自身可以携带文字信息，如商品的制造厂家、名称、生产日期、图书分类号、邮件起止地点、类别、日期等信息，它不需要与计算机数据库联系就能翻译出条码的含义。

一维条码是通常我们所说的传统条码，按其应用可分为商品条码和物流条码，商品条码包括 EAN 码和 UPC 码；物流条码包括 128 码、ITF 码、39 码、库德巴（Codabar）码等。

二维条码根据其构成原理、结构形状的差异，可分为两大类型：一类是行排式二维条码（2D Stacked Bar Code）；另一类是矩阵式二维条码（2D Matrix Bar Code）。

### 1．一维条码

1）25 码

25 码是一种只有条表示信息的非连续型条码，每一个条码字符由规则排列的 5 个条组成，其中有两个条为宽单元，其余的条和空，以及字符间隔是窄单元，故称之为"25 码"。

25 码的字符集为数字字符 0~9。25 条码由左侧空白区、起始字符、数据字符、终止字符及右侧空白区构成。空不表示信息，宽条的条单元表示二进制的"1"，窄条的条单元表示二进制的"0"，起始字符用二进制"110"表示（2 个宽条和 1 个窄条），终止字符用二进制"101"表示（中间是窄条，两边是宽条）一个 25 码如图 2-13 所示。

2）交叉 25 码

交叉 25 码（Interleaved 2 of 5 Bar Code）是在 25 码的基础上发展起来的，由美国的 Intermec 公司于 1972 年发明的。交叉 25 码弥补了 25 码的许多不足之处，不仅增大了信息容量，而且由于自身具有的校验功能，还提高了交叉 25 码的可靠性。一个交叉 25 码如图 2-14 所示。

---

1　图片参考资料：http://www.autoid123.com

图 2-13 25 码举例

图 2-14 交叉 25 码举例

交叉 25 码起初广泛地应用于仓储及重工业领域，1987 年，开始用于运输包装领域。1987 年日本引入了交叉 25 码，用于储运单元的识别与管理。1997 年，我国也研究制定了交叉 25 码的国家标准（GB/T 16829—1997），主要应用于运输、仓储、工业生产线、图书情报等领域的自动识别管理。

3）39 码

39 码（Code 39）是 1975 年由美国的 Intermec 公司研制的一种条码，它能够对数字、英文字母及其他字符等 44 个字符进行编码。由于具有自检功能，使得 39 码具有误读率低等优点，首先在美国国防部得到应用。一个 39 码如图 2-15 所示。

目前，39 码广泛应用在汽车、材料管理、经济管理、医疗卫生和邮政、储运等领域。我国于 1991 年研

图 2-15 39 码举例

究制定了 39 码的国家标准（GB/T 12908—1991），2002 年发布了新版本（GB/T 12908—2002），替代了 1991 年的版本，推荐在运输、仓储、工业生产线、图书情报、医疗卫生等领域应用 39 码。

39 码的每 1 个条码字符由 9 个单元组成（5 个条单元和 4 个空单元），其中 3 个单元是宽单元（用二进制"1"表示），其余是窄单元（用二进制"0"表示），故称之为"39 码"。

4）库德巴码

库德巴码是于 1972 年研制出来的，广泛地应用于医疗卫生和图书馆行业，也用于邮政快件上。美国输血协会还将库德巴码规定为血袋标识的代码，以确保操作准确，保护人类生命的安全。

一个库德巴码如图 2-16 所示，由左侧空白区、起始字符、数据字符、终止字符及右侧空白区构成。它的每一个字符由 7 个单元组成（4 个条单元和 3 个空单元），其中 2 个或 3 个是宽单元（用二进制"1"表示），其余是窄单元（用二进制"0"表示）。

库德巴码字符集中的字母 A、B、C、D 只用于起始字符和终止字符，其选择可任意组合。

5）商品条码

商品标识代码（Identification Code for Commodity）是由国际物品编码协会（EAN）和美国统一代码委员会（UCC）规定的、用于标识商品的一组数字，包括 EAN/UCC-13 码、EAN/UCC-8 码和 UCC-12 码。

（1）EAN/UCC-13 码

EAN/UCC-13 码的标准码共 13 位数，由"国家代码"、"厂商代码"、"产品代码"以及"校正码"组成，具体结构说明见表 2-1 和表 2-2。EAN/UCC-13 码主要应用于超级市场和其他零售业，因此，这种码是我们平时比较常见的，随便拿起身边的一个从超市买来的商品都可以从包装上看到的。比如：中华人民共和国可用的国家代码有 690~695，如图 2-17 所示。

图 2-16 库德巴码符号结构[1]

图 2-17 EAN13 商品条码举例

表 2-1 EAN/UCC-13 码的结构构成

| 结构种类 | 厂商识别代码 | 商品项目代码 | 校验码 |
| --- | --- | --- | --- |
| 结构一 | X13 X12 X11 X10 X9 X8 X7 | X6 X5 X4 X3 X2 | X1 |
| 结构二 | X13 X12 X11 X10 X9 X8 X7 X6 | X5 X4 X3 X2 | X1 |
| 结构三 | X13 X12 X11 X10 X9 X8 X7 X6 X5 | X4 X3 X2 | X1 |

表 2-2 EAN/UCC-13 码的结构说明

| 名称 | 描述 | 备注 |
| --- | --- | --- |
| 国家代码（前缀码） | 由 2～3 位数字（X13X12 或 X13X12X11）组成 | EAN 已将 690～695 分配给中国使用 |
| 厂商代码 | 由 7～9 位数字组成 | 由中国物品编码中心负责分配和管理，统一分配、注册，因此，编码中心有责任确保每个厂商的识别代码在全球范围内是惟一的 |
| 产品代码 | 由 3～5 位数字组成 | 由厂商负责编制，由 3 位数字组成的商品项目代码有 000～999，共有 1000 个编码容量，可标识 1000 种商品；同理，由 4 位数字组成的商品项目代码可标识 10000 种商品；由 5 位数字组成的商品项目代码可标识 100000 种商品 |
| 校正码（校验位） | 根据编码规则计算得出 | |

（2）EAN/UCC-8 码

EAN/UCC-8 码是用于标识小型商品的，由 8 位数字组成，其中，X8X7X6 为前缀码，结构说明见表 2-3。计算校验码时只需在 EAN/UCC-8 码前添加 5 个"0"，然后按照 EAN/UCC-13 码中的校验位计算即可。值得注意的是，EAN/UCC-8 码用于商品编码的容量很有限，应慎重使用。

表 2-3 EAN/UCC-8 码的结构

| 商品项目识别代码 | 校验码 |
| --- | --- |
| X8 X7 X6 X5 X4 X3 X2 | X1 |

（3）UCC-12 码

UCC-12 码可以用 UPC-A 码和 UPC-E 码的符号表示。

UPC-A 码的代码结构说明见表 2-4。

厂商识别代码：由左起 6～10 位数字组成，其中 X12 为系统字符。

商品项目代码：由 1～5 位数字组成。

校验码：校验码为 1 位数字，计算方法同 EAN/UCC-13 码。

---

[1] 图片来源：http://www.ec21cn.org

表 2-4  UPC-A 码的结构

| 厂商识别代码和商品项目代码 | 校 验 码 |
|---|---|
| X12 X11 X10 X9 X8 X7 X6 X5 X4 X3 X2 | X1 |

UPC-E 码所表示的 UCC-12 码由 8 位数字（X8～X1）组成，是将系统字符为"0"的 UCC-12 码进行消零压缩所得。其中，X8～X2 为商品项目识别代码；X8 为系统字符，取值为 0；X1 为校验码，校验码为消零压缩前 UPC-A 码的校验码。

【知识链接 2-4】　　　　　　一维条码识别技术的特点

① 简单。条码符号制作容易，扫描操作简单易行。
② 信息采集速度快。扫描录入信息的速度是键盘录入速度的 20 倍。
③ 可靠性高。采用条码扫描录入比键盘录入的误码率低。
④ 灵活、实用。例如超市中生鲜食品可以使用店内码，而且在自动识别设备不能识别条码或扫描设备有故障时，也可以通过手工键盘输入实现销售。
⑤ 自由度大。一维条码上所表示的信息完全相同并且连续，这样，即使标签有部分缺欠，仍能实现正确的信息输入。
⑥ 成本低。条码自动识别系统与射频自动识别系统相比，其识别符号成本以及设备成本都非常低，一个条码符号成本通常在几分钱之内，大批量印刷就更加经济，这使得条码技术在某些应用领域有着无可比拟的优势。

## 2．二维条码

二维条码技术是在一维条码无法满足实际应用需求的前提下产生的。由于受信息容量的限制，一维条码通常是对物品的标识，而不是对物品的描述。

【知识链接 2-5】　　　　　二维条码——物联网的核心应用

《物联网"十二五"发展规划》中提出，二维条码作为物联网的一个核心应用，使得物联网终于从"概念"走向"实质"。二维码（2-Dimensional Bar Code）是用某种特定的几何图形按一定规律在平面（二维方向上）分布的黑白相间的图形来记录数据符号信息的；在代码编制上，巧妙地利用构成计算机内部逻辑基础的"0"、"1"比特流的概念，使用若干个与二进制相对应的几何形体来表示文字数值信息，通过图像输入设备或光电扫描设备，自动识读来实现信息的自动处理。二维条码能够在横向和纵向两个方位同时表达信息，因此，能在很小的面积内表达大量的信息。

作为物联网和电子商务的关键应用技术，二维条码识别技术在整个物联网的发展中是最好的实现手段。物联网将更多地融入现实生活，基于"云计算"的快拍二维条码云服务模式，有望助推物联网应用驶入快车道。

摘编自：http://baike.baidu.com/view/2818115.htm

国外对二维条码技术的研究始于 20 世纪 80 年代末。在二维条码符号表示技术研究方面，已研制出多种码制，常见的有 PDF417、QR Code、Code 49、Code 16K、Code One 等。这些二维条码的密度都比传统的一维条码有了较大的提高，如 PDF417 的信息密度是一维条码 39 码的 20 多倍。

在二维条码设备的开发研制、生产方面，美国、日本等国的设备制造商生产的识读设备、符号生成设备，已广泛地应用于各类二维条码应用系统。

二维条码技术已在我国的汽车行业的自动化生产线、医疗急救服务卡、涉外专利案件收费、火车票、珠宝玉石饰品管理及银行汇票上得到了广泛应用。

我国香港特别行政区已将二维条码应用在特别行政区的护照上。

1）二维条码简介

二维条码通过水平和垂直两个方向表示信息，可以承载大量数据，一维条码与二维条码的对比如图 2-18 所示，如图 2-19 所示是一些典型的二维码。

| 符号类型 | 一维条码 | 二维条码 |
| --- | --- | --- |
| 数据类型 | 文字和数字 | 文字、数字、二进制 |
| 数据容量 | 大约20字符 | 大约2000字符 |
| 数据密度 | 1 | 20~100 |
| 数据修复能力 | 无 | 有 |

图 2-18　一维条码与二维条码的对比

图 2-19　典型的二维条码

2）二维条码的特点

二维条码除了左右（条宽）的粗细及黑白线条有意义外，上下的条高也有意义。与一维条码相比，由于左右（条宽）上下（条高）的线条皆有意义，故可存放的信息量比较大。

信息容量大、安全性高、读取率高、错误纠正能力强等特性，是二维条码的主要特点。对于行排式二维条码可用线扫描器多次扫描识读，而对于矩阵条码仅能用图像扫描器识读。一维条码通常是对物品的标识,而二维条码是对物品的描述。

3)二维条码的分类

二维条码通常分为以下两种类型:行排式二维条码和矩阵式二维条码。

(1)行排式二维条码

行排式二维条码(又称堆积式二维条码或层排式二维条码),其编码原理是建立在一维条码基础上,按其需要堆积成二行或多行的。

它在编码设计、校验原理、识读方式等方面继承了一维条码的一些特点,识读设备与条码印刷与一维条码技术兼容。但由于行数的增加,需要对行进行判定,其译码算法与软件也不完全相同于一维条码。有代表性的行排式二维条码有 PDF417 码(见图 2-20(a))、49 码(见图 2-20(b))、16K 码(见图 2-20(c))等。

图 2-20 常见的行排式二维条码

(2)矩阵式二维条码

矩阵式二维条码(又称棋盘式二维条码)是在一个矩形空间内,通过黑、白像素在矩阵中的不同分布进行编码的。

在矩阵相应元素位置上,用点(方点、圆点或其他形状)的出现表示二进制的"1",点的不出现表示二进制的"0",点的排列组合确定了矩阵式二维条码所代表的意义。矩阵式二维条码是建立在计算机图像处理技术、组合编码原理等基础上的一种新型图形符号自动识读处理码制。具有代表性的矩阵式二维条码有:QR 码(见图 2-21(a))、Data Matrix 码(见图 2-21(b))、Maxi 码(见图 2-21(c))、One 码等。

图 2-21 常见的矩阵式二维条码

4)常用的二维条码举例

(1)PDF417 码

PDF417 码是由留美华人王寅敬(音)博士发明的。PDF 取自英文 Portable Data File

三个单词的首字母,意为"便携式数据文件"。因为组成条码的每一符号字符都是由 4 个条和 4 个空,共 17 个模块构成,故称为 PDF417 码。

PDF417 码是一种多层、可变长度、具有高容量和纠错能力的二维条码。每一个 PDF417 码符号可以表示 1100 个字节,或 1800 个 ASCII 字符,或 2700 个数字的信息。

(2) QR 码

QR 码由日本在 1994 年研制。QR 码能实现超高速识读(是 PDF417 码的 10 倍)和全方位识读,能够有效表示中国汉字和日本汉字(1817 字符),数字型字符(0~9),字母数字型数据(数字 0~9、大写字母 A~Z),9 个其他字符(Space、$、%、*、+、-、.、/、:),21×21 模块~177×177 模块,可用 1~16 个 QR 码连接,扩大信息表示规模,具有极强的纠错能力。一个 QR 码如图 2-22 所示。

图 2-22 QR 码在售后零件标签上的应用

(3) RSS-14 系列码

RSS-14 系列码对应用标识符 AI(01)单元数据串进行编码。

RSS-14 系列码有 4 种版本:RSS-14 码(见图 2-23(a))、截短式 RSS-14 码(见图 2-23(b))、层排式 RSS-14 码(见图 2-23(c))和全方位层排式 RSS-14 码(见图 2-23(d)),所有 4 种版本采用同样的方式进行编码。层排式 RSS-14 码是 RSS-14 码的一个变体,在应用中当 RSS-14 码太宽时,可以进行两行堆叠。它有两个版本,适宜于小项目标识的截短版本和适用于全方位扫描器识别的高级版本。

另有限定式 RSS 码(见图 2-23(e))和扩展式 RSS 系列码。

限定式 RSS 码也是对应用标识符 AI(01)单元数据串进行编码。这个单元数据串是建立在 UCC-12 码、EAN/UCC-8 码、EAN/UCC-13 码或 EAN/UCC-14 码的数据结构基础上的。然而,当使用 EAN/UCC-13 码或 EAN/UCC-14 码数据结构时,只允许指示符的值为 1。当指示符数值大于 1 时,必须使用 RSS-14 系列码来表示 EAN/UCC-14 码的数据结构。

扩展式 RSS 系列码是长度可以变化的线形码制,能够对 74 个数字字符或 41 个字母字符的 AI 单元数据串数据进行编码。扩展式 RSS 码主要是为 POS 系统和其他应用系统中项目的主要数据和补充数据进行编码而设计的。它除了可以被全方位槽式扫描器扫描外,还具有和 UCC/EAN-128 码相同的作用。扩展式 RSS 码主要是为重量可变的商品、易变质的商品、可跟踪的零售商品和代金券设计的。

图 2-23 RSS-14 系列码

【知识链接 2-6】　　　　　　　汉信码简介

　　汉信码是一种全新的二维矩阵码,由中国物品编码中心牵头组织相关单位合作开发,具有完全的自主知识产权。2007年成为国家标准,2011年上升为国际标准。和国际上其他二维条码相比,更适合汉字信息的表示,而且可以容纳更多的信息。它的主要技术特色如下所述。

　　(1) 具有高度的汉字表示能力和汉字压缩效率。汉信码支持 GB 18030 中规定的 160 万个汉字信息字符,并且采用 12Byte 的压缩比率,每个符号可表示 12~2174 个汉字字符。

　　(2) 信息容量大。在打印精度支持的情况下,每平方英寸[1]最多可表示 7829 个数字字符、2174 个汉字字符、4350 个英文字母字符。

　　(3) 编码范围广。汉信码可以将照片、指纹、掌纹、签字、声音、文字等凡可数字化的信息进行编码。

　　(4) 支持加密技术。汉信码是第一种在码制中预留加密接口的条码,它可以与各种加密算法和密码协议进行集成,因此具有极强的保密防伪性能。

　　(5) 抗污损和畸变能力强。汉信码具有很强的抗污损和畸变能力,可以被附着在常用的平面或桶状物品上,并且可以在缺失两个定位标的情况下进行识读。

　　(6) 纠错能力强。汉信码采用世界先进的数学纠错理论,采用太空信息传输中常采用的 Reed-Solomon 纠错算法,使得汉信码的纠错能力可以达到 30%。

　　(7) 可供用户选择的纠错能力。汉信码提供 4 种纠错等级,使得用户可以根据自己的需要,在 8%、15%、23%和 30%的 4 种纠错等级上进行选择,从而具有高度的适应能力。

　　(8) 易制作且成本低。利用现有的点阵、激光、喷墨、热敏/热转印、制卡机等打印技术,即可在纸张、卡片、PVC 甚至金属表面上打印出汉信码。由此所增加的费用仅是油墨的成本,可以真正称得上是一种"零成本"技术。

　　(9) 条码符号的形状可变。汉信码支持 84 个版本,可以由用户自主进行选择,最小码仅有指甲大小。

　　(10) 外形美观。汉信码在设计之初就考虑到人的视觉接受能力,所以较之现有国际上的二维条码技术,汉信码在视觉感官上具有突出的特点。

摘编自:http://www.ancc.org.cn/Knowledge/article.aspx?id=260

## 3. 一维条码和二维条码的比较

　　一维条码和二维条码的比较,见表 2-5。

　　虽然一维条码和二维条码的原理都是用符号(Symbology)来携带资料,达成资料的自动辨识;但是从应用的观点来看,一维条码偏重于"标识"商品,二维条码则偏重于"描述"商品。

---

[1] 1 英寸=25.4mm。

表 2-5　一维条码和二维条码的比较

| 项目 | 一维条码 | 二维条码 |
| --- | --- | --- |
| 外观 | 由纵向黑条和白条组成，黑白相间、且条纹的粗细也不同，通常条纹下还会有英文字母或阿拉伯数字 | 通常为方形结构，不单由横向和纵向的条码组成，而且码区内还会有多边形的图案，纹理为黑白相间，粗细不同，二维条码是点阵形式 |
| 作用 | 可以识别商品的基本信息，例如商品代码、价格等，但不能提供更详细的信息，如果要调用更多的信息，需要计算机数据库的进一步配合 | 不但具备识别功能，而且可显示更详细的商品内容（例如一件衣服的二维条码，不但可以显示衣服的名称和价格，还可以显示采用的是什么材料，每种材料占的百分比，衣服尺寸的大小，适合身高多少的人穿着，以及一些洗涤注意事项等），无需计算机数据库的配合，简单方便 |
| 优、缺点 | 技术成熟，使用广泛，信息量少，只支持英文或数字。设备成本低廉，需与计算机数据库结合 | 点阵图形，信息密度高，数据量大，具备纠错能力。编码有专利权、需支付费用。生成后不可更改，安全性高。支持多种文字，包括英文、中文、数字等 |
| 容量 | 密度低、容量小 | 密度高、容量大 |
| 纠错能力 | 可以通过检验码进行错误侦测，但没有错误纠正能力 | 有错误检验及错误纠正能力，并可根据实际应用来设置不同的安全等级 |
| 方向性 | 不储存资料，垂直方向的高度是为了识读方便，并弥补印刷缺陷或局部损坏 | 携带资料，对印刷缺陷或局部损坏等问题可以通过错误纠正机制来恢复资料 |
| 用途 | 主要用于对物品的标识 | 用于对物品的描述 |
| 依赖性 | 多数场合须依赖资料库及通信网路的存在 | 可不依赖资料库及通信网路的存在而单独应用 |
| 识读设备 | 用线性扫描器识读，如光笔、线型 CCD、激光枪等 | 对于堆叠式可用线型扫描器的多次扫描来识读，或可用图像扫描仪识读。矩阵式仅能用图像扫描仪识读 |

因此，相较于一维条码，二维条码不仅只保存关键值，并可将商品的基本资料编入二维条码中，达到资料库随着产品走的效果，进一步提供了许多一维条码无法达成的应用。例如：一维条码必须搭配计算机资料库才能读取产品的详细资讯，若为新产品，则必须再重新登录，这对产品特性为多样少量的行业易构成应用上的困扰。此外，一维条码稍有磨损即会影响条码的阅读效果，故较不适用于工厂型行业。除了这些资料重覆登录与条码磨损等问题外，二维条码还可有效地解决许多一维条码所面临的问题，让企业充分享受资料自动输入、无键输入的好处，对企业与整体产业带来相当的利益，也拓宽了条码的应用领域。

## 三、条码的印刷、识读与检测

### 1. 条码的印刷

条码印刷与一般图文印刷的区别在于，其印刷必须符合条码国家标准中有关光学特性和尺寸精度的要求，这样才能使条码符号被正确地识别。条码印刷一般分为现场印刷和非现场印刷两种。

（1）现场印刷

现场印刷是指由专用设备在需要使用条码标识的地方，即时生成所需的条码标识，一般采用图文打印机和专用条码打印机来打印条码符号。

图文打印机常用的有点阵打印机、激光打印机和喷墨打印机。这几种打印机可在计算机条码生成程序的控制下方便灵活地印刷出小批量的或条码号连续的条码标识。专用条码打印机因其用途的单一性，设计结构简单、体积小、制码功能强，在条码技术的各个应用领域都有普遍使用。

现场印刷适合于印刷数量少、标识种类多或应急用的条码标识，例如店内码采用的就是现场打印的方式。

（2）非现场印刷

非现场印刷作业主要是在专业印刷厂进行的，是指预先印刷好条码标识以供企业以后使用。此种方法往往用于需要大批量使用的、代码结构稳定的、标识相同的或标记变化有规律的（如序列流水号等）条码标识的印刷。如香烟、酒、食品、药品等，都是采用非现场印刷的方法印刷条码标识在商品包装上。非现场印刷方法成本较低，印刷的质量有可靠的保障，使用企业不需要掌握相应的印刷技术，从而为大多数企业所采用。

传统使用的非现场印刷按照制版形式，可分为凸版印刷、平板印刷、凹版印刷和孔版印刷4大类。其中，平版印刷和凹版印刷的稳定性好，尺寸精度高，是印刷条码标识的优选方法。详细内容参见本章第四节。

【知识链接2-7】　　　　　条码是否一定是黑白颜色的？

平常大家看到的条码多以黑色的条印在白色的底上，那么是不是必须要使用黑白色印刷条码呢？那倒未必。

条码是靠条与空对光的反射率的不同来识读的，因此，条与空的反射率的差别（对比度）越大，越容易识别。显而易见，黑色、白色对光的反射率差别最大，因此，是最安全的颜色搭配，俗话说的好，"黑白搭配，扫描不累"。

但实际上并不是只有黑、白两色才可以用来印刷条码。一般来说，深色调的颜色对光的反射率较低，如黑色、蓝色、深绿色等，适合做条的颜色；浅色调的颜色对光的反射率较高，如白色、黄色、橙色等，适合做空的颜色。

经大量试验证明，以下几种颜色印刷的条码均可以正确识读。可以做条的颜色有：黑色、蓝色、深绿色、深棕色；可以做空的颜色有：白色、黄色、橙色、红色。这里的红色是比较特殊的颜色，表面上看起来它并不是浅色调的，但是为什么可以用来做空的颜色呢？原来，各类可见光扫描枪所使用的光源均是波长在630～670nm之间的红光，而红色对红光具有较强的反射作用，类似于白色的阳光照到白纸上。因此，红色可以用来做空的颜色，但绝对不能做条的颜色。

## 2. 条码的识读

条码符号是图形化的编码符号，对条码符号的识读就是要借助一定的专用设备，将条码符号中含有的编码信息转换成计算机可识别的数字信息。

条码识读系统是条码系统的组成部分，它由扫描系统、信号整形系统、译码系统三部分组成，如图 2-24 所示。

- 光学系统：产生并发出一个光点，在条码表面扫描，同时接收反射回来（有强弱、时间长短之分）的光。
- 探测器：将接收到的信号不失真地转换成电信号（完全不失真是不可能的）。
- 整形电路：将电信号放大、滤波、整形，并转换成脉冲信号。
- 译码器：将脉冲信号转换成"0"、"1"码形式，之后将得到的"0"、"1"码字符串信息储存到指定地方。

图 2-24　条码识读系统[1]

采集条码的方法有多种，如图 2-25 所示为手持式和固定式条码识读方法，如图 2-26 所示为无线手持式条码识读方法及其系统的示意图。

图 2-25　条码扫描器

### 3. 条码的检测

在过去的 30 年中，条码符号的质量检验技术有了比较大的发展。最初，并没有专门的条码检测设备，条码质量的评定是通过采用通用设备来完成的。

我们知道，条码是由深色条和浅色空组合起来的图形符号，条码的质量参数可以分为两类，一类是条码的尺寸参数，另一类则为条码符号的反射率参数。这两种参数在条码技术规范中都做了详细的规定，对条码符号的这两种参数采用通用的反射率测量仪器及测长显微镜来进行测量，这是条码检测技术发展的第一个阶段。

---

[1] 图片来源：http://www.scanshop.cn

图 2-26　无线手持式条码识读方法及其系统示意图

最初，这种检测方法中所有的测量都是非自动化的，由于条码的条空太多，测量和根据条空来判定被测条码条空编码是否正确非常麻烦。此外，人为因素也严重影响了测量的精度和准确性。20 世纪 70 年代中期以后，条码符号质量的评价都是用条码检测的专用仪器——条码检测仪来进行测试的，这就是人们通常所说的传统检测方法。

条码检测仪的出现使得条码检测的效率大大提高，符号经过条码检测仪扫描后，马上就可以得到检验结果，性能全面的检测仪还可以打印出列有详细质量参数值的质量检测结果，这就使得印刷企业能够根据检验结果来调整印刷设备，充分发挥出印刷设备的潜能，从而提高条码符号的印制质量。

然而，经过长期实践，人们发现基于条码符号技术规范基础上的检验方法在应用中存在以下缺陷和不足。

（1）用该质量检验方法评价一个条码符号时只有一个单一的阈值，即是否符合标准。但由于不同的条码识读设备采用了不同的光学结构、译码算法，在识读条码符号时也具有不同的识读能力。单一的判定与多种识读设备和识读环境之间存在着不一致的情况，也就是说，有些被传统方法判定为不合格的条码，却能够被正确识读。

（2）在该检验方法中，条码的质量判定仅基于一次条码扫描所测出的质量参数。由于条码符号在高度方向存在信息的冗余，基于一个位置的一次扫描得出的数据并不能够全面地反映出条码符号的整体质量。

（3）对商品条码或 128 条码等来说，测量条码中条的尺寸意义并不是很大，因为这些条码的译码是根据相似边的尺寸来进行的，条的整体增宽或减小对相似边的尺寸没有影响。

（4）这种检验方法对条码的反射率要求方面存在疏漏，如它没有规定条码中条的反射率和空的反射率的测量位置，这就会导致不同仪器测出的结果不同，从而产生了许多条码质量判定方面的商业纠纷。

上述因素导致了用该种方法检验的结果和扫描识读性能不能完全保持一致，并由此导致顾客退货的现象增多。为此，20 世纪 80 年代后，人们开始设法对条码的检验方法进行改进。

从事条码技术和应用行业的专家对各类条码识读系统进行了大量的识读测试，最后得出了一个评价条码符号综合质量等级的方法——反射率曲线分析法，也简称条码综合质量等级法。

该方法能够更好地反映条码符号在识读过程中的性能,并能够克服使用传统方法所产生的缺陷。1990年,美国首先用该方法评价条码质量,并制定了相应的美国国家标准《条码印制质量指南》(ANSI X 3.182—1990)。综合质量等级法根据对条码进行扫描所得出的"扫描反射率曲线",分析条码的各个质量参数,并按实际识读的要求来综合评定条码的质量和等级。

随着条码技术的发展,条码综合质量等级法得到了较为广泛的应用。欧洲标准化委员会(CEN)于1997年批准了欧洲标准——《条码检测规范》(EN 1635—1997)、2000年国际标准化组织和国际电工委员会批准了标准——《条码印制质量检测规范》(ISO/IEC 15416—2000)中,都采用了条码综合质量等级法。

目前,国际标准化组织已经开始研究与条码质量相关的其他标准,如条码制版软件技术规范、条码检测仪测试规范、条码识读设备性能测试规范等。主要的几种条码符号(如39码、UCC/EAN-128码等)在其符号标准中,也纷纷采用综合分级检验的质量分析和评价方法。

在我国适用于所有一维条码符号检验的新修订的国家标准——《条码符号印制质量的检验》(GB/T 14258—2003)和适用于商品条码符号检验的国家标准——《商品条码符号印制质量的检验》(GB/T 18348—2001),都采用了综合质量等级检验方法。

条码常用的检测方式有以下几种。

通用检测(Traditional Verifier):直接给出上述检测内容的检测结果,由检测人员查询检测标准,对比检测结果,判断检测的条码质量。

ANSI检测:将上述检测内容经过检测计算,转换为质量等级A~F,一般A级质量最好,F级为不合格。出口美国的产品通常都要有ANSI检测结果。

原版胶片(Film Master)检测:除了进行上述检测内容的检测外,原版胶片还要检查每一条、空的尺寸精度,按国家标准精度应达±0.005mm。同时还要检测条宽的缩减量(BWR)。

条码试印样检测:对试印样品进行技术检验,检测由经过培训的专门人员按照国家标准要求进行(不具检测能力的企业应送至法定条码质检机构进行检验),并形成检测报告,检验合格后方可批量印刷。

# 第四节　条码设备概述

## 一、条码印刷(打印)设备

### 1. 条码预印刷设备

(1) 凸版印刷机

凸版印刷机可分为平压平型凸版印刷机、圆压平型凸版印刷机、圆压圆型凸版印刷机三种。使用凸版进行印刷的机器,印版图文部分凸起,高于非图文的空白部分(如活字版、铅版等)。印刷时,将印版装在印版滚筒或版台上,在版面的图文部分涂以印墨,然后过纸、加压，使印墨转移到纸面上，最后经收纸装置将印张堆集好。凸版印刷机如图 2-27 所示。

（2）凹版印刷机

使用凹版印刷机进行印刷的机器，印版的图文部分凹下，而空白部分与印版滚筒的外圆在同一平面上。印刷时，印版滚筒全版面着墨，以刮墨刀将版面上空白部分的油墨刮清，留下图文部分的油墨，然后过纸，由压印滚筒在纸的背面压印，使凹下部分的油墨直接转移到纸面上，最后经收纸装置将印张堆集或复卷好。凹版印刷机如图 2-28 所示。

图 2-27　凸版印刷机[1]

图 2-28　凹版印刷机[2]

（3）平版印刷机

平版印刷机是由早期石版印刷技术发展而来并由此命名的，早期石版印刷的版材使用磨平后的石块，之后改良为金属锌版或铝版，但其原理是不变的。

凡是印刷部分与非印刷部分均没有高低差别，即是平面的，它是利用水油不相混合的原理，使印纹部分保持一层富有油脂的油膜，而非印纹部分上的版面则可以吸收适当的水分，设想在版面上油墨以后，印纹部分便会排斥水分而吸收了油墨，而非印纹部分则吸收水分而形成抗墨作用，利用这种技术印刷的方法，称为"平版印刷"。平板印刷机如图 2-29 所示。

平版印刷技术由早期的石印技术发展而来，因其制版及印刷有着独特的个性，同时在操作上亦极为简单，且成本低廉，一直以来被专家们不断地研究与改进，是现今印刷产业使用最为广泛的技术。

图 2-29　平版印刷机[3]

（4）孔版印刷机

孔版印刷的版面为网状或具有一定弹性的薄层，图文部分通透。孔版印刷（Stencil Printing）的原理就是在刮板的作用下，丝网框中的丝印油墨从丝网的网孔（图文部分）中漏到承印物上，由于印版非图文部分的油墨被丝网网孔堵塞，油墨不能漏下，从而完成印刷品的印刷。

凡是印刷品上墨层有立体感的，如瓶罐、曲面及一般电路板印刷，多采用孔版印刷。

孔版印刷技术是与平版、凸版、凹版三大印刷技术并列的第四种印刷技术。但习惯上，仍有人把它划归在特种印刷的范畴。

---

1　图片来源：http://www.bisenet.com
2　图片来源：http://www.bisenet.com
3　图片来源：http://keyin.cn/mall/product/200902/ 27-119410.shtml

如表 2-6 所示，列出了不同类型印刷技术的特点和应用，并对它们做了比较。

表 2-6　不同类型印刷技术的特点和应用

| 印刷类型 | 特　点 | 典　型　应　用 |
| --- | --- | --- |
| 凸版印刷 | 印版上的图文部分凸起，空白部分凹下。特点：印刷品的纸背会有轻微的印痕凸起，线条或网点边缘部分整齐，并且印墨在中心部分显得浅淡，凸起的印纹边缘受压较重，因而有轻微的印痕凸起 | 商标、包装装潢、报纸印刷等 |
| 凹版印刷 | 印版上的图文部分凹下，空白部分凸起。优点：油墨表现力约为 90%，色调丰富。颜色再现力强。版面耐度强。印刷数量宏大。可应用的纸张范围广泛，纸张以外的材料也可印刷。缺点：制版费、印刷费昂贵，制版工作较为复杂，对于小数量的印件不适合 | 凹版印刷因其线条精美，且不易假冒，故均被利用在印制有价证券方面，如钞票、股票、礼券、邮票，以及商业性信誉的凭证或文具等 |
| 平版印刷 | 优点：制版工作简便，成本低廉；套色装版准确，印刷版复制容易；可承印大数量的印刷。缺点：因为受印时水胶影响，色调再现力低，鲜艳度缺乏；版面油墨稀薄，只能表现 70%的能力，所以，平版印的灯箱海报必须经过双面印刷，才能达到色泽的要求。在特殊印刷方面，应用有限 | 海报、简介、说明书、报纸、包装、书籍、杂志、月历、其他有关的彩色印刷品及大批量印刷 |
| 孔版印刷 | 优点：油墨浓厚，色调鲜丽，可应用于任何材料的印刷，并使得曲面印刷成为可能。缺点：印刷速度慢，生产量低，彩色印刷表现困难，不适用于大批量印刷 | 一些特殊材料上的印刷，如玻璃、塑胶、金属、布匹，或立体印刷等 |

## 2．条码现场印刷（打印）设备

条码的现场印刷可用条码标签打印程序控制普通打印机（针式打印机、喷墨打印机、激光打印机等）来打印条码标签；也可采用专用条码打印机进行打印，这里主要介绍专用条码打印机。目前多以热敏机型和热转印机型为主流的条码打印输出设备。

1）热敏式打印机

（1）原理

热敏式打印机的原理是在淡色材料上（通常是纸）覆上一层透明膜，膜被加热后会变成深色（一般是黑色，也有蓝色）来实现打印的。经过加热，在膜中发生化学反应，生成图像。这种遇热变色的反应需要在一定的温度下进行，高温会加速化学反应速度。当温度低于 60℃时，膜需要经过相当长，甚至长达几年的时间才能变成深色；而当温度为 200℃时，反应会在几微秒内完成。

热敏打印机有选择地在热敏纸的确定位置上加热，由此就产生了相应的图形。热源是由与热敏材料相接触的、打印头上的一个小电子加热器提供的。加热器排成方点或条的形式，由打印机进行逻辑控制，当被驱动与热敏纸接触时，就在热敏纸上形成一个与加热元素相应的图形。控制加热器的同一逻辑电路，也同时控制进纸，从而在整个标签或纸张上印出图形。

最普遍的热敏打印机使用一种带加热点阵的固定打印头，打印头上设有 320 个方点，每一个点的尺寸为 0.25mm×0.25mm。利用这种点阵，打印机就可以把点打印在热敏纸的任意位置上。目前，这种技术已用于纸张打印机和标签打印机上。热敏式条码打印机如

图 2-30 所示。

(2) 应用

热敏打印机只能使用专用的热敏纸,热敏纸上涂有一层遇热就会发生化学反应而变色的涂层,这有点类似于感光胶片,不过这层涂层是遇热后会变色的。利用热敏涂层的这种特性,出现了热敏打印技术。热敏打印技术最早的使用是在传真机上,其基本原理是将传真机接收到的数据转换成点阵的信号来控制热敏单元的加热,把热敏纸上的热敏涂层加热显影。目前,热敏打印机已在 POS 终端系统、银行系统、医疗仪器等领域得到广泛应用。

图 2-30 热敏式条码打印机

(3) 分类

热敏打印机根据其热敏元件的排列方式,可分为行式热敏(Thermal Line Dot System)打印机和列式热敏(Thermal Serial Dot System)打印机。列式热敏打印机属于早期产品,目前主要应用在一些对打印速度要求不高的场合。行式热敏打印机属 20 世纪 90 年代产生的新技术,打印速度比列式热敏打印机快得多,目前最快的速度可达 220mm/s。要实现高速热敏打印,除了须选取高速热敏打印头外,还必须有相应的控制板与之配合。

(4) 优缺点

相对于针式打印机,热敏打印机有速度快、噪声低、打印清晰、使用方便等优点。但热敏打印机不能直接打印双联,打印出来的单据不能永久保存,即使用最好的热敏纸,也只能保存 10 年。而针式打印机可以打印双联,而且如果用好的色带的话,打印单据可以保存很久,但针式打印机打印速度慢、噪声大、打印字迹粗糙,需要经常更换色带。如果用户需要打印发票,建议使用针式打印机,打印其他单据时,可以使用热敏打印机。

2) 热转印打印机

(1) 简介

一般人所认识的打印机通常是针打、喷墨或激光打印机。但是只要稍加注意就会发现,在我们的周围环境中,几乎所有商品都使用热转印技术所打印出来的标签,举例来说,譬如打开手机壳,内部即可看到密密麻麻带有条码的标签,或者高级包装箱都有用热转印打印出来的通常带有条码的产品标示贴纸。此外,在购买服装时,服装上的吊牌通常也是通过采用热转印打印方式来印刷的,在火车站购买的火车票和在机场购买的登机牌、行李牌等,也都是运用热转印技术打印出来的,特别是几乎所有的电器产品背后,都有利用热转印技术打印的标示标签,像笔记本电脑后面就贴有不止一张。

(2) 热转印技术

日常生活对标签的要求是能够禁得起时间考验、长期不变形、上面打印出的文字能够长期保存、不褪色、对溶剂有抗磨损性、不会因为温度升高就变形变色等,因此,有必要采用一种特殊材质的打印介质及打印材料来保证这些特性。这些对印刷技术的要求,一般的喷墨打印技术无法达到,激光打印也无法达成,而针打的效果与原始设计也不能符合要求,于是就有了热转印技术的出现。

热转印技术,简单地说,就是利用专门的碳带,透过类似传真机打印头的工作原理,将碳带上的碳粉涂层经过加热的方式,转印到纸张或其他种类的材质上。由于碳带上的涂层物质可以根据需要来选择,能够产生较强的附着力,再加上打印介质的选择,更能保证打印出来的字迹不受到外界的影响。而这个加热的过程，可以交给计算机来控制。如图2-31所示，为热转印式条码打印机。

(a)

(b)

图2-31 热转印式打印机[1]

随着技术的成熟和普及，很多人还不知道，热转印打印机的价格已经降到普通大众都可以接受的程度，再加上打印耗材的降价，直接打印实际上已经比印刷的成本还要低廉。

【概念辨析2-1】　　　　条码打印机和普通打印机的区别

条码打印机和普通打印机的最大的区别就是——条码打印机的打印是以热为基础，以碳带为打印介质（或直接使用热敏纸）完成打印。这种打印方式相对于普通打印方式的最大优点在于，它可以在无人看管的情况下，实现连续高速的打印。

条码打印机最重要的部件是打印头，打印头是由热敏电阻构成的，打印的过程就是热敏电阻发热，将碳带上的碳粉转移到纸上的过程。所以，在选购条码打印机时，打印头是一个值得特别注意的部件，它和碳带的配合，是整个打印过程的灵魂。目前，国内市场上常见的打印机由于品牌的差异，存在以下两种不同的打印头。

一种是平压式印头，打印时，整个打印头压在碳带上。平压式印头可以适应各种碳带，具有广泛的用户群，因此是市面上最常见的，广泛地应用于各种品牌的条码打印机。

另一种是悬浮式印头，这是一种新型的打印头模式，打印时，印头只是尖端压在碳带上。悬浮式印头虽然对碳带的要求比较高，但它能够节省碳带，因此被一些技术力量雄厚的大公司广泛采用。

### 3. 国内外条码打印机及厂商信息

国内外常见的条码打印机及厂商信息（排名不分先后）见表2-7。

表2-7 国内外常见的条码打印机及厂商信息

| 商 标 | 网 站 | 主要标志性产品 |
| --- | --- | --- |
| ZEBRA TECHNOLOGIES | http://www.zebra.com.cn | 美国斑马<br>工业级（为主）、商业级<br>热敏、热转印打印机 |
| ARGOX | http://www.argox.com.cn | 台湾立象<br>工业级、商业级<br>热敏、热转印打印机 |

---

1　(a) 图片来源：http://www.gzdbx.com；　(b) 图片来源：http://www.img5.pcpop.com

续表

| 商　标 | 网　站 | 主要标志性产品 |
|---|---|---|
| SNBC | http://www.newbeiyang.com.cn | 新北洋（国产）<br>商业级<br>双面、热敏打印机 |
| GoDEX | http://www.godexintl.com/cn | 台湾科诚<br>工业级、商业级<br>热敏、热转印打印机 |
| Intermec | http://www.intermec.com.cn | 美国易腾迈<br>工业级<br>热转印打印机 |
| Zonerich 中崎 | http://www.zonerich.com | 广东中崎<br>商业级<br>热敏打印机 |
| TOSHIBA（东芝）条码打印机 | http://www.toshiba-tec.com.cn/Product/ProductPrintCat.aspx?cat_id=23 | 日本<br>工业级、商业级<br>热敏、热转印打印机 |

## 二、条码识读设备

### 1. 手持式条码扫描器

光笔是最早出现的一种手持接触式条码扫描器，当时是最为经济的一种条码扫描器。使用时，操作者需要将光笔接触到条码表面，匀速划过。光笔的优点是重量轻，条码长度不受限制；但对操作人员要求较高，对条码容易产生损坏，首读成功率低、误码率较高。

后来发明了 CCD（电子耦合器件）手持式条码扫描器（见图 2-32（a）），比较适合近距离识读条码，价格也比手持式激光条码扫描器便宜，而且内部没有移动器件，可靠性高。但 CCD 手持式条码扫描器受阅读景深和宽度的限制，对条码尺寸和密度有限制，并且在识读弧形表面的条码时，会有一定困难。

激光扫描器是各种扫描器中相对价格较高的，但它能提供的各项功能指标最高，并可以远距离识读条码，在阅读距离超过 30cm 时，激光扫描器是惟一的选择，因此，目前在各应用领域被广泛采用。如图 2-32（b）所示，为手持式激光条码扫描器在识读条码。激光条码扫描器首读识别率高，识别速度快，误码率极低，对条码质量要求不高，但产品价格较贵。

(a) 手持式 CCD 条码扫描器　　　　(b) 手持式激光条码扫描器

图 2-32　手持式 CCD 和激光条码扫描器

## 2. 固定式条码扫描器

固定式条码扫描器，又称为平板式条码扫描器、台式条码扫描器。目前在商场使用的大部分是固定式条码扫描器，再配以手持式 CCD 或激光条码扫描器。这类条码扫描器的光学分辨率在 300～8000dpi 之间，色彩位数为 24～48 位，扫描幅面一般为 A3 或 A4。常见的固定式条码扫描器如图 2-33 所示。

图 2-33　固定式条码扫描器

平板式固定条码扫描器的好处在于使用起来像使用复印机一样，只要把条码扫描器的上盖打开，不管是书本、报纸、杂志、照片底片，都可以放上去扫描，相当方便，而且扫描出的效果也是所有常见类型条码扫描器中最好的。

## 3. 条码数据采集器

把条码识读器和具有数据存储、处理、通信传输功能的手持数据终端设备结合在一起，成为条码数据采集器，它是手持式扫描器和掌上电脑功能的结合体。按照是否实时通信来分，可分为在线式数据采集器和批处理（离线）式数据采集器（见图 2-34）两类；按功能分，可分为手持终端、无线型手持终端（见图 2-35）、无线掌上电脑、无线网络设备 4 类。

图 2-34　批处理式数据采集器　　　　图 2-35　无线型手持终端

由于要求条码数据采集器能够在不同环境中使用，因此，对其使用温度、湿度、抗震性、抗摔性都有着较高的要求。条码数据采集器的种类可以分为数据采集型设备、数据管理型设备。

无线数据采集器具有如下所述的特点。

◆ CPU：采用 32 位，且主频越高，数据处理能力、处理速度越高。

◆ 内存：FLASH（闪存）存储操作系统和 BIOS、RAM（读写存储器）存储数据。

◆ 能源：普通电池、充电电池。

◆ 输入形式：扫描输入、键盘输入。

◆ 条码输入：CCD、LASER（激光）、CMOS。CMOS 扫描器具有图像扫描功能。

- 输出显示：液晶显示。
- 通信能力：具有串口、红外线通信口。
- 外设驱动能力：可像计算机一样驱动所有外部设备。
- 数据实时传输：直接连接数据库，信息无限延伸，支持文本文件、数据查询、数据检索、数据校验、数据存储。
- 掌上电脑型数据终端：WINCE、PALM OS 多种数据接口可扩展卡槽。

【知识链接 2-8】　　　　　条码扫描器的选择标准

与条码符号相匹配(条码密度、长度)：若条码符号是彩色的，最好选用波长为 633nm 的红光，以避免对比度不足。

首读率：对一些无人操作的工作环境，首读率显得尤为重要。

工作空间：工作空间决定着工作距离和扫描景深。一些特殊场合，如仓库、车站、物流系统，对空间的要求比较高。

应考虑以上指标，综合选择扫描器。

## 4．国内外条码扫描设备及厂商信息

国内外常见的条码扫描设备及厂商信息见表 2-8（排名不分先后）。

表 2-8　国内外条码扫描设备及厂商信息

| 商　标 | 网　站 | 主要标志性产品 |
|---|---|---|
| MOTOROLA | http://www.motorolasolutions.com/CN-ZH/Home | 美国摩托罗拉<br>数据采集器、条码扫描器<br>一维、二维 |
| CIPHERLAB 中国 | http://cn.cipherlab.com | 台湾新技<br>条码扫描器<br>一维、二维 |
| CASIO | http://www.casio.com.cn/pa/index.html | 卡西欧<br>数据采集器、条码扫描器<br>一维、二维 |
| Honeywell | http://www.honeywellaidc.com/zh-CHS/Pages/default.aspx | 美国霍尼韦尔<br>数据采集器、条码扫描器<br>一维、二维 |
| Intermec | http://www.intermec.com.cn | 美国易腾迈<br>数据采集器、条码扫描器<br>一维、二维 |
| Zonerich 中崎 | http://www.zonerich.com | 广东中琦<br>条码扫描器<br>一维 |
| NCR | http://www.ncr.com | 美国 NCR<br>扫描平台<br>一维、二维 |

### 三、条码检测设备

选择 CCD 扫描器时，最重要的是以下两个参数。

① 景深：由于 CCD 的成像原理类似于照相机，如果要加大景深，则相应地需要加大透镜，从而使 CCD 体积过大，不便操作。优秀的 CCD 扫描器应满足无须紧贴条码即可识读，并且体积适中，操作舒适的要求。

② 分辨率：如果要提高检测仪的分辨率，必须增加成像处光敏元件的单位元素。低价 HHP 产品，识读 EAN、UPC 等商业码已经足够，但对于别的码制识读就会困难一些。中档 CCD 以 1024pixel（像素）为多，有些甚至达到 2048pixel，能分辨最窄单位元素为 0.1mm 的条码。

激光手持式扫描器是利用激光二极管作为光源的单线式扫描器，它主要有转镜式和颤镜式两种。转镜式的代表品牌是霍尼韦尔 Honeywell QC890，它是采用高速马达带动一个棱镜组旋转，使得二极管发出的单点激光变成线形。颤镜式的制作成本低于转镜式，但这种扫描器不易提高扫描速度，一般为 33 次/s。个别型号，如 POTICON 可以达到 100 次/s，其代表品牌为 Symbol、PSC 和 POTICON。

商业企业在选择激光扫描器时，最重要的是扫描速度和分辨率两个参数，而景深并不是关键因素。因为当景深加大时，分辨率会大大降低。优秀的手持激光扫描器应当是高扫描速度，固定景深范围内有很高的分辨率。

条码检测仪的选择建议不要盲目地从扫描速度和高分辨率这方面来选择，因为不同品牌、不同型号的条码检测仪扫描同一个条码时，得出的结果很大可能会是不一样的；从专业的角度来讲，选择条码检测仪时，尽量选择跟对方使用的检测仪的品牌、型号一样，才是最佳选择。

#### 1. 霍尼韦尔 HHP Quick Check® （QC）800 条码检测仪

QC800 条码检测仪系列能够采用传统和美标两种方式进行检测，除可接光笔、鼠标型扫描器外，QC800 系列可接手持非接触式扫描仪，如图 2-36 所示。

检测码制：UPC/EAN（带附加码）、39 码（1～49 个字符）、I 2 of 5（2～78 个字符）、库德巴码、128 码（1～70 个字符）、MSI（1～50 个字符）、16K 码（individual rows）、49 码（Individual rows）、93 码、11 码、Discrete/Industrial 2 of 5、IATA 2 of 5。

阅读分辨率：鼠标型扫描器：3、5、6、10、20mil；光笔：5、6、10mil；线性图像扫描器：5mil[1]。

#### 2. 霍尼韦尔 QC890 条码检测仪

霍尼韦尔 QC890 条码检测仪（见图 2-37），采用最新技术设计的全新条码检测解决方案，能检测一维条码及 PDF417 码，并带有 RS-232、Bluetooth®、USB 接口方式，可接入 Windows98/2000/NT/XP 以及 Pocket PC 操作平台，支持中文及图形化的操作界面，令使用更加灵活高效。

---

1　1mil=0.0254mm。

图 2-36　霍尼韦尔 HHP Quick Check® （QC）800 条码检测仪

图 2-37　霍尼韦尔 QC890 条码检测仪

QC890 条码检测仪支持更多的条码种类和自由式扫描，消除了用户的操作难度，提高了可重复性读取能力，提供本地语言支持。

QC890 条码检测仪可基于多种主机平台进行操作，可使用 PC、PDA/PDT、MAC 等操作，包含 RS232、USB、蓝牙 3 种通信方式。用户便携或固定安装，多接口选项增加了灵活性。

QC890 条码检测仪遵循线性条码打印质量试验的全部标准要求：ISO/IEC 15416 与 15426-1 全部支持；对于 2 维条码，支持 RSS 系列、PDF 系列的检验。

### 3. 条码检测仪的正确使用方法

通常在使用条码检测仪前要按照说明书，用所提供的校准标板对设备进行校准——在不用的时候，要保证校准标板的洁净与不受损害。在使用仪器前，应把校准作为其中的一个使用环节向用户提示。有些设备需要根据参考反射率标板，手工调节仪器；大多数的检测仪则是自动校准的。

在任何条件下检测条码符号，条码符号通常应为其最终的状态。如果需要制样，可采取以下措施：首先把要检测的条码符号放在平整的黑色表面上检测，然后再把它放在明亮的表面上重复检测，取结果中较差的那组作为测量结果。如果实际中已经知道符号背底所衬的材料类型，检验时，条码背底的衬垫状态应尽量与之一致。

如果需要手工扫描，就要手持光学扫描头，从左到右或从右到左穿过符号，尽量以平稳的方式和不变的速度进行扫描，扫描速度居中，不能太快，也不能太慢。如果想要进行多重扫描，就要在符号高度范围内平均放置这些光头，而且不要超出符号的顶端或底端。

（1）检测仪的校准

条码检测参数值都是依据扫描反射率曲线计算得出的，因此，检测仪必须要能精确地测量反射率。所以，确保设备的正确校准是非常重要的工作，校正是保证测量结果的正确性和一致性及可重复性的前提条件。不正确的校准会影响设备的正常运行或导致测量结果错误。

（2）孔径/光源的选择

光源应与实际所用的扫描光相匹配、测量孔径应与所检测的符号的 X 尺寸范围相匹配。如果光源选择错误，特别是当其峰值波长偏离标准所要求的峰值波长时，符号反差的测量值就可能会出现错误（如果条码的颜色不是黑条白空）。在检验 EAN/UPC 条码时，使用

670nm 的可见红光为峰值波长，这是因为这个波长接近于使用激光二极管的激光扫描器和使用发光二极管的 CCD 扫描器的扫描光束的波长。

测量孔径则要根据具体应用的条码符号的尺寸而定，具体的选择方法见具体的应用标准与规范。

（3）条码检测仪的使用

对于光笔式检测仪，扫描时笔头应放在条码符号的左侧，笔体应和垂直线保持 15°的倾角（或按照仪器说明书做一定角度的倾斜）。这种条码检测仪一般都有塑料支撑块使之在扫描时保持扫描角度的恒定。

此外，应确保条码符号表面的平整性，如果表面起伏或不规则，就会导致扫描操作不稳定，最终导致条码检测的结果不正确。光笔式条码检测仪应该以适当的速度平滑地扫过条码符号表面。扫描次数可以多至 10 次，每次应扫过符号的不同位置。检验者通过练习就能掌握扫描条码的最佳速度，如果扫描得太快或太慢，仪器都不能成功译码，有的仪器还会对扫描速度不当做出提示。

对于使用移动光束（一般为激光）或电机驱动扫描头的条码检测仪，应该使其扫描光束的起始点位于条码符号的空白区之外，并使其扫描路径完全穿过条码符号。通过将扫描头在条码高度方向上下移动，可以在不同位置上对条码符号进行 10 次扫描，有的仪器可以自动完成此项操作。

## 【阅读文章 2-1】

### 二维条码标准与我国物联网发展

物联网是在计算机、互联网出现之后，世界信息产业出现的又一次重大的技术革命。随着物联网和物流行业的飞速发展，促使条码技术不断更新。而二维条码的超大信息量等优点提供了其在物联网上的广泛应用。我国在采用国际标准的同时，也颁布了具有我国自主知识产权的二维条码行业标准——紧密矩阵码（简称 CM 码）和网格矩阵码（简称 GM 码），极大地促进了我国信息安全和自动识别技术水平的提高。2007 年，国家标准化管理委员会批准发布了国家标准——《汉信码》（GB/T 21049—2007）。上述二维条码标准的颁布，对我国信息化的建设、普及二维条码技术的应用都产生了重大的影响。

2009 年，国际标准化组织正式批准了我国的 GM 码标准为国际标准。这是我国取得的第一个国际码制技术标准，它不仅改变了我国在条码领域的国际地位，也在国内外应用领域上有了进一步的扩展。

二维条码是一种采用光学方法识读图像的编码技术，它具有存储量大、性价比高、数据采集与识读方便、汉字编码能力强、抗污损、抗畸变等优点。通过以下的分析，我们可以明显看到，我国物联网的发展需要二维条码标准；同时，二维条码标准的建立，也促进了物联网的发展。

**一、我国物联网发展中对二维条码标准的需求分析**

物联网作为因特网的一部分，建立在严格的国际和国家统一技术标准的基础之上，标准体系的建立包括传感器网络和传感器。

数据交换标准是物联网集成应用的关键，我国首先采取了引进国外技术标准的策略。在二维条码标准方面，我国先后颁布了以国际自动识别制造商协会（AIMI）发布的《PDF 417 规范》为基础的国家标准《四一七条码》（GB/T 17172—1997）和基于日本 QR 码的国际标准《快速响应矩阵码》（GB/T 18284—2000）。

上述国外二维条码标准中没有为汉字进行特别的优化设计，因此，汉字的编码效率相对比较低。此外，某些识读设备的核心技术都掌握在国外厂商手中，在信息安全上存在较大的隐患。及时地研发适合我国国情的二维条码码制，催生自主标准，加速我国二维条码技术的发展，已经成为刻不容缓的课题。从 2004 年以来，我国先后制定了 CM、GM 二维条码技术及其识读设备的标准，并加大其推广力度，不断地拓展各种应用领域。我国现在已经出现了 CM 码、GM 码、汉信码、紫光码、龙贝码、点众码等更多的拥有自主知识产权、性能优秀的二维条码。2007 年 8 月，国家标准化管理委员会发布的汉信码国家标准（GB/T 21049—2007），标志着我国在二维条码的自主知识产权发展方面，走上了更加规范化发展的道路。但物联网标准化的建设和实施之路还任重道远。

进入 21 世纪，以仓储为核心的物流把条码自动识别技术带入到一个更广的应用领域。二维条码技术的产生解决了计算机应用中数据采集的瓶颈，即一直困扰人们的如何用条码对"物品"进行描述的技术问题，实现了对信息更快速、更准确的获取和传输，在我国物联网、商品流通和国际贸易等的信息化建设和经济发展中发挥了重要的作用。由于我国二维条码标准的产生，使得条码技术真正地成为信息存储和识别更有效的国产化工具，谁掌握了标准，谁就有主动权。它除具有一维条码的优点外，同时又具有信息量大、可靠性高和可表示图像、汉字等多种文字信息和保密防伪性强等优点。这些性能都有利地满足了我国物联网发展的需要。

**二、二维条码的标准化与实施**

在物联网这个新兴的产业中，我国的技术研发水平处于与世界先进国家同一起跑线上。其中，二维条码是信息识别领域最基本和最关键的技术，为推动各个行业的发展具有很大的影响力。相应地，我国对二维条码的标准化也迅速地得到发展。为了提高编码效率及编码的信息量，二维条码的编码应采用下列编码原则。

（1）以字节表示的文件，采用字节编码方式以实现信息压缩（如存储的图像信息）。

（2）较长的数字字符串，采用数字编码方式以实现信息压缩。

（3）文本信息采用文本编码模式，各个类型对应着文本模式下的一个子模式。

总体上看，二维条码的编码方式可分为以下三种。

（1）线性堆叠式二维码（Stacked Barcode）：在一维条码编码原理的基础上，将多个一维条码在纵向堆叠而产生。

（2）矩阵式二维码（Dot Matrix Barcode）：在一个矩形空间内通过黑、白像素在矩阵中的不同分布进行编码。矩阵式二维条码是建立在计算机图像处理技术和组合编码原理等基础上的一种新型的图像符号自动识别处理码制。

（3）邮政码通过不同长度的"条"进行编码，主要用于邮件编码。

由于针对不同的编码对象采用了不同的编码方式，最大限度地节省了编码空间，因此，有限的码字就可以表示数量巨大的字母、数字、符号和汉字，还可以将指纹或照片等图像信息经过特征提取后，将特征值进行编码，存入条码内。二维条码可以包含指纹特征点信息，与指纹采集装置采集的指纹信息相比对，可以形成实时的身份验证系统，以防止伪造证件，从而使得二维码具有更加多元化的信息。

### 三、二维条码与物联网接口

物联网是在应用无所不在的网络技术上建立起来的，是一个新的技术标准领域。物联网概念的问世，打破了人们传统的思维体系，是为了满足人类对信息越来越多、越来越快和越来越个性化的需求，发展出来的。

物联网框架分为三层：传感网络层、传输网络层和应用层。以前的思路一直是将物理的设施和 IT 设施分开，即一方面是物品（如机场、公路、建筑物等），而另一方面是计算机数据中心。而在物联网时代，宽带整合了统一的基础设施，通过二维条码、射频识别（RFID）等信息传感设备，按规定的物联网标准，可以把各种物品与互联网连接起来，进行信息通信和交换，以实现信息的识别、定位、跟踪、监控和管理。与一维条码偏重于标识物品相比，二维条码更偏重于描述物品。二维条码不仅可以存储有关键值，还可以将物品的基本数据保存在二维条码中，达到数据库随着物品走的效果。要实现二维条码与物联网之间的有效衔接，必须明确以下几点。

（1）对所有物品的各种属性进行标识，以形成随物品移动的数据库。

（2）识别设备能够完成对物品属性的读取，并将信息转换为适合物联网传输的数据格式。

（3）将物品的信息通过物联网传输到信息处理中心，由处理中心完成对物品信息的相关运算，并给出相应的控制指令。

在实际应用中，由于计算机、互联网和移动通信的快速发展，物联网使得人们可以在任何时间、任何地点与任何物品相联系，给消费者和企业提供了极大的联系空间。采用二维条码的特征识别方法，可以实现对数字、文字和图像识别应用，二维条码识别算法能有效地去除背景和噪声的干扰，快速、准确地译码。并且对二维条码的图像进行相应的规格化处理，使得算法具有足够的容错功能，从而使二维条码标准在物联网上具有很强的通用性。

### 四、二维条码标准与专利权的分析

在技术先进的国家里，二维条码技术及其识读设备领域已经得到了广泛和深入的应用，并产生了良好的经济效益和社会效益。国内的二维条码应用虽然没有达到与世界先进国家发展同步的水平，但也已渗透到我国国民经济的各个方面。

在涉及国家重大战略的技术领域内，优先推动自主知识产权技术标准，已经成为国际惯例，这对保护本国社会的经济利益是必不可少的。在全球范围内，与二维条码相关的专利已经公开 1000 余件，但申请地区主要分布在某些发达国家，如美国、日本等。而在国际标准的背后，同时隐藏着非常复杂的专利许可问题。单在 2005 年，我国几个 IT 厂商就因为使用 Data Matrix 标准而受到专利侵权指控。采用国外条码带来的隐患，已经由潜在风险上升为现实的威胁。

而在中国，大约只有几十件与二维条码相关的专利公布。CM、GM 二维条码技术及其识读设备已在全球申请了 40 多件专利。

我们可以看到，我国的专利权在不断地提升，这将是我国二维条码标准的良好开端。在完成国家重大标准专项课题《二维条码新码制开发与关键技术标准研究》的基础上，中国物品编码中心于2006年申请了《纠错编码方法》等6项技术专利。这些专利权的取得，将对我国物联网和二维条码的发展带来巨大的影响。

**五、二维条码标准推广和应用**

与射频识别技术（Radio Frequency Identification，RFID）成为市场关注的热点技术一样，二维条码技术已在我国物联网和物流行业中获得了广泛的应用。在数据采集和数据传输方面，二维条码具有天然的优势。因此，在产品生产、销售、运输和仓储等诸多领域中得到普及和推广。

二维条码的应用首先要注意选择市场的需求和正确的标准。为了加速我国物联网和二维条码技术标准的建立和普及，全国信息技术标准化技术委员会组建了物联网标准工作组，积极开展物联网的同时，也涉及二维条码技术标准的制订工作，并深度参与国际标准化活动。通过标准化，为产业发展奠定坚实的技术基础。

二维条码技术已在手机上广泛地应用于自动识别，从而实现电子标签和地图查询、定位和手机阅读等多种功能。二维条码的优势也使其特别适用于政府办公、工商管理、金融税务、物流等众多领域信息化的需求。在货物存储运输方面，由于二维条码可以对物品进行属性的描述，从而解决了货物保险索赔、海关虚假报关等难题；在工商管理系统，可以有效地防止假执照，大大简化了年审验照手续；在工业自动化方面，电子产品的组装过程中采用二维条码标签，对不同工序进行标识，极大地提高了数据采集和信息处理的速度，提高了工作效率。

随着二维条码应用的进一步推广，对二维条码的信息容量提出了更高的要求。增大二维条码尺寸或增大条码密度的解决方案都有一定的局限性。在二维条码的基础上，又设计出一种新的三维条码。这种条码结合条空宽度变化、条空颜色变化和纵向排列来表达信息，从而能在有限的几何空间内表达更多的信息。

利用在二维条码图像中嵌入水印的技术手段，可以达到信息隐藏以及防伪的目的。水印嵌入算法完全基于空间域，简单易实现。而且由于水印信息的隐藏性高，可以用于防伪领域。二维条码与数字水印相结合这一领域在我国有着广阔的应用前景，值得进一步深入研究。[1]

## 本 章 小 结

条码，又称为条形码，是将宽度不等的多个黑条和空白，按照一定的编码规则排列，用以表达一组信息的图形标识符。

条码技术起源于20世纪20年代，是迄今为止最经济、最实用的一种自动识别技术，它通过条码符号保存相关数据，并通过条码识读设备实现数据的自动采集。优点如下：输入速度快、可靠性高、采集信息量大、灵活实用、条码标签易于制作、对设备和材料没有特殊要求、识别设备操作容易等。

目前，条码技术作为数据标识和自动输入的一种手段，已被人们广泛利用，渗透到计

---

[1] 资料来源：http://www.jlrtvu.jl.cn/xb/file.asp?fileid=20110736002，尚德华（吉林省标准研究院），二维条码标准与我国物联网发展关系的几点探讨。

算机管理的各个领域,如商业零售、仓储管理、交通管理、金融文件管理、商业文件管理、病历管理、血库血液管理以及各种分类技术的管理方面。

条码可分为一维条码和二维条码。

一维条码:按照应用,可分为商品条码和物流条码。商品条码包括 EAN 码和 UPC 码,物流条码包括 128 码、ITF 码、39 码、库德巴码等。

二维条码:根据构成原理、结构形状的差异,可分为两大类:行排式二维条码和矩阵式二维条码。具有代表性的二维条码有:PDF417 码、49 码、16K 码和 QR 码、Data Matrix 码、Maxi 码、One 码等。

条码识读设备的功能是将条码符号中含有的编码信息转换成计算机可识别的数字信息。条码识读设备常见的形式有:手持式、固定式和数据采集器。其中,数据采集器是手持式扫描器和掌上电脑功能的结合体,具备条码识读、数据的存储和处理、通信传输等功能。

此外,与条码技术相关的设备还有条码印刷设备和条码检测设备。

## 本章内容结构

## 综合练习

### 一、名词解释

条码识别技术　　　条码打印机　　　条码识读器　　　条码标签

### 二、简述题

1. 简述条码识读的基本原理。
2. 简述条码识别系统的基本组成。
3. 简述一维条码的种类有哪些？
4. 简述二维条码的种类有哪些？
5. 简述条码打印设备的工作原理。
6. 简述条码识别设备的主要类别。

### 三、比较思考题

1. 比较条码识别技术与其他自动识别技术的优缺点。
2. 比较二维条码应用系统与一维条码应用系统的区别。

### 四、实际观察题

从日常生活中观察条码的应用在哪些方面，并找出使用条码后对系统性能提升的例子。

## 参考书目及相关网站

[1] 中国物品编码中心，等．条码技术基础[M]．武汉：武汉大学出版社，2008．

[2] 中国物品编码中心．条码技术与应用[M]．北京：清华大学出版社，2003．

[3] 薛红．条码技术[M]．北京：中国轻工业出版社，2008．

[4] 陈丹晖．条码技术与应用[M]．北京：科学工业出版社，2011．

[5] 王伟，谢金龙．条码技术及应用[M]．北京：电子工业出版社，2009．

[6] 张铎．自动识别技术产品与应用[M]．武汉：武汉大学出版社，2009．

[7] 中国自动识别技术协会网址 http://www.aimchina.org.cn

[8] 自动识别网 http://www.autoid-china.com.cn

[9] 中国物品编码中心网址 http://www.ancc.org.cn

[10] 中国自动识别技术协会条码技术专业工作组网址 http://www.aimbarcode.com

# 第三章

# 射频识别技术

## 内容提要

射频识别（RFID）技术是从20世纪80年代起走向成熟的一种自动识别技术，它通过射频信号自动识别目标对象并获取相关数据。本章主要讲述 RFID 技术的发展历程、应用现状、技术基础和主要设备。

## 学习目标与重点

- ◆ 了解 RFID 技术的发展历程。
- ◆ 重点掌握 RFID 技术的应用现状和典型应用案例。
- ◆ 初步掌握 RFID 系统的基本构成、工作原理和技术特点。
- ◆ 掌握各类射频标签和 RFID 设备的主要特性和用途。

## 关键术语

RFID 技术、射频读写器、射频标签

---

**【引入案例】　　　　　一张卡片引发的消费方式变革**

从20世纪90年代中期起，一种名片大小的塑料卡片，逐步走进大众的视野，并引起了极大的关注。

这种卡片有着各种各样的"身份"：可以用来考勤，代替传统的手工签名或者纸质打卡机的卡片；可以代替钥匙，打开房间的门锁；甚至可以在企事业单位、学校的食堂，取代传统的饭票，进行消费结账……无论是哪种身份，操作方式都极其简便，只需在特定的设备指定区域内，轻轻地刷一下，弹指间，便完成了要做的事情。更重要的是，这种卡片防水、抗污染，摆脱了磁卡、接触式 IC 卡的娇气，即使掉进水中，捞起来擦干净后，仍可以继续使用。

由于它操作简单，可以反复使用，并且携带方便，使得这种卡片及相关技术迅速普及。到了21世纪，这种卡片在大中城市中几乎人手一张，可以用来乘公交、地铁，终结了纸质月票满天飞的时代。于是，大众接受了这一新鲜的事物——射频卡和射频识别技术。同时，国内外越来越多的工程师涌入到与射频技术相关的产品研发和项目推广领域中来。在众多的应用中，"校园一卡通"是最成功、最典型的案例之一。

"校园一卡通"概括起来就是在学校范围内，凡有现金、票证或需要识别身份的场合，均可采用一张射频卡来完成，系统涵盖了就餐、消费、考勤、洗澡堂、教室、图书及宿舍集中用电、用水、出入门禁等方面的管理。

"校园一卡通"的管理模式代替了传统的做法，在校内集学生证、工作证、身份证、借书证、医疗证、会员证、餐卡、钱包、电话卡、存折等于一卡，实现了"一卡在手，走遍校园"、"一卡通用、一卡多用"的目的。它为广大师生员工的工作、学习、生活带来了方便，使得学校的各项管理工作变得高效、便捷，既实现了对师生员工日常活动的管理，又为教学、科研和后勤服务提供了重要信息。同时，"校园一卡通"系统又是数字化校园的重要组成部分，是数字化校园中信息采集的基础工程之一，为学校提供了实时可靠的信息来源和决策依据。

# 第一节　RFID 技术的发展历程

射频识别（Radio Frequency Identification，RFID）技术是 20 世纪 80 年代发展起来的一种新兴的非接触式自动识别技术，是一种利用射频信号通过空间耦合（交变磁场或电磁场）实现非接触信息传递，并通过所传递的信息达到识别目的的技术。识别工作无须人工干预，可工作于各种恶劣环境。应用 RFID 技术，可识别高速运动的物体，并可同时识别多个标签，操作快捷、方便。

如图 3-1 所示，描述了射频识别系统的工作过程。

图 3-1　射频识别系统的工作过程

## 一、RFID 技术的发展简史

RFID 技术的发展可按 10 年为一个阶段，划分如下。

1941—1950 年，雷达的改进和应用催生了 RFID 技术，目前已发展为自动识别与数据采集（Auto Identification and Data Collection，AIDC）技术。其中，1948 年，哈里·斯托克曼发表的《利用反射功率的通信》，奠定了RFID技术的理论基础。

1951—1960年，早期RFID技术的探索阶段，主要处于实验室研究状态。

1961—1970年，RFID技术的理论得到发展，开始了一些应用尝试。例如用电子防盗器（EAS）来对付商场里的窃贼，该防盗器使用存储量只有1bit的电子标签来表示商品是否已售出，这种电子标签的价格不仅便宜，而且能有效地防止偷窃行为，是首个RFID技术在世界范围内的商用示例。

1971—1980年，RFID技术与产品研发处于一个大发展时期，各种RFID技术和测试得到加速，在工业自动化和动物追踪方面，出现了一些最早的商业应用及标准，如工业生产自动化、动物识别、车辆跟踪等。

1981—1990年，RFID技术及产品进入商业应用阶段，开始较大规模的应用。但在不同的国家对射频识别技术应用的侧重点不尽相同，美国关注的是交通管理、人员控制，欧洲则主要关注动物识别以及在工商业中的应用。

世界上第一个开放的高速公路电子收费系统在美国俄克拉荷马州建立。车辆的RFID电子标签信息与检测点位置信息及车主的银行卡绑定在一起，存放在计算机的数据库里，汽车可以高速通过收费检测点，而不需要设置升降栏杆阻挡以及照相机拍摄车牌。车辆通过高速公路的费用可以从车主的银行卡中自动扣除。

1991—2000年，RFID技术的厂家和应用日益增多，相互之间的兼容和连接成为困扰RFID技术发展的瓶颈，因此，RFID技术的标准化问题日趋为人们所重视，希望通过全球统一的RFID标准，使射频识别产品得到更为广泛的应用，使其成为人们生活中的重要组成部分。

RFID技术产品和应用在1990年后进入一个飞速的发展阶段，美国TI（Texas Instruments）开始成为RFID方面的推动先锋，建立德州仪器注册和识别系统（Texas Instruments Registration and Identification Systems，TIRIS），目前被称为TI-RFIS系统（Texas Instruments Radio Frequency Identification System），这是RFID应用开发的一个主要平台。

德国汉莎航空公司采用非接触式的射频卡作为飞机票，改变了传统的机票购销方式，简化了机场安检的手续。

在中国，佛山市政府安装了RFID系统，用于自动收取路桥费以提高车辆通过率，缓解公路瓶颈。上海市也安装了基于RFID技术的养路费自动收费系统。广州市也将RFID系统应用于开放的高速公路上，对正在高速行驶的车辆进行自动收费。

值得一提的是，20世纪90年代中期，中国铁道部建设的铁路车号自动识别系统（ATIS），确定RFID技术为解决"货车自动抄车号"的最佳方案。在所有区段站、编组站、大型货运站和分界站，安置地面识别设备（AEI），对运行的列车及车辆信息进行准确的识别。并在此基础上建立的铁路列车车次、机车和货车号码、标识、属性和位置等信息的计算机自动报告采集系统，实现了铁路车辆管理系统统计的实时化、自动化，成为RFID技术最典型的应用之一。尤其在高速铁路列车开始运行以来，利用RFID技术来进行自动、快速、高效的管理尤为必要，它能降低温州动车事故再次发生的概率。

2001年至今，RFID技术的理论得到丰富和完善，RFID产品的种类更加丰富，有源电子标签、无源电子标签及半无源电子标签均得到发展，单芯片电子标签、多电子标签识读、无线可读可写、无源电子标签的远距离识别、适应高速移动物体的射频识别技术与产品正在成为现实并走向应用。

进入 21 世纪以来，RFID 标签和识读设备成本不断降低，使其在全球的应用也更加广泛，应用行业的规模也随之扩大，甚至有人称之为条码的终结者。几家大型零售商和一些政府机构强行要求其供应商在物流配送中心运送产品时，产品的包装盒和货盘上必须贴有 RFID 标签。除上述提到的应用外，诸如医疗、电子票务、门禁管理等方面，也都用到了 RFID 技术。

同时，RFID 技术的标准化纷争，促使出现了多个全球性技术标准和技术联盟，其中主要有 EPC global、AIM global、ISO/IEC、UID、IP-X 等。这些组织主要在标签技术、频率、数据标准、传输和接口协议、网络运营和管理、行业应用等方面，试图达成全球统一的平台。目前，我国 RFID 技术标准主要参考 EPC global 的标准。

1999 年，美国麻省理工学院 Auto-ID 中心正式提出产品电子代码（Electronic Product Code，EPC）的概念。EPC 的概念、RFID 技术与互联网技术相结合，将构筑出无所不在的"物联网"，尤其是在奥巴马总统提出"智慧地球"之后，这个概念引起了全球的广泛关注。

【知识链接 3-1】　　　　　　产品电子代码（EPC）

产品电子代码是由标头、厂商识别代码、对象分类代码、序列号等数据字段组成的一组数字。

产品电子代码是下一代的产品标识代码，它可以对供应链中的对象（包括物品、货箱、货盘、位置等）进行全球惟一的标识。EPC 存储在 RFID 标签上，这个标签包含一块硅芯片和一根天线。读取 EPC 标签时，它可以与一些动态数据连接，例如该贸易项目的原产地或生产日期等。这与全球贸易项目代码（GTIN）和车辆鉴定码（VIN）十分相似，EPC 就像是一把钥匙，可以用它来解开 EPC 网络上相关产品信息的这把锁。

与目前商务活动中使用的许多编码方案类似，EPC 包含用来标识制造厂商的代码以及用来标识产品类型的代码。但 EPC 使用额外的一组数字——序列号来识别单个贸易项目。EPC 所标识产品的信息保存在 EPC global 网络中，而 EPC 则是获取这些有关信息的一把钥匙。

EPC-96 码包括：

（1）标头：8 位，识别 EPC 的长度、类型、结构、版本号。

（2）厂商识别代码：28 位，识别公司或企业实体。

（3）对象分类代码：24 位，类似于库存单位（SKU）。

（4）序列号：36 位，加标签的对象类的特例。

具体结构如表 3-1 所示。当前，出于成本等因素的考虑，参与 EPC 测试所使用的编码标准采用的是 64 位数据结构，未来将采用 96 位的编码结构。

表 3-1　EPC-96 码的编码结构

| | 标头 | 厂商识别代码 | 对象分类代码 | 序列号 |
| --- | --- | --- | --- | --- |
| EPC-96 码 | 8 | 28 | 24 | 36 |

EPC 具有以下特性：
（1）科学性：结构明确，易于使用、维护。
（2）兼容性：EPC 码的编码标准与目前广泛应用的 EAN、UCC 编码标准是兼容的，GTIN 是 EPC 编码结构中的重要组成部分，目前广泛使用的 GTIN、SSCC、GLN 等都可以顺利转换到 EPC 中去。
（3）全面性：可在生产、流通、存储、结算、跟踪、召回等供应链的各环节中全面应用。
（4）合理性：由 EPC global、各国 EPC 管理机构（中国的管理机构称为 EPC global China）、被标识物品的管理者分段进行管理，共同维护、统一应用，具有合理性。
（5）国际性：不以具体国家、企业为核心，编码标准全球协商一致，具有国际性。
（6）无歧视性：编码采用全数字形式，不受地方色彩、语言、经济水平、政治观点的限制，是无歧视性的编码。

摘编自：http://baike.baidu.com/view/3478929.htm

2009 年 8 月，温家宝总理到无锡物联网产业研究院考察物联网建设工作时提出"感知中国"的概念，RFID 技术必将和传感器网一起构成物联网的前端数据采集平台，是物联网技术的主要组成部分。很多业内人士把 2010 年定义为"物联网元年"。

物联网发展的空间无比巨大，预计将是互联网产业之后最有市场潜力的产业，同时为 RFID 技术打开了一个新的巨大的市场。我们有理由相信，随着 RFID 产品成本的不断降低和标准的统一，RFID 技术将在无线传感网络、实时定位、安全防伪、个人健康、产品溯源管理等领域有更为广阔的应用前景。

## 【知识链接 3-2】　　　　射频识别技术的基础——电磁能

RFID 技术实现的基础是利用电磁能。电磁能量是自然界中存在的一种能量形式。

追溯历史，公元前中国先民即发现并开始利用天然磁石，并用磁石制成指南车。到了近代，越来越多的人对电、磁、光进行深入的观察及数学基础研究，其中的代表人物是美国人本杰明·富兰克林。

1846 年，英国科学家米歇尔·法拉第发现了光波与电波均属于电磁能量。

1864 年，苏格兰科学家詹姆士·克拉克·麦克斯韦发表了他的电磁场理论。

1887 年，德国科学家亨瑞士·鲁道夫·赫兹，证实了麦克斯韦的电磁场理论，并演示了电磁波以光速传播并可以被反射，具有类似光的极化特性。赫兹的实验不久后被俄国科学家亚力山大·波普重复。

1896 年，马克尼成功地实现了横越大西洋的越洋电报，由此开创了利用电磁能量为人类服务的先河。

1922 年，诞生了雷达（Radar）。雷达作为一种识别敌方空间飞行物（飞机）的有效兵器，在第二次世界大战中发挥了重要的作用，同时雷达技术也随之得到极大的发展。至今，雷达技术还在不断发展，人们正在研制各种用途的高性能雷达。

## 二、RFID 技术在国内外的发展状况

目前，RFID 技术的应用已趋成熟。在北美、欧洲、大洋洲、亚太地区及非洲南部，都得到了相当广泛的应用。典型的应用领域如下所述。

（1）车辆道路交通自动收费管理（见图 3-2（a）），如北美部分收费高速公路的自动收费管理、中国部分高速公路的自动收费管理、东南亚国家部分收费公路的自动收费管理。

（2）动物识别（养牛、养羊、赛鸽等，见图 3-2（b）），如大型养殖厂、家庭牧场、赛鸽比赛。

（3）生产线产品加工过程的自动控制（见图 3-2（c）），主要应用在大型工厂的自动化流水作业线上。

（4）地铁票（见图 3-2（d））、校园卡、饭卡、高校手机一卡通、乘车卡、会员卡、城市一卡通、驾照卡、健康卡（医疗卡）等，在国内外均有很大范围的应用。

（5）集装箱、物流、仓储的自动管理（见图 3-2（e）），如大型物流、仓储企业。

（6）储气容器的自动识别管理（见图 3-2（f）），如危险品的管理。

（7）铁路车号的自动识别管理，如北美铁路、中国铁路、瑞士铁路等。

（8）旅客航空行包的自动识别、分拣、转运管理，如北美部分机场。

（9）车辆出入控制，如停车场、垃圾场、水泥场的车辆出入、称重管理等。

（10）汽车遥控门锁、门禁控制、电子门票等。

（11）文档追踪、图书管理，如图书馆、档案馆。

（12）邮件/快运包裹自动管理，如北美邮局、中国邮政。

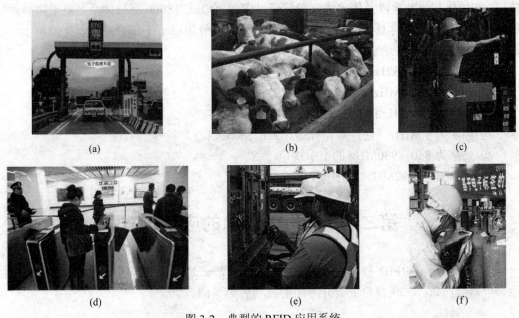

图 3-2 典型的 RFID 应用系统

目前，国内 RFID 成功的行业应用有中国铁路的车号自动识别系统，其辐射作用已涉及铁路红外轴温探测系统的热轴定位、轨道平衡、超偏载检测系统等。正在计划推广的应

用项目还有电子身份证、电子车牌、铁路行包自动追踪管理等。在近距离的 RFID 应用方面，许多城市已经实现了公交射频卡作为预付费电子车票的应用，预付费电子饭卡等。

在 RFID 技术研究及产品开发方面，国内已具有了自主开发低频、高频与微波 RFID 电子标签与读写器的技术能力及系统集成能力。与国外 RFID 先进技术之间的差距主要体现在 RFID 芯片技术方面。尽管如此，在标签芯片设计及开发方面，国内也已有多个成功的低频 RFID 系统标签芯片面市。

### 三、相关技术标准

在 RFID 技术发展的前十年中，有关 RFID 技术的国际标准的研讨空前热烈，国际标准化组织 ISO/IEC 联合技术委员会 JTC1[1]下的 SC31 下级委员会成立了 RFID 标准化研究工作组 WG4。尤其是在 1999 年 10 月 1 日正式成立的，由美国麻省理工学院（MIT）发起的 Auto-ID Center，它是一个非营利性组织，在规范 RFID 应用方面所发挥的作用将越来越明显。Auto-ID Center 在对 RFID 理论、技术及应用研究的基础上，所作出的主要贡献如下所述。

（1）提出产品电子代码（Electronic Product Code，EPC）概念及其格式规划，为简化电子标签芯片的功能设计、降低电子标签的成本、扩大 RFID 的应用领域奠定了基础。

（2）提出了实物互联网的概念及构架，为 EPC 进入互联网搭建了桥梁。

（3）建立了开放性的国际自动识别技术应用公用技术研究平台，为推动低成本的 RFID 标签和读写器的标准化研究开创了条件。

目前，可供射频卡使用的几种标准有 ISO 10536、ISO 14443、ISO 15693 和 ISO/IEC 18000。其中应用最多的是 ISO 14443 和 ISO 15693，这两个标准都是由物理特性、射频功率和信号接口、初始化和防冲撞以及传输协议四部分组成。ISO/IEC 18000 标准体系是基于物品管理的射频识别的通用国际标准，按工作频率的不同，可分为以下 7 部分：

① 全球公认的普通空中接口参数；
② 频率低于 135kHz 的空中接口；
③ 频率为 13.56MHz 的空中接口；
④ 频率为 2.45GHz 的空中接口；
⑤ 频率为 5.8GHz（注：规格化终止）的空口接口；
⑥ 频率为 860~930MHz 的空中接口；
⑦ 频率为 433.92MHz 的空中接口。

## 第二节　RFID 技术的应用现状

下面分别介绍 RFID 技术在零售、有害材料管理、物品追踪、医疗机构、铁路交通运输、世博会门票、二代身份证等几方面的成功应用案例。[2]

---

1　1987 年原 ISO/TC 97、IEC/TC 83 和 IEC/ SC 47B 合并，共同组成 ISO/IEC JTC1（简称为 JTC1）。JTC1 的成员是各个国家的具有代表资格的标准化团体。

2　案例摘编自：http://wenku.baidu.com/view/976c3217866fb84ae45c8d1f.html

## 一、国外应用现状

### 案例一：沃尔玛的"新式武器"

2003年6月19日，在美国芝加哥召开的"零售业系统展览会"上，沃尔玛宣布将采用RFID技术，以最终取代目前广泛使用的条形码，成为第一个公布正式采用该技术时间表的企业，如果供应商们在2008年还达不到这一要求，就可能失去为沃尔玛供货的资格。而沃尔玛的供应商大约有70%来自中国。

能坐上零售业的头把交椅，沃尔玛的成功宝典上写满了有关搭建高效物流体系的密笈，以保证在竞争中的成本优势。可以看出，所有技术无一例外地，都是围绕着改善供应链与物流管理这个核心竞争能力展开的。

作为沃尔玛历史上最年轻的CIO凯文·特纳，曾说服了公司创始人山姆·沃顿建立了全球最大的移动计算网络，并推动沃尔玛引进电子标签技术（见图3-3）。

图3-3　沃尔玛使用的纸质电子标签

如果RFID计划实施成功，沃尔玛闻名于世的供应链管理将又朝前领先一大步。一方面，可以即时获得准确的信息流，完善物流过程中的监控，减少物流过程中不必要的环节及损失，降低在供应链各个环节上的安全存货量和运营资本；另一方面，通过对最终销售实现的监控，可以及时报告消费者的消费偏好，帮助沃尔玛调整优化商品结构，进而获得更高的顾客满意度和忠诚度。

【知识链接3-3】　　　　是什么让零售商如此推崇RFID？

据Sanford C. Bernstein公司的零售业分析师估计，通过采用RFID，沃尔玛每年可以节省约83.5亿美元，其中大部分是因为不需要人工查看进货的条码而节省的劳动力成本。尽管另外一些分析师认为80亿美元这个数字过于乐观，但毫无疑问，RFID有助于解决零售业两个最大的难题：商品断货和损耗（因盗窃和供应链被搅乱而损失的产品）。现在单是盗窃一项，沃尔玛一年的损失就差不多有20亿美元，如果一家合法企业的营业额能达到这个数字，就可以在美国1000家最大企业排行榜中名列第694位。研究机构估计，这种RFID技术能够帮助把失窃和存货水平降低25%。

### 案例二：NASA下属机构用RFID系统管理有害材料

NASA[1]下属机构正在执行Chem Secure项目，此项目是在美国国防部基于Web的有害材料管理系统（HMMS）数据库上，集成了无线射频识别和传感器技术，自动、实时的管理有害材料，如有害材料的使用、运送、跟踪和储存。

NASA的Dryden飞行研究中心在与美国国防部和Oracle、Intermec科技、EnvironMax、

---

1　美国国家航空航天局（National Aeronautics and Space Administration，NASA），台湾译作"美国国家航空暨太空总署"，香港译作"美国太空总署"。

Patlite（美国）等领先公司的紧密合作下，开发了 Chem Secure 项目，这是同类项目中的第一个。

Chem Secure 项目是在有害材料容器上放置 RFID 标签（见图 3-4），采用 Oracle 传感器服务（Oracle Sensor-Based Services）软件捕获、管理和分析任何材料的移动或化学变化，并对移动或变化做出响应。NASA Dryden 根据 HMMS 数据库中的实时信息，就可以对有害材料的运输和储存做出有根据的决策。如有需要，系统会自动以文本信息、话音和电子邮件形式，向负责保安、安全、保健和环境的专业人员发出警报，警告他们发生了化学变化。

图 3-4 有害材料的管理

图 3-5 寻找遗失的物品

### 案例三：寻找遗失的物品

美国华盛顿大学的研究人员 Gaetano Borriello 和他的同事们日前为 RFID 技术找到了一个新的用武之地——寻找遗失的物品（见图 3-5）。

科研人员和工程师们已研制出了一种手表式的原型机，它能够提醒主人在出门时不要遗忘了重要的文件、钥匙、雨伞或是其他一些需要随身携带的物品。在工作时，这种手表还会监视各种物品（如文件袋和试验材料）的摆放是否正确以及它们在房屋中所处的位置。总而言之，这种曾经的间谍专用设备现在已可以用来提醒那些健忘的人，帮助他们规整自己物品的摆放，指明所需物品当前所处的位置等。研究人员介绍说，将 RFID 技术和其他一些产品有机地结合在一起，不但可以用来寻找遗失的物品，还可以追踪它们在一天当中的运动轨迹。

### 案例四：美国将 RFID 技术应用于医院，以防手术失误

美国政府同意将无线射频电子标签像绷带一样贴到病人手术处，以确保医生对适当的病人进行适当的手术。据记录，美国每年因手术失误而死亡数千病人。由 Surgi Chip 公司生产的这种标签，目的就是为了防止出现失误手术。

病人的名字和手术位置被打印在 Surgi Chip 的标签上，通过一种粘合剂将标签贴到病人实施手术的附近处，其内置的芯片还编码记录了手术的类型、日期和名称。在实施手术前，先对标签进行扫描，然后对病人进行询问来证实标签上的信息是否真实。到了手术日，在对病人实施麻醉前，医院手术室的工作人员再次对标签进行扫描，并与病人名册上的信息进行比较，再次对病人进行验证。实施手术前，该标签才被取下。据 Surgi Chip 估计，包括标签、扫描仪、打印机和每个医院都需下载的版权软件在内的这一套设备，大约花费

几千美金。

## 二、国内应用现状

### 案例一：铁道部的调度利器

我国铁路的车辆调度系统是应用 RFID 技术最成功的案例之一。铁道部在中国铁路车号自动识别系统的建设中，推出了拥有完全自主知识产权的远距离自动识别系统（见图3-6）。

图 3-6 我国铁路的车辆调度系统

20 世纪 90 年代中期，国内有多家研究机构参与了该项技术的讨论，在多种实现方案中，最终确定了 RFID 技术为解决"货车自动抄车号"的最佳方案。

过去，国内铁路车头的调度都是靠手工统计、手工进行，费人、费时，还不够准确，造成资源极大的浪费。铁道部在采用 RFID 技术以后，实现了统计的实时化、自动化，降低了管理成本，提高了资源利用率。该系统可以为铁路运输带来的直接效益主要体现在以下三个方面。

首先，是准确的货车占用费清算，避免了货车占用费的流失。过去，车号的抄录和汇总全靠口念、笔记、手抄的人工方式进行，错漏多、效率低、劳动强度大，而且由于漏抄车号，造成了铁道部货车占用费的大量流失。RFID 系统为列车的实时追踪提供了实时、准确的基础数据信息，有利于铁路的现场管理和车辆调度，提高了铁路运输的效率。仅这一项，每年为铁道部增收近 3 亿元。

其次，可配合"5T"系统，根据车次、车号、车辆的吨位，对运行车辆进行故障的准确预报和跟踪。举例来说，单 THDS（红外线轴温探测系统）一项，原来没有车次、车号信息，每年误扣、甩车的数量高达 1 万辆（即 1 万列）以上，由此而打乱行车秩序造成的经济损失更是无法估量。

此外，路用货车数量庞大，车辆分散于全国各地，铁道部每年都需抽调大量人力、物力进行清查、盘点，耗时费力。

【个案介绍 3-1】　　　　　　　　铁路车号自动识别系统（ATIS）

ATIS 是我国最早应用 RFID 技术的系统，也是应用 RFID 技术范围最广的系统。深圳远望谷为铁道部开发的 ATIS，可实时、准确无误地采集机车、车辆运行状态的数据，如机车车次、车号、状态、位置、去向和到发时间等信息,实时追踪机车车辆。目前,该系统已遍及全国18个铁路局、7万多公里铁路线。包括拥有自备铁路线和自备车辆的大企业,也广泛地采用车号自动识别系统,进行车辆运输和调度管理。

### 案例二:2010年上海世博会门票采用RFID技术

2005年,爱知世博会的门票系统就采用了RFID技术,做到了大批参观者的快速入场。2006年世界杯主办方也采用了嵌入RFID芯片的门票,起到了防伪的作用。这引起了大型会展主办方的关注。在2008年的北京奥运会上,RFID技术已得到了广泛应用。

近年来,在上海举行的会展数量以每年20%的速度递增。上海市政府一直在积极探索如何应用新技术来提升组会能力,以更好地展示上海的城市形象。而RFID技术在大型会展中的应用,并由此带来的良好效应,已得到验证。2010年世博会在上海举办,对主办者、参展者、参观者、志愿者等各类人群有大量的信息服务需求,包括人流疏导、交通管理、信息查询等,RFID系统正是满足这些需求的有效手段之一。世博会的主办者关心门票的防伪。参展者比较关心究竟有哪些参观者参观过自己的展台,关心内容和产品是什么,以及参观者的个人信息。参观者想迅速获得自己想要的信息,找到所关心的展示内容。而志愿者需要了解全局,去帮助需要帮助的人。这些需求通过RFID技术,都能够轻而易举地实现。参观者凭借嵌入RFID标签的门票入场(见图3-7),并随身携带。每个展台附近都部署有RFID读取器,这样对参展者来说,参观者在展会中走过哪些地方,在哪里驻足时间较长,参观者的基本信息是什么等,就了然于胸了。同时当参观者走近时,可以更精确地提供服务。而主办者可以在会展上部署带有RFID读取器的多媒体查询终端,参观者可以通过终端知道自己当前的位置及所在展区的信息,还能通过查询终端追踪到走失的同伴信息。

图3-7 上海世博会门票

### 案例三:第二代居民身份证

居民身份证作为国家法定证件和公民身份号码的法定载体,已在社会管理和社会生活中得到广泛的应用。

我国从1985年实行居民身份证制度以来,已累计制、发居民身份证13亿个,实有执证人口近9亿人。面对这么多的人口,如何合理有效地管理好身份证,并充分发挥其作用,一直是政府长期以来面临的问题。特别是改革开放后,我国经济得到迅速发展,各城市、农村人口流动频繁,而传统的身份证由于缺乏机器识读功能,并且防伪性能相对较差,从而在许多关键部门无法对身份证进行有效验证和登记,使得公安机关不能全面掌握这些重要信息,给管理工作带来了很大困难。

尤其是近几年来,全国各地利用假身份证进行犯罪的事件屡有发生,使得国家一些重要部门遭受严重的损失,而公安机关却由于缺乏详实的资料,影响了打击力度。因此,改进现有的居民身份证,是提高公安部门执法力度的有效方法之一。我国的第二代居民身份证,正是在此背景下应运而生。

第二代居民身份证（见图3-8）采用RFID技术制作，即在身份证卡内嵌入RFID芯片，内嵌芯片保存了证件本人（包括人像相片在内）的9项信息，芯片采用符合ISO/IEC 14443-B标准的13.56 MHz的电子标签。使用证件的单位利用二代身份证可以机读信息的特性，将第二代居民身份证内存储的信息读入相关单位、企业的信息应用系统，既快捷、便利，又准确。

第二代居民身份证内嵌芯片的破解成本极高，这使得证件造假变成不可能，只要通过读卡机自动识别芯片的信息，便可知道真假。目前，有关用证单位和工作人员对核查持证人的证件真伪不再困难，在读卡机自动识别的基础上加以比对，便轻松、便捷地确认持证人的身份。在现实生活中，人们在投宿旅店、办理医疗保险、搭乘民航班机、出入境登记、办理金融业务以及参加各类考试等活动时，均统一使用第二代居民身份证。

图3-8 我国第二代居民身份证样本正面和背面例样[1]

## 第三节 RFID技术基础

### 一、RFID系统的构成

RFID系统包括：射频（识别）标签、射频识别读写设备（读写器）、应用软件。一个典型的RFID应用系统的结构如图3-9所示。

图3-9 RFID应用系统的结构图

射频识别标签（TAG）：又称为射频标签、电子标签，主要由存有识别代码的大规模集成线路芯片和收发天线构成。每个标签具有惟一的电子编码，附着在物体上标识目标对象。

读写器（Reader）：射频识别读写设备，是连接信息服务系统与标签的纽带，主要起到目标识别和信息读取（有时还可以写入）的功能。标签是被识别的目标，是信息的载体。

应用软件：针对各个不同应用领域的管理软件。

### 二、RFID系统的基本工作原理

RFID技术的基本工作原理是由读写器发射特定频率的无线电波能量，当射频标签进入

---

[1] 本图片来自互动百科：第二代居民身份证 http://www.hudong.com

感应磁场后,接收读写器发出的射频信号凭借感应电流所获得的能量,发送出存储在芯片中的产品信息(Passive Tag,无源标签或被动标签),或者由标签主动发送某一频率的信号(Active Tag,有源标签或主动标签),读写器读取信息并解码后,送至中央信息系统进行有关数据处理。工作原理如图3-10所示。

图3-10 RFID系统的基本工作原理

以RFID读写器及射频标签之间的通信及能量感应方式来看,大致上可以分成:感应耦合(Inductive Coupling)及后向散射耦合(Back Scatter Coupling)两种。一般低频的RFID大都采用第一种方式,而较高频的RFID大多采用第二种方式。

读写器根据使用的结构和技术不同,可以是只读或读/写装置,它是RFID系统的信息控制和处理中心。读写器通常由耦合模块、收发模块、控制模块和接口单元组成。读写器和射频标签之间一般采用半双工通信方式进行信息交换,同时,读写器通过耦合,给无源射频标签提供能量和时序。

在实际应用中,可以进一步通过以太网(Ethernet)或无线局域网(WLAN)等实现对物体识别信息的采集、处理及远程传送等管理功能。射频标签是RFID系统的信息载体,目前,射频标签大多是由耦合原件(线圈、微带天线等)和微芯片组成无源单元。

射频标签与读写器之间,通过两者的天线架起空间电磁波传输的通道,该通道包含两种情况:近距离的电感耦合与远距离的电磁耦合,亦即在低频段基于变压器耦合模型(初级与次级之间的能量传递及信号传递),在高频段基于雷达探测目标的空间耦合模型(雷达发射电磁波信号碰到目标后会携带目标信息返回雷达接收机)。

在电感耦合方式中,读写器一方的天线相当于变压器的初级线圈,射频标签一方的天线相当于变压器的次级线圈,因此,也称电感耦合方式为变压器方式。电感耦合方式的耦合中介是空间磁场,耦合磁场在读写器初级线圈与射频标签次级线圈之间构成闭合回路。电感耦合方式是低频、近距离、非接触式射频识别系统的一般耦合方式。

在电磁耦合方式中,读写器的天线将读写器产生的读写射频能量以电磁波的方式发送到定向的空间范围内,形成读写器的有效阅读区域,位于读写器有效阅读区域内的射频标签从读写器天线发出的电磁场中提取工作电源,并通过射频标签内部的电路及天线,将标签内存储的数据信息传送到读写器。

> **【概念辨析 3-1】　　　　　电感耦合与电磁耦合的差别**
>
> 　　在电感耦合方式中，读写器将射频能量束缚在读写器电感线圈的周围，通过交变闭合的线圈磁场，沟通读写器线圈与射频标签线圈之间的射频通道，没有向空间辐射电磁能量，因此，识读距离较近。在电磁耦合方式中，读写器将射频能量以电磁波的形式发送出去，从而实现远距离的识读。

对 RFID 系统，需要清楚认识到以下三点：
① 数据交换是目的；
② 时序是数据交换实现的方式；
③ 能量是时序得以实现的基础。

### 1. 能量

读写器向射频标签供给射频能量。对于无源射频标签来说，其工作所需的能量由该射频能量中取得（一般由整流方法将射频能量转变为直流电源存储在标签中的电容器里）；对于（半）有源射频标签来说，该射频能量的到来起到了唤醒标签转入工作状态的作用；完全有源射频标签一般不利用读写器发出的射频能量，因此读写器可以用较小的能量发射取得较远的通信距离，移动通信中的基站与移动台之间的通信方式可归入该类。

### 2. 时序

对于双向系统（读写器向射频标签发送命令与数据、射频标签向读写器返回所存储的数据）来说，读写器一般处于主动状态，即读写器发出询问后，射频标签予以应答，这种方式为读写器先讲方式。

另一种情况是射频标签先讲方式，即射频标签满足工作条件后，首先自报家门，读写器根据射频标签的自报家门，进行记录或进一步发出一些询问信息，与射频标签构成一个完整对话，从而达成读写器对射频标签进行识别的目的。

RFID 系统的应用中，根据读写器读写区域中允许出现单个射频标签或多个射频标签的不同，将 RFID 系统称为单标签识别系统与多标签识别系统。

在读写器的阅读范围内有多个标签时，对于具有多标签识读功能的 RFID 系统来说，一般情况下，读写器处于主动状态，即读写器先讲方式。读写器通过发出一系列的隔离指令，使得读出范围内的多个射频标签逐一或逐批地被隔离（令其睡眠）出去，最后保留一个处于活动状态的标签与读写器建立起无冲撞的通信。通信结束后，将当前活动标签置为第三态（可称其为休眠状态，只有通过重新上电，或特殊命令，才能解除休眠），进一步由读写器对被隔离（睡眠）的标签发出唤醒命令，唤醒一批（或全部）被隔离的标签，使其进入活动状态，再进一步隔离，选出一个标签通信。如此重复，读写器可读出阅读区域内的多个射频标签信息，也可以实现对多个标签分别写入指定的数据。

现实中也有采用标签先讲的方式来实现多标签读取的应用。多标签读写问题是 RFID

技术及应用中面临的一个较为复杂的问题，目前，已有多种实用方法来解决这一问题。解决方案的评价依据，一般考虑以下三个因素：

① 多标签读取时待读标签的数目；
② 单位时间内识别标签数目的概率分布；
③ 标签数目与单位时间内识读标签数目概率分布的联合评估。

理论分析表明，现有的方法都有一定的适用范围，需要根据具体的应用情况，结合上述三点因素对多标签读取方案给出合理评价，选出适合具体应用的方案。多标签读取方案涉及射频标签与读写器之间的协议配合，一旦选定，不易更改。

对于无多标签识读功能的 RFID 系统来说，当读写器的读写区域内同时出现多个标签时，由于多标签同时响应读写器发出的询问指令，会造成读写器接收信息相互冲突而无从读取标签信息，典型情况是一个标签信息也读不出来。

### 3．数据传输

RFID 系统中的数据交换包含以下两个方面的含义。

（1）从读写器向射频标签方向的数据交换

读写器向射频标签方向的数据交换主要有两种方式，即接触写入方式（也称有线写入方式）和非接触写入方式（也称无线写入方式）。具体采用何种方式，需结合应用系统的需求、代价、技术实现的难易程度等因素来确定。

在接触写入方式下，读写器的作用是向射频标签（中的存储单元）写入数据信息。此时，读写器更多地被称为编程器。根据射频标签存储单元及编程写入控制电路的设计情况，写入可以是一次性写入不能修改，也可以是允许多次改写的情况。

在绝大多数通用 RFID 系统应用中，每个射频标签要求具有惟一的标识，这个惟一的标识被称为射频标签的 ID 号。ID 号的固化过程可以在射频标签芯片生产过程中完成，也可以在射频标签应用指定后的初始化过程中完成。通常情况下在标签出厂时，ID 号已被固化在射频标签内，用户无法修改。对于声表面波（SAW）射频标签以及其他无芯片射频标签来说，一般均在标签制造过程中将标签 ID 号固化到标签记忆体中。

非接触写入方式是 RFID 系统中读写器向射频标签方向数据交换的另外一种情况。根据 RFID 系统实现技术方面的一些原因，一般情况下应尽可能地不要采用非接触写入方式，尤其是在 RFID 系统的工作过程中。这种建议的主要原因有以下几点。

① 非接触写入功能的 RFID 系统属于相对复杂的系统。能够采用简单系统解决应用问题即采用简单系统是一般的工程设计原理。其背后隐含着简单系统较复杂系统成本更低、可靠性更高、培训、维护成本更低等优势。

② 采用集成电路芯片的射频标签写入信息要求的能量比读出信息要求的能量要大得多，这个数据可以以 10 倍的量级进行估算，这就会造成射频标签非接触写入过程花费的时间要比从中读取等量数据信息花费的时间要长许多。写入后，一般均应对写入结果进行检验，检验的过程是一个读取过程，从而造成写入过程所需时间进一步增加。

③ 写入过程花费时间的增加非常不利于 RFID 技术在鉴别高速移动物体方面的应用。这很容易理解，读写器与射频标签之间经空间传输通道交换数据的过程中，数据是一位一位排队串行进行的，其排队行进的速度是 RFID 系统设计时就决定的。将射频标签

看作数据信息的载体，数据信息总是以一定长度的数据位组成，因此，读取或写入这些数据信息位要花费一定的时间。移动物体运动的速度越高，通过阅读区域所花费的时间就越少。当有非接触写入要求时，必然将限制物体的运动速度，以保证有足够的时间用于写入信息。

④ 非接触写入过程中面临着射频标签信息的安全隐患。由于写入通道处于空间暴露状态，这给蓄意攻击者提供了改写标签内容的机会。

另一方面，如果将注意力放在读写器向射频标签是否发送命令方面，也可以分为两种情况，即射频标签只接受能量激励和既接受能量激励也接受读写器代码命令。

射频标签只接受能量激励的系统属于较简单的射频识别系统，这种射频识别系统一般不具备多标签识别能力。射频标签在其工作频带内的射频能量激励下，被唤醒或上电，同时将标签内存储的信息反射出来。目前在用的铁路车号识别系统即采用这种方式工作。

同时接受能量激励和读写器代码命令的系统属于复杂 RFID 系统。射频标签接受读写器的指令无外乎是为了做两件事，即无线写入和多标签读取。

（2）从射频标签向读写器方向的数据交换

射频标签的工作使命是实现由标签向读写器方向的数据交换，其工作方式包括：

① 射频标签收到读写器发送的射频能量时即被唤醒，并向读写器反射标签内存储的数据信息；

② 射频标签受到读写器发送的射频能量被激励后，根据接收到的读写器的指令情况，转入"发送数据"状态或"睡眠/休眠"状态。

从工作原理上来说，第一种工作方式属单向通信，第二种工作方式为半双工双向通信。

## 三、射频标签的基本工作原理

射频标签又称为电子标签、应答器、数据载体等。电子标签与读写器之间通过耦合元件实现射频信号的空间（非接触）耦合，在耦合通道内，根据时序关系，实现能量的传递和数据的交换。与其他数据载体相比，射频标签具有以下特性。

（1）数据存储：容量更大，数据可随时更新，可读写。
（2）读写速度：读写速度更快，可多目标识别、运动识别。
（3）使用方便：体积小，容易封装，可以嵌入产品内。
（4）安全：专用芯片、序列号惟一、很难复制。
（5）耐用：无机械故障、寿命长、抗恶劣环境。

【概念辨析 3-2】　　　　　　射频标签与条形码比较

（1）射频标签可以识别单个的非常具体的物体，条形码一般是识别一类物体。
（2）射频标签可以透过外部包装材料读取数据，条形码必须在无遮挡情况下正面对准扫描来读取信息。
（3）利用射频标签可以同时对多个物体进行识读，而条形码只能一个一个地识读。
（4）射频标签储存的信息量比条形码储存的信息量要大得多。

## 1. 射频标签的常见形态[1]

射频标签常见的标签形式有以下几种。标准尺寸的卡式标签（见图 3-11（a）），钥匙扣标签（见图 3-11（b）），玻璃管标签（见图 3-11（c）），禽类脚环标签（见图 3-11（d）），纸质电子标签（见图 3-11（e）），酒类防伪标签（见图 3-11（f）），手表腕带式标签（见图 3-11（g））。

图 3-11　常见的射频标签形式

## 2. 射频标签的内部结构

射频标签的样式虽然多种多样，但其内部结构基本一致。射频标签的内部结构，如图 3-12 所示。

电子标签控制部分主要由编解码电路、微处理器（CPU）和 $E^2PROM$ 存储器等组成，其结构如图 3-13 所示。

编解码电路工作在前向链路时，将电子标签接收电路传来的数字基带信号进行解码后，传给微处理器；工作在反向链路时，将微处理器传来的处理好的数字基带信号进行编码后，送到电子标签发送电路端。

---

1　以下引用的图片，来自谷歌图片搜索和 RFID 世界网，网址：www.rfidworld.com.cn

图 3-12 射频标签内部结构图
(a) 蚀刻式天线标签的内部结构；(b) 绕线式天线标签的内部结构

图 3-13 电子标签控制部分的结构

微处理器用于控制相关协议、指令及处理功能。

$E^2PROM$ 存储器用于存储电子标签的相关信息和数据，存储时间可以长达几十年，并且在没有供电的情况下，其中存储的数据信息也不会丢失。

【知识链接 3-4】　　　　　电子标签的封装工艺

从应用案例看，电子标签的封装形式已经是多姿多彩，它不但不受标准形状和尺寸的限制，其构成也是多种多样，甚至可以根据各种不同的需求进行特殊的设计。电子标签所标识的对象可以是人、动物和物品，其构成当然就会千差万别。

目前已得到应用的传输邦（Transponder）的尺寸从 $\phi$6mm 到 76mm×45mm，小的甚至使用灰尘级芯片制成，包括天线在内也只有 0.4mm×0.4mm 的大小；存储容量从 64~200bit 的只读 ID 号的小容量型，到可存储数万比特数据的大容量型（例如 $E^2PROM$32kb）；封装材质从不干胶，到开模具注塑成型的塑料等。

总之，在根据实际要求来设计电子标签时要发挥想象力和创造力，灵活地采用切合实际的方案。同时，实践证明，电子标签的构成是保证应用成功的重要因素之一。主要的电子标签形式如下所述。

(1) 卡片类（PVC、纸、其他）

① 层压

有熔压和封压两种。熔压是由中心层的 INLAY 片材和上下两片 PVC 材加温加压制作而成。PVC 材料与 INLAY 熔合后，经冲切成 ISO 7816 所规定的尺寸大小。当芯片采用传输邦时,芯片凸起在天线平面上(天线厚 0.01～0.03mm),可以采用另一种层压方式——封压。此时,基材通常为 PET 或纸,芯片厚度通常为 0.20～0.38mm,制卡封装时仅将 PVC 在天线周边封合,而不是熔合,芯片部位又不受挤压,可以避免芯片被压碎的情况出现。

② 胶合

采用纸或其他材料通过冷胶的方式使传输邦上下材料胶合成一体,再模切成各种尺寸的卡片或吊牌。

(2) 标签类

① 粘贴式

成品可制成人工或贴标机揭取的卷标形式,粘贴式电子标签是应用中最多的主流产品,即商标背面附着电子标签,直接贴在被标识物上。如果在标签发行时还须打印条码等操作,打印部位必须与背面的传输邦定位准确,如航空用行李标签、托盘用标签等。

② 吊牌类

对应于服装、物品等被标识物一般采用吊牌类产品,其特点是尺寸紧凑,可以打印,也可以回收。

(3) 异形类

① 金属表面设置型

大多数电子标签不同程度地会受到接触的(甚至附近的)金属的影响而不能正常工作。这类标签经过特殊处理,可以设置在金属上,并可以读写。所谓的特殊处理指的是需要增大安装空隙、设置屏蔽金属影响的材料等。产品封装可以采用注塑式或滴塑式。多应用于压力容器、锅炉、消防器材等各类金属件的表面。

② 腕带型

可以一次性(如医用)或重复使用(如游乐场、海滩浴场等)。

③ 动、植物使用型

封装形式可以是注射式玻璃管、悬挂式耳标、套扣式脚环、嵌入式识别钉等多种形式。

## 四、射频读写设备的基本工作原理

### 1. 射频读写设备的结构与工作原理

读写器从接口上来看主要有:并口读写器、串口读写器、USB 读写器、PCMICA 卡读写器和 IEEE 1394 读写器。

射频标签读写设备根据具体实现功能的特点,也有一些其他较为流行的别称,如阅读器(Reader)、查询器(Interrogator)、通信器(Communicator)、扫描器(Scanner)、读写器(Reader and Writer)、编程器(Programmer)、读出装置(Reading Device)、便携式读出器(Portable Readout Device)、AEI 设备(Automatic Equipment Identification Device)等,最常用的为读写器。

读写器本身从电路实现角度来讲,又可划分为两大部分,即:射频模块(射频通道)与基带模块。读写器的内部结构示意图如图 3-14 所示,典型的一体式高频读写器实物照片如图 3-15 所示。

图 3-14　读写器内部结构示意图　　　　图 3-15　典型的一体式高频读写器实物图片

射频模块实现的任务主要有以下两项。

(1) 将读写器欲发往射频标签的命令调制(装载)到射频信号(也称为读写器/射频标签的射频工作频率)上,经由发射天线发送出去。发送出去的射频信号(可能包含有传向标签的命令信息)经过空间传送(照射)到射频标签上,射频标签对照射其上的射频信号作出响应,形成返回读写器天线的反射回波信号。

(2) 将射频标签反回到读写器的回波信号进行必要的加工处理,并从中解调(卸载)提取出射频标签回送的数据。

基带模块实现的任务也包含以下两项。

(1) 对读写器智能单元(通常为计算机单元 CPU 或 MPU)发出的命令进行加工(编码),实现为便于调制(装载)到射频信号上的编码调制信号。

(2) 对经过射频模块解调处理的标签回送数据信号进行必要的处理(包含解码),并将处理后的结果送入到读写器智能单元。

一般情况下,读写器的智能单元也划归为基带模块部分。智能单元从原理上来说,是读写器的控制核心,从实现角度来说,通常采用嵌入式 MPU,并通过编制相应的 MPU 控制程序,对收发信号实现智能处理以及与后端应用程序之间的接口——API。

射频模块与基带模块的接口为调制(装载)/解调(卸载),在系统实现中,通常射频模块包括调制/解调部分,并且也包括解调之后对回波小信号的必要加工处理(如放大、整形)等。射频模块的收发分离是采用单天线系统时射频模块必须处理好的一个关键问题。

## 2. 射频读写设备的工作过程

射频读写设备的工作过程如图 3-16 所示,具体过程描述如下。

(1) 读写器通过发射天线发送一定频率的射频信号,当射频卡进入发射天线的工作区域时,产生感应电流,射频卡获得能量被激活。

(2) 射频卡将自身编码等信息通过卡内置的发送天线发送出去。

(3) 读写器的接收天线接收到从射频卡发送来的载波信号,经天线调节器传送到读写器,由读写器对接收到的信号进行解调和解码,然后送到后台主系统进行相关处理。

图 3-16 读写器工作过程

（4）处理器根据逻辑运算来判断该卡的合法性，针对不同的设定，做出相应的处理和控制，发出指令信号，控制执行机构的动作。

通常情况下，射频标签读写设备应根据射频标签的读写要求以及应用需求的情况来设计。随着射频识别技术的发展，射频标签读写设备也形成了一些典型的系统实现模式，本节的重点也在于介绍这种读写器的实现原理。从最基本的原理角度出发，射频标签读写设备一般均遵循如图 3-10 所示的基本模式。

读写器即对应于射频标签读写设备，读写设备与射频标签之间必然通过空间信道来实现读写器向射频标签发送命令，射频标签接收到读写器的命令后，做出必要的响应，由此实现射频识别。

此外，在 RFID 系统中，一般情况下，通过读写器实现的对射频标签数据的非接触收集，或由读写器向射频标签中写入的标签信息，均要回送应用系统中或来自应用系统，这就形成了射频标签读写设备与应用系统程序之间的接口——API（Application Program Interface）。一般情况下，要求读写器能够接收来自应用系统的命令，并且根据应用系统的命令或约定的协议，作出相应的响应（回送收集到的标签数据等）。

## 第四节 RFID 技术设备概述

RFID 技术设备主要包括射频标签和读写器，下面分别介绍各种射频标签与读写器的特性和应用。

### 一、射频标签

目前，射频标签的分类方法有很多种，通用的依据有 5 种，分别是：供电方式、载波频率、激活方式、作用距离、读写方式，其中最常用的方法是载波频率。

#### 1. 按供电方式分

按供电方式来分，射频标签可分为有源标签（有源卡）和无源标签（无源卡）两种。

（1）有源是指射频标签卡内有电池提供电源，其作用距离较远，但寿命有限、体积较大、成本较高，且不适合在恶劣环境下工作。如图 3-17 所示，为一种有源射频卡的图片。

（2）无源是指射频标签卡内无电池，它利用波束供电技术，将接收到的射频能量转化为直流电源，为卡内电路供电。其作用距离相对较短，但寿命长，且对工作环境要求不高。

图 3-17　一种有源射频卡的图片[1]

### 2. 按载波频率分

目前，常用的 RFID 产品按应用频率的不同，可分为：低频（LF）、高频（HF）、超高频（UHF）、微波（MW）四种，相对应的代表性频率分别为：低频 135kHz 以下，如 125kHz、133kHz；高频 13.56MHz、27.12MHz；超高频 850～960MHz；微波 2.4GHz、5.8GHz。

对一个 RFID 系统来说，它的频段概念是指读写器通过天线发送、接收并识读的标签信号的频率范围。从应用概念来讲，射频标签的工作频率也就是 RFID 系统的工作频率，直接决定系统应用的各方面特性。在 RFID 系统中，系统工作就像平时收听调频广播一样，射频标签和读写器也要调制到相同的频率才能工作。

射频标签的工作频率不仅决定着 RFID 系统的工作原理（电感耦合还是电磁耦合）、识别距离，还决定着射频标签及读写器实现的难易程度和设备成本。LF 和 HF 频段的 RFID 电子标签一般采用电感耦合原理；而 UHF 及 MW 频段的 RFID 电子标签一般采用电磁发射原理。

UHF 频段的远距离 RFID 系统在北美得到了很好的发展；欧洲的应用则以有源 2.45GHz RFID 系统得到了较多的应用；5.8GHz RFID 系统在日本和欧洲均有较为成熟的有源 RFID 系统。不同频段的 RFID 产品有不同的特性，被用在不同的领域，因此要正确地选择合适的频率。

1）低频（从 120～135kHz）

RFID 技术首先在低频频段得到广泛的应用和推广，该频段主要是通过电感耦合的方式进行工作，也就是在读写器线圈和应答器线圈间存在着变压器耦合作用，通过读写器交变场的作用，在应答器天线中感应的电压被整流，作为供电电压使用。低频段 RFID 系统的磁场区域能够很好地被定义，但是场强下降得太快。

低频标签的表现形式多种多样，除标准的卡式封装外，低频的标签还有其他的典型封装形式，以适用于不同的应用场合，如图 3-18 所示。

图 3-18　典型的低频卡实物图片

---

[1] 本图片来自 RFID 世界网，网址：www.rfidworld.com.cn

低频标签的主要特性与特点如下所述。

（1）工作在低频频段应答器的一般工作频率为 120~135kHz，TI 的工作频率为 134.2kHz，该频段的波长大约为 2500m。

（2）除了受金属材料影响外，一般低频能够穿过任意材料的物品而不降低它的读取距离。

（3）工作在低频的读写器在全球内均没有任何特殊的许可限制。

（4）低频产品有不同的封装形式。好的封装形式虽然比较贵，但是有 10 年以上的使用寿命。

（5）虽然该频率的磁场强度下降很快，但是能够产生相对均匀的读写区域。

（6）相对于其他频段的 RFID 产品，该频段数据传输速率比较慢。

（7）应答器的价格相对于其他频段来说要更贵。

【知识链接 3-5】　　　　　　　低频标签的国际标准

① ISO 11784 RFID 技术在畜牧业的应用——编码结构。
② ISO 11785 RFID 技术在畜牧业的应用——技术理论。
③ ISO 14223-1 RFID 技术在畜牧业的应用——空气接口。
④ ISO 14223-2 RFID 技术在畜牧业的应用——协议定义。
⑤ ISO 18000-2 定义低频的物理层、防冲撞和通信协议。
⑥ DIN 30745 主要是欧洲对垃圾管理应用定义的标准。

低频标签的主要应用范围包括：①畜牧业的管理系统；②汽车防盗和无钥匙开门系统；③马拉松赛跑系统；④自动停车场收费和车辆管理系统；⑤自动加油系统；⑥酒店门锁系统；⑦门禁和安全管理系统。

2）高频（工作频率为 13.56MHz）

在该频率的应答器不再需要线圈进行绕制，可以通过腐蚀或者印刷的方式制作天线。应答器一般通过负载调制的方式进行工作，也就是通过应答器上负载电阻的接通和断开促使读写器天线上的电压发生变化，实现用远距离应答器对天线电压进行振幅调制。如果人们通过数据控制负载电压的接通和断开，那么这些数据就能够从应答器传输到读写器。高频射频标签的内部结构如图 3-19 所示。

图 3-19　高频电子标签内部结构

高频标签的主要特性与特点如下所述。

（1）工作频率为 13.56MHz，该频率的波长大概为 22m。

（2）除金属材料外，该频率的波长可穿越大多数材料，但是往往会因此降低读取距离。应答器需要离开金属一段距离。

（3）该频段在全球都得到认可，并没有特殊的限制。

（4）应答器一般以电子标签的形式存在。

（5）虽然该频率的磁场强度下降很快，但是能够产生相对均匀的读写区域。

（6）该系统具有防冲撞特性，可以同时读取多个电子标签。

（7）可以把某些数据信息写入标签中。

（8）数据传输速率比低频要快，价格不是很贵。

【知识链接 3-6】　　　　　高频标签的国际标准

① ISO/IEC 14443 近耦合 IC 卡，最大读取距离为 10cm。

② ISO/IEC 15693 疏耦合 IC 卡，最大读取距离为 1m。

③ ISO/IEC 18000-3 标准定义了 13.56MHz 系统的物理层，防冲撞算法和通信协议。

④ 13.56MHz ISM Band Class 1 定义 13.56MHz 符合 EPC 的接口定义。

高频标签的主要应用范围包括：①图书管理系统；②瓦斯钢瓶的管理；③服装生产线和物流系统的管理；④三表预收费系统；⑤酒店门锁的管理；⑥大型会议人员通道系统；⑦固定资产的管理系统；⑧医药物流系统的管理；⑨智能货架的管理。

3）超高频（工作频率为 860～960MHz 之间）

超高频系统通过电场来传输能量，电场的能量下降得不是很快，但是读取的区域不能很好地进行定义。该频段读取距离比较远，无源可达 10m 左右。主要是通过电容耦合的方式进行实现。

超高频电子标签的应用范围非常广泛，为了满足特殊环境下的应用，其封装材质、形式也是千变万化，如图 3-20 所示为四种典型的超高频标签[1]。

（a）300℃耐高温洗衣标签

（b）文件标签

（c）超高频抗金属标签

（d）超高频腕带标签

图 3-20　典型的超高频标签

---

1　引用图片来自 RFID 世界网，网址：www.rfidworld.com.cn。

超高频标签的主要特性与特点如下所述。

（1）在该频段，全球的定义不是很相同。欧洲和部分亚洲定义的频率为 868MHz，北美定义的频段为 902~905MHz，日本建议的频段为 950~956MHz 之间。该频段的波长大概为 30cm 左右。

（2）目前，该频段功率输出没有统一的定义（美国定义为 4W，欧洲定义为 500mW，可能欧洲限制会上升到 2W EIRP）。

（3）超高频频段的电波不能通过许多材料，特别是水、灰尘、雾等悬浮颗粒物质。但相对于高频的电子标签来说，该频段的电子标签不需要和金属分开。

（4）电子标签的天线一般是长条和标签状。天线有线性和圆极化两种设计，以满足不同应用的需求。

（5）该频段有很好的读取距离，但对读取区域很难进行定义。

（6）有很高的数据传输速率，在很短的时间内可以读取大量的电子标签。

【知识链接 3-7】　　　　　　　　超高频标签的国际标准

① ISO/IEC 18000-6 定义了超高频的物理层和通信协议；空气接口定义了 Type A 和 Type B 两部分；支持可读和可写操作。

② EPC global 定义了电子物品编码的结构和超高频的空气接口以及通信的协议，例如：Class 0、Class 1、UHF Gen 2。

③ Ubiquitous ID 日本的组织，定义了 UID 编码结构和通信管理协议。

超高频标签的主要应用范围包括：①供应链上的管理；②生产线自动化的管理；③航空包裹的管理；④集装箱的管理；⑤铁路包裹的管理；⑥后勤管理系统。

在将来，超高频的产品将会得到大量的应用，如 WalMart、Tesco、美国国防部和麦德龙超市等，都会在它们的供应链上应用超高频的 RFID 技术。

4）微波（2.45GHz、5.8GHz）

微波有源 RFID 技术具备低发射功率、通信距离长、传输数据量大、可靠性高和兼容性好等特点，与无源 RFID 相比，在技术上的优势非常明显，被广泛地应用到公路收费、港口货运管理等应用中。

## 3．按激活方式分

RFID 标签按激活方式分，可分为被动式标签、半被动式标签（也称作半主动式标签）、主动式标签三类。

（1）被动式标签

被动式标签没有内部供电电源，其内部集成电路通过接收到的电磁波进行驱动，这些电磁波是由 RFID 读取器发出的。当标签接收到足够强度的信号时，可以向读取器发出数据。这些数据不仅包括 ID 号（全球惟一标识 ID），还可以包括预先存在于标签内 $E^2PROM$ 中的数据。

由于被动式标签具有价格低廉、体积小巧、无需电源等优点，目前市场上的 RFID 标签主要是被动式的。

(2) 半被动式标签

一般而言，被动式标签的天线有两个任务：第一，接收读取器所发出的电磁波，借以驱动标签 IC；第二，标签回传信号时，需要靠天线的阻抗作切换，才能产生 0 与 1 的变化。问题是，想得到最好的回传效率的话，天线阻抗必须设计在"开路与短路"，这样又会使信号完全反射，无法被标签 IC 接收。半主动式标签就是为了解决这样的问题而出现的。

半被动式标签类似于被动式标签，不过它多了一个小型电池，电力恰好可以驱动标签 IC，使得 IC 处于工作状态。这样的好处在于天线可以不用管接收电磁波的任务，充分发挥回传信号的功能。比起被动式标签，半被动式标签有更快的反应速度、更好的效率。

(3) 主动式标签

与被动式标签和半被动式标签不同的是，主动式标签本身具有内部电源供应器，用以供应内部 IC 所需电源，以产生对外的信号。一般来说，主动式标签拥有较长的读取距离和较大的记忆体容量，可以用来储存读取器所传送来的一些附加信息。

### 4. 按作用距离分

按作用距离，射频标签可分为：①为密耦合卡（作用距离小于 1cm）；②近耦合卡（作用距离小于 15cm）；③疏耦合卡（作用距离约 1m）；④远距离卡（作用距离从 1~10m，甚至更远）。

### 5. 按读写方式分

根据射频标签的读写方式可以分为：只读型标签和读写型标签两类。

1) 只读型标签

在识别过程中，内容只能读出、不可写入的标签是只读型标签。只读型标签所具有的存储器是只读型存储器。只读型标签又可分为以下三种。

(1) 只读标签

只读标签的内容在标签出厂时已被写入，识别时只可读出，不可再改写。存储器一般由 ROM 组成。

(2) 一次性编程只读标签

标签的内容只可在应用前一次性编程写入，识别过程中标签内容不可改写。一次性编程只读标签的存储器一般由 PROM、PAL 组成。

(3) 可重复编程只读标签

标签内容经擦除后可重新编程写入，识别过程中标签内容不改写。可重复编程只读标签的存储器一般是由 EPROM 或 GAL 组成。

2) 读写型标签

识别过程中，标签的内容既可以被读写器读出，又可由读写器写入的标签是读写型标签。读写型标签可以只具有读写型存储器（如 RAM 或 $E^2ROM$），也可以同时具有读写型存储器和只读型存储器。读写型标签应用过程中数据是双向传输的。

根据以上叙述，电子标签常用参数对比，如表 3-2 所示。

表 3-2  各频段电子标签的常用参数对比

| 工作频率 | 标准协议 | 最大读写距离 | 受方向影响 | 芯片价格（相对） | 数据传输速率（相对） | 目前使用情况 |
| --- | --- | --- | --- | --- | --- | --- |
| 125kHz | ISO 11784/11785  ISO 18000-2 | 10cm | 无 | 一般 | 慢 | 大量使用 |
| 13.56MHz | ISO/IEC 14443 | 10cm | 无 | 一般 | 较慢 | 大量使用 |
|  | ISO/IEC 15693 | 单向 180cm  全向 100cm | 无 | 一般 | 较快 |  |
| 860～960MHz | ISO/IEC 18000-6  EPCx | 10m | 一般 | 一般 | 读快  写较慢 | 大量使用 |
| 2.4GHz | ISO/IEC 18001-3 | 10m | 一般 | 较高 | 较快 | 可能大量使用 |
| 5.8GHz | ISO/IEC 18001-5 | 10m 以上 | 一般 | 较高 | 较快 | 可能大量使用 |

## 二、射频读写设备

同射频标签相比，射频读写设备的分类方法相对较少，常用的方法如下所述。

### 1. 按通信方式分

（1）读写器先发言（Reader Talk First，RTF）

RTF 的工作过程为读写器首先向标签发送射频能量，标签只有在被激活且收到完整的读写器命令后，才对命令作出响应，返回相应的数据信息。

（2）标签先发言（Rag Talk First，TTF）

TTF 的读写器只发送等幅的、不带信息的射频能量。标签激活后，反向散射标签数据信息。

（3）全双工（Full Duplex，FDX）和半双工（Half Duplex，HDX）

全双工方式是指 RFID 系统工作时，允许标签和读写器在同一时刻双向传送信息。

半双工方式是指 RFID 系统工作时，在同一时刻仅允许读写器向标签传送命令或信息，或是标签向读写器返回信息。

### 2. 按应用模式分

（1）固定式读写器[1]

天线、读写器和主控机分离，读写器和天线可分别固定安装，主控机一般在其他地方安装或安置。读写器可有多个天线接口和多种 I/O 接口。如图 3-21 所示为几款固定式读写器，如图 3-22 所示为两种固定式读写器天线，如图 3-23 所示为仓储物流 RFID 管理系统。

（2）便携式读写器

读写器、天线和主控机集成在一起。读写器只有一个天线接口，读写器与主控机的接

---

1 以下案例引用图片来自深圳远望谷信息技术股份有限公司和上海实甲智能系统有限公司，网址分别为：http://www.invengo.cn，http://www.sagezn.com。

（a）XCRF-860 型读写器

（b）XCRF-510 型发卡器

（c）SR-8x02 工业级读写器

（d）SR-7114 车载读写器

图 3-21　固定式读写器

图 3-22　固定式读写器天线

图 3-23　仓储物流 RFID 管理系统

口与厂家设计有关。如图 3-24 所示为两款深圳先施科技有限公司的便携式读写器，如图 3-25 所示为便携式 RFID 系统在马来西亚林业部追踪木材和管理森林中的应用[1]。

（a）多功能便携式读写器

（b）UHF 工业级便携式读写器

图 3-24　便携式读写器

---

[1] 以下案例引用图片来自 RFID 世界网，网址为：http://www.rfidworld.com.cn。

### (3) 一体式读写器

天线和读写器集成在一个机壳内,固定安装,主控机一般在其他地方安装或安置。一体式读写器与主控机可有多种接口,如图 3-26 所示。

图 3-25　马来西亚林业部采用 RFID 系统追踪木材和管理森林

图 3-26　一体式读写器

### (4) 模块式读写器

模块式读写器一般作为系统设备集成的一个单元,读写器与主控机的接口与应用情况有关。如图 3-27 所示为带有屏蔽罩的模块式读写器,如图 3-28 所示为模块式读写器的典型结构,如图 3-29 所示为 SD 卡接口的模块式读写器。

图 3-27　带有屏蔽罩的模块式读写器图

图 3-28　模块式读写器的典型结构

图 3-29　SD 卡接口的模块式读写器

【知识链接 3-8】　　　　国外超高频 RFID 设备供应商

常见的国外超高频 RFID 设备供应商(排序不分先后),见表 3-3 所示。

表 3-3　超高频的 RFID 设备供应商

| 商　标 | 网　站 | 主要标志性产品的性能及指标 |
|---|---|---|
| ALIEN | http://www.alientechnology.com | 915MHz、2.45GHz<br>无源 |
| AWID APPLIED WIRELESS ID | http://www.awid.com | 915MHz、2.45GHz<br>无源 |
| 永奕科技股份有限公司<br>YEON TECHNOLOGIES CO., LTD. | http://www.yeon.com.tw | 915MHz<br>无源 |
| IER | http://www.ier.fr | 915MHz<br>无源 |

续表

| 商标 | 网站 | 主要标志性产品的性能及指标 |
|---|---|---|
| MATRICS | http://www.matrics.com | 915 MHz 系列产品<br>无源 |
| Impinj | http://www.impinj.com | 915MHz<br>无源 |
| TRANSCORE | http://www.amtech.com | 915MHz、2.45GHz、5.8GHz 系列产品/无源，有源 |
| EM MICROELECTRONIC - MARIN SA | http://www.emmicroelectronic.com | 915MHz<br>无源 |
| Intermec | http://www.intermec.com | 915MHz 系列产品，2.45GHz 系列/无源 |
| STid | http://www.stid.com | 915MHz 系列产品<br>无源 |
| KSW MICROTEC | http://www.ksw-microtec.de | 915MHz<br>无源 |

## 【知识链接 3-9】 国内市场超高频 RFID 读写器设备主要供应商

国内市场超高频 RFID 读写器设备主要供应商（排序不分先后），见表 3-4 所示。

表 3-4 超高频 RFID 读写器设备主要供应商

| 商标和网址 | 主要标志性产品 | 核 心 技 术 |
|---|---|---|
| YWGIT<br>http://www.yuanwanggu.com.cn | 915MHz 读写器<br>无源，有源 | 读写器采用分立器件设计和 R1000/AS3992 设计方案 |
| 瑞福智能科技<br>http://www.raifu.com | 915MHz 读写器<br>无源 | 读写器采用分立器件设计和 AS3992 设计方案 |
| Sagezn<br>http://www.sagezn.com | 915MHz 读写器<br>无源 | 读写器采用分立器件设计和 R2000/AS3992/PR9000 设计方案 |
| 先施科技 SENSE Sense Technology<br>http://www.sense-hk.com | 915MHz 读写器<br>无源 | 分立器件设计和 R1000 设计方案 |
| 当代通信 DDCT<br>http://www.ddct.cn | 915MHz 读写器<br>无源 | 分立器件方案 |
| NFC 深圳市新力量通信技术有限公司 Shenzhen New Force Communication Technology Co., Ltd<br>http://www.rfid-nfc.com | 915MHz 读写器<br>无源 | 分立器件方案 |

续表

| 商标和网址 | 主要标志性产品 | 核 心 技 术 |
|---|---|---|
| Delicacy 德力森 深圳市德力森科技有限公司 http://www.szdelicacy-rfid.com | 915MHz 读写器 无源 | 分立器件方案 |
| Marktrace RFID Pursuing for the excellence 深圳市华士精成 http://www.marktrace.com | 915MHz 读写器 无源 | 分立器件方案 |
| Module http://www.moduletech.com.cn | 915MHz 读写器 无源 | 代理 M5E、M6E 等模块采用 M5E 和 M6E 开发读写器 |
| 深圳市佳维思 http://www.javs-rfid.com | 915MHz 读写器 无源 | 分立器件方案 |
| 国宇 深圳市国宇信息技术有限公司 http://www.gdurfid.com | 915MHz 读写器 无源 | 分立器件方案 |
| 深圳市红宇创新科技有限公司 http://www.scishine.com | 915MHz 读写器 无源 | 分立器件方案 |
| everay 恒睿科技 http://www.everay-tech.com | 915MHz 读写器模块 无源 | 普通收发芯片结合分立器件方案 |
| Quanray Electronics 上海坤锐 http://www.quanray.com | 915MHz 读写器 无源 | 采用 AS3991 做读写器 |
| Hopela 科民创造未来 http://www.hopela.cn | 915MHz 读写器 无源 | R1000 方案（代理 unitech） |
| JIUZHOU 九洲 成都九洲电子信息系统有限责任公司 http://www.jzetech.com | 915MHz 读写器 无源 | 分立器件方案 |

## 三、RFID 技术与其他自动识别技术的比较

RFID 技术是主要的自动识别技术之一，与其他自动识别技术，如条码识别技术、光字符识别技术、磁卡技术、IC 卡技术等识别技术相比，有其突出的特点。以下是几种常用自动识别技术的特征比较，见表 3-5。

可以看出，RFID 技术最突出的特点是可以非接触式识读（识读距离可以从十厘米至几十米）、可识别高速运动的物体、抗恶劣环境、保密性强、高准确性和安全性、识别惟一无法伪造、可同时识别多个识别对象等。

表 3-5 常用自动识别技术的比较

| 识别技术 | 条码 | 光字符 | 磁卡 | IC 卡 | RFID |
| --- | --- | --- | --- | --- | --- |
| 信息载体 | 纸或物质表面 | 物质表面 | 磁条 | 存储器 | 存储器 |
| 信息量 | 小 | 小 | 较小 | 大 | 大 |
| 读写性 | 只读 | 只读 | 读/写 | 读/写 | 读/写 |
| 读取方式 | 光电扫描转换 | 光电转换 | 磁电转换 | 电路接口 | 无线通信 |
| 人工识读性 | 受制约 | 简单容易 | 不可能 | 不可能 | 不可能 |
| 保密性 | 无 | 无 | 一般 | 最好 | 最好 |
| 智能化 | 无 | 无 | 无 | 有 | 有 |
| 受污染/潮湿影响 | 很严重 | 很严重 | 可能 | 可能 | 没有影响 |
| 光遮盖 | 全部失效 | 全部失效 | — | — | 没有影响 |
| 受方向和位置影响 | 很小 | 很小 | | 单向 | 没有影响 |
| 识读速度 | 低（<4s） | 低（<3s） | | 低（<4s） | 很快（<0.5s） |
| 识读距离 | 近 | 很近 | 接触 | 接触 | 远 |
| 使用寿命 | 较短 | 较短 | 短 | 长 | 最长 |
| 国际标准 | 有 | 无 | 有 | 不全 | 制订中 |
| 价格 | 最低 | | 低 | 较高 | 较高 |

## 第五节 对 RFID 技术的未来展望

RFID 技术的发展，一方面受到应用需求的驱动，另一方面，RFID 产品的成功应用反过来又极大地促进了应用需求的扩展。从技术角度说，RFID 技术的发展体现在若干关键技术的突破上；从应用角度来说，RFID 技术的发展目的在于不断满足日益增长的应用需求。

RFID 技术的发展得益于多项技术的综合性发展，所涉及的关键技术大致包括：芯片技术、天线技术、无线收发技术、数据变换与编码技术、电磁传播特性。

RFID 技术的发展已经走过 50 余年，在过去的 10 多年里得到了更快的发展。随着技术的不断进步，RFID 产品的种类将会越来越丰富，应用也会越来越广泛。可以预计，在未来的几年中，RFID 技术将持续保持高速发展的势头。在阅读文章 3-1 中，列举了最近 3 年内我国 RFID 行业年度评选活动的结果（节选），评选的数据从客观上验证了 RFID 技术发展的趋势以及对 RFID 行业乃至社会的影响。

RFID 技术的发展将会在电子标签（射频标签）、读写器、系统种类、标准化等方面取得新的进展。

### 1. RFID 电子标签方面

电子标签芯片所需的功耗更低，无源标签、半无源标签技术更趋成熟，未来的发展方向包括：①作用距离更远；②无线可读写性能更加完善；③适合高速移动物品的识别；

④快速、多标签读/写功能的提高；⑤一致性更好；⑥强磁场下的自保护功能更完善；⑦智能性更强；⑧成本更低。

## 2. RFID 读写器方面

RFID 读写器未来的发展方向包括：①多功能（与条码识读集成、无线数据传输、脱机工作等）；②智能多天线端口；③多种数据接口（RS232、RS422/485、USB、红外、以太网口）；④多制式兼容（兼容读写多种标签类型）；⑤小型化、便携化、嵌入化、模块化；⑥多频段兼容；⑦成本更低。

## 3. RFID 系统种类方面

RFID 系统在种类方面的发展方向包括：①近距离 RFID 系统具有更高的智能、安全特性；②高频远距离 RFID 系统性能更加完善，系统更加完善。

## 4. RFID 标准化方面

RFID 标准的未来发展方向包括：①标准化的基础性研究更加深入、成熟；②标准化为更多企业所接受；③系统、模块可替换性更好、更为普及。

---

**【知识链接 3-10】　　三大要素制约中国物联网 RFID 市场的发展**

物联网是新一代信息技术的重要组成部分，其英文名称是"the Internet of Things"，顾名思义，"物联网就是物物相连的互联网"。这有两层意思：第一，物联网的核心和基础仍然是互联网，是在互联网基础上的延伸和扩展的网络；第二，其用户端延伸和扩展到了任何物品与物品之间，可以进行信息交换和通信。因此，物联网的定义是通过 RFID、红外感应器、全球定位系统、激光扫描器等信息传感设备，按约定的协议，把任意物品与互联网相连接，进行信息交换和通信，从而实现对物品的智能化识别、定位、跟踪、监控和管理的一种网络。

对 RFID 应用可分为低频、高频、超高频和微波。而 RFID 超高频电子标签以其标签体积小、读写距离远、读写时间快、价格便宜等诸多优势，正在得到越来越广泛的应用，也被认为是最具发展前途的物联网典型应用。然而，我国超高频 RFID 市场目前还处于发展的初期阶段。最近，通过对业界的广泛调研，大家比较一致地认为，目前制约中国无源超高频市场发展的问题主要有以下三点。

（1）超高频技术不完善，制约应用发展

目前，在无源超高频电子标签技术上还存在着系统集成稳定性差、超高频标签本身的物理缺陷等性能、技术方面不完善的问题。

在系统集成方面，现阶段中国十分缺乏专业、高水平的超高频系统集成公司，整体而言，无源超高频电子标签应用解决方案还不够成熟。这种现状会造成应用系统的稳定性不高，常会出现"大毛病没有，小毛病不断"的现象，进而影响了终端用户采用超高频应用方案的信心。

从超高频标签产品本身而言，存在着标签读写性能的稳定性不高、在复杂环境下漏读或读取准确率低等诸多问题。

（2）超高频标准不统一，制约产业发展

目前，无源超高频电子标签在国内尚无形成统一的标准，国际上制定的 ISO 18000-6C/EPC Class 1 Gen 2 协议由于涉及多项专利，很难把它们作为国家标准来颁布和实施。国内超高频市场上相关的标准及检测体系实际上是处于缺位状态。而这种没有统一标准的环境，十分制约产业和应用的发展。

（3）超高频成本瓶颈，制约市场发展

尽管近两年来无源超高频电子标签价格下降很快，但从 RFID 芯片以及包含读写器、电子标签、中间件、系统维护等整体成本而言，超高频 RFID 系统价格依然偏高，而项目成本是用户最终权衡应用超高频 RFID 系统项目投资收益的重要指标。所以，超高频系统的成本瓶颈，也是制约中国超高频市场发展的重要因素。

总之，目前中国无源超高频市场还处于发展的初期阶段，核心技术急需突破，商业模式有待创新和完善，产业链需要进一步的发展和壮大，只有核心问题得到有效解决，才能够真正迎来 RFID 无源超高频市场的发展。

摘编自：http://www.rfidinfo.com.cn/Info/n21243_1.html

【阅读文章 3-1】

## 2009—2011 年中国 RFID 行业年度评选获奖名单（节选）
### 2009[1]

1. 2009 年中国 RFID 行业十大最有影响力成功应用
① 香港国际机场行李追踪系统
② 中国科技馆新馆 RFID 电子门票及应用系统
③ 亚洲最大立体公交停车 RFID 定位项目
④ RFID 技术在五粮液酒防伪与追溯管理中的应用
⑤ 上海基于有源 RFID 的城市建筑垃圾运输付费系统
⑥ 上海、江阴等地非接触 CPU 卡公交应用升级项目
⑦ 浙江高速公路 RFID 二义性路径识别系统
⑧ 双沟酒业珍宝坊系列白酒 RFID 防伪防窜系统
⑨ 广州市番禺医院母婴识别防盗管理系统
⑩ 冷链温度系统监控平台——和路雪项目应用介绍

2. 2009 年中国 RFID 行业十大最有影响力事件
① 国家产业调整振兴规划惠及 RFID 产业
② 温家宝指导物联网发展

---

[1] 摘编自：http://vote2009.rfidworld.com.cn/HTMLAward.aspx

③ 华虹成功研发出中国第一枚国家自主安全算法的 RFID 芯片
④ 发改委发布首批国家信息化试点工程项目名单，十余企业 RFID 项目纳入
⑤ 五粮液率先启动 RFID 电子防伪标，用于防伪和追溯管理
⑥ 中国制定的集装箱电子标签国际标准提案在德国通过
⑦ 物联网上升为国家战略
⑧ RFID 产业各类联盟相继成立
⑨ 三大运营商跑马圈地，各推支付标准
⑩ RFID 列入国家发改委、工信部《电子信息产业技术进步和技术改造投资方向》重点目录

3. 2009 年中国 RFID 行业十大最有影响力创新产品
① 433MHz 与 13.56MHz 相结合的双频电子标签
② JRF9010 电子钱包
③ RFID 芯片 SHC1112
④ 迈前智能专卖店
⑤ 馆外智能图书馆系统（或图书漂流亭）
⑥ S1853J Multi ID Station 便携式多功能自动识别终端
⑦ C35A RFID 手持机
⑧ AUTO ID6 工业级移动数据终端
⑨ 唐芯 TM 一号
⑩ RFID 一体化光盘

## 2010[1]

1. 2010 年中国 RFID 行业年度最有影响力成功应用
① 上海坤锐电子科技有限公司，RFID 在酒类防伪中的应用
② 上海阿法迪智能标签系统技术有限公司，RFID 图书自助漂流亭世博项目
③ 深圳先施科技股份有限公司，部队 RFID 数字化仓储物流项目
④ 航天信息股份有限公司，烟花爆竹流通监管系统
⑤ 广东省 RFID 公共技术支持中心，粤马港 RFID 清真食品溯源应用项目
⑥ 上海希硕信息科技有限公司，美特斯邦威服装 RFID 应用项目
⑦ 长春凤凰惠邦科技有限责任公司，城市运营车辆智能监管项目应用
⑧ 中兴通信股份有限公司，重庆电子车牌城市智能交通管理项目
⑨ 北京中创英泰应用科技有限公司，武器弹药安全管理系统应用
⑩ 广东南方电信规划咨询设计院有限公司，汕头车辆自动识别系统

2. 2010 年中国 RFID 行业年度最有影响力创新产品
① 上海复旦微电子股份有限公司，FM1216 和 FM1232 双界面 CPU 卡芯片
② 中国电子科技集团公司第七研究所，CSR-2600 系列超高频手持读写器

---

1 摘编自：http://vote2010.rfidworld.com.cn/Award.shtml

③ 美国英频杰股份有限公司，IndyR500 RFID 读写器芯片和 Monza4 标签芯片
④ CSL，CS468 十六端口读写器和 CS790 超薄 RFID 天线
⑤ 上海孚恩电子科技有限公司，FN M8 WINCE 指纹手持机
⑥ 北京握奇数据系统有限公司，W5181 双界面读写器
⑦ 上海华虹集成电路有限责任公司，NFC 移动支付芯片 SHC1228
⑧ 深圳市宝荣盈丰（碧沙）科技有限公司，Biswin 2.45GHz 系列温度标签
⑨ 厦门盛华电子科技有限公司，RF-SIM 卡
⑩ 深圳市金溢科技有限公司，太阳能电子标签 Sophia-V90

## 2011[1]

### 1. 2011 年中国 RFID 行业十大最有影响力成功应用

① 广深铁路 UHF-RFID 电子车票低成本全套解决方案
② 南京城市智能交通项目
③ 国家电网公司机房监管的物联网应用
④ 深圳市居民健康卡集成系统
⑤ 中创物流 RFID 仓储管理系统
⑥ D'zzit 品牌服饰采用 RFID 技术进行全流程单品跟踪管理
⑦ 西夏王葡萄酒物联网防伪与质量追溯平台
⑧ 无锡市物联网医疗双向无线冷链管理系统
⑨ 云南省第三女子监狱，在押犯人安全防范管理系统
⑩ 广东佛山 RFID 现代化金融押运管理系统

### 2. 2011 年中国 RFID 行业十大最有影响力事件

① 集装箱国标的制定与颁布，首次领衔制定国际标准
② 中国首批物联网专项基金申报工作启动
③ 移动支付国家标准草案研制完成
④ 交通部《收费公路联网电子不停车收费技术要求》发布
⑤ 工信部《物联网"十二五"发展规划》于年底公布
⑥ 超高频 Inlay 惊现低价潮
⑦ 国产 RFID 芯片闪耀 2011 深圳高交会
⑧ RFID 等科技元素助深圳大运会更辉煌
⑨ 物联网成高交会最大热点
⑩ 北京建设路侧停车位物联网管理系统

### 3. 2011 年中国 RFID 行业十大最有影响力创新产品

① 英频杰（Impinj）标签芯片 Monza 5
② RFID 柔印印刷天线
③ 扎带式防拆电子标签——食品溯源专用标签

---

[1] 摘编自：http://news.rfidworld.com.cn/2012_03/eba920cd8b05e7a0.html

④ 中兴通信 RMT 远程操作维护平台
⑤ 基于 RFID 技术的智能传感网络平台
⑥ 钢瓶标签
⑦ 智能化书桌
⑧ 易碎防转移蚀刻电子标签
⑨ NFC microSD
⑩ Xerafy XS 系列超小的超高频无源抗金属标签

## 【阅读文章 3-2】

### 条码与射频之争

在条码技术在物流领域中的应用越来越普及的背景下，在对 RFID 自动标识技术的开发及应用前景的一片怀疑和争论声中，一些 IT 和供应链的领导者们又提出 EPC（电子产品代码）技术和物联网的概念蓝图。那么，EPC 与 RFID 到底是什么关系？EPC 最终会取代条码吗？这些问题使业界和物流信息技术用户感到困惑和茫然，急需一个科学的辨析和合乎逻辑的解释。

**1. 条码标识技术的局限性**

现在条码应用虽然很广泛，而且也大大地提高了物流的效率。但是条码仍有很多缺点。

（1）条码只能识别一类产品，而无法识别单品。

（2）条码是可视传播技术，即扫描仪必须"看见"条码才能读取它，这表明人们必须将条码对准扫描仪，扫描才有效。

（3）如果印有条码的横条被撕裂、污损或脱落，就无法扫描这些商品。

（4）传统一维条码是索引代码，必须实时和数据库联系，从数据库中寻找完整的描述数据。

条码的局限性具体有以下几种。

（1）信息标识是静态的。

（2）信息识别是接触式的。

（3）信息容量是有限的。

（4）不能给每个消费单元惟一的身份。

（5）数据存储、计算是集中的。

（6）二维条码只解决了信息标识容量小的问题。

总之，条码只能适用于流通领域（商流和物流的信息管理），不能透明地跟踪和贯穿供应链过程。

**2. RFID 技术的优越性**

RFID 在本质上讲是一种物品标识的手段，它被认为将会最终取代现今应用非常广泛的传统条形码，成为物品标识的最有效方式，它具有一些非常明显的优点。RFID 技术在标签信息容量大小、一次读取数量、读取距离远近、读写能力更新（标签信息可反复读写 R/W）、读取方便性（读取速度与可否高速移动读取）、适应性（全方位穿透性读取、在恶劣环境下仍可读取，全天候工作）等方面，都大大优于条码技术。

RFID 技术拥有良好的功能特性，能满足当前社会经济发展对商品处理的高效性需求。RFID 技术作为快速、实时、准确采集与处理信息的高新技术和信息标准化的基础，通过对实体对象（包括零售商品、物流单元、集装箱、货运包装、生产零部件等）的惟一有效标识，被广泛地应用于生产、零售、物流、交通等各个行业。RFID 技术已逐渐成为企业提高物流供应链管理水平，降低成本，实现企业管理的信息化，增强企业的核心竞争能力的不可缺少的技术工具和手段。

射频识别技术最突出的特点如下：

（1）可以非接触识读，距离可以从十厘米至几十米。
（2）可识别高速运动的射频电子标签。
（3）抗恶劣环境，具有防水、防磁、耐高温等优势。
（4）使用寿命长（这里的寿命长是指无源标签）。
（5）标签上数据存储量大、并且可以加密和更改、保密性强。
（6）可以同时识别多个在识读范围内的标签。
（7）RFID 技术所采用的频率与应用领域有关。

和传统条形码识别技术相比，RFID 有以下优势：

（1）快速扫描

条形码一次只能有一个条形码受到扫描；RFID 读写器可同时辨识读取多个 RFID 标签。

（2）体积小型化、形状多样化

RFID 在读取上并不受尺寸大小与形状的限制，不需为了读取的精确度而配合纸张的固定尺寸和印刷品质。此外，RFID 标签更可往小型化与多样化的形态发展，以应用于不同的产品。

（3）抗污染能力和耐久性

传统条形码的载体是纸张，因此容易受到污染，但 RFID 对水、油和化学药品等物质具有很强抵抗性。此外，由于条形码是附于塑料袋或外包装纸箱上的，所以特别容易受到折损；而 RFID 卷标是将数据存储于芯片中，可以免受污损。

（4）可重复使用

现今的条形码印刷上去之后就无法更改；RFID 标签则可以重复地新增、修改、删除 RFID 卷标内储存的数据，方便信息的更新。

（5）穿透性和无屏障阅读

在被覆盖的情况下，RFID 能够穿透纸张、木材和塑料等非金属或非透明的材质，并能够进行穿透性通信；而条形码扫描机必须在近距离且没有物体阻挡的情况下，才可以辨读条形码。

（6）数据的记忆容量大

一维条形码的容量是 50 字节，二维条形码最大的容量可储存 2～3000 字节，RFID 最大的容量则有数兆字节。而且随着记忆载体的发展，数据容量也有不断扩大的趋势。未来物品所需携带的资料量会越来越大，对卷标所能扩充容量的需求也相应增加。

（7）安全性

由于 RFID 承载的是电子式信息，其数据内容可经由密码保护，使其内容不易被伪造及变造。

在强大的市场导向下，RFID 技术、EPC 技术与物联网在世界范围内必将引起一场重大的变革，它将成为未来一个新的经济增长点。在现今激烈的市场竞争中，快速、准确、实时的信息获取及处理能力，将成为企业获得竞争优势的关键。

RFID 技术的应用对于以信息化为基础的现代物流管理来说尤为重要。相信在不久的将来，RFID 技术、EPC 技术将同条码技术一样，深入到现代物流管理的方方面面，带来生产、商业流通和消费领域——环球供应链的一场新革命。

## 本 章 小 结

RFID 技术是 20 世纪 80 年代发展起来的一种新兴的非接触式自动识别技术，是一种利用射频信号通过空间耦合（交变磁场或电磁场）实现非接触信息传递，并通过所传递的信息达到识别目的的技术。

RFID 技术的基本工作原理是由读写器发射特定频率的无线电波能量，当射频标签进入感应磁场后，接收读写器发出的射频信号凭借感应电流所获得的能量，发送出存储在芯片中的产品信息，或者由标签主动发送某一频率的信号，读写器读取信息并解码后，送至中央信息系统进行有关数据处理。

目前，RFID 技术的应用已趋成熟。在北美、欧洲、大洋洲、亚太地区及非洲南部都得到了相当广泛的应用。

RFID 系统包括：射频（识别）标签、RFID 读写设备（读写器）、应用软件。应用软件就是针对各个不同应用领域的管理软件。

读写器是指 RFID 读写设备，是连接信息服务系统与标签的纽带，主要起到目标识别和信息读取（有时还可以写入）的功能。标签是被识别的目标，是信息的载体。

RFID 标签，又称为射频标签、电子标签，主要由存有识别代码的大规模集成线路芯片和收发天线构成。每个标签具有惟一的电子编码，附着在标识目标对象的物体上。

射频标签的分类方法有很多种，通用的依据有 5 种，分别是：供电方式、载波频率、激活方式、作用距离、读写方式，其中最常用的方法是载波频率。

射频标签按供电方式来分可分为有源标签和无源标签；按激活方式可分为被动式、半被动式（也称作半主动式）、主动式三类；按读写方式可以分为只读型标签和读写型标签两类；按作用距离可分为密耦合卡、近耦合卡、疏耦合卡、远距离卡。

按载波频率分，目前常用的 RFID 产品按应用频率的不同可分为低频、高频、超高频、微波，相对应的代表性频率分别为：低频 135kHz 以下，如 125kHz、133kHz；高频 13.56MHz、27.12MHz；超高频 850～960MHz；微波 2.4GHz、5.8GHz。

## 本章内容结构

- RFID技术的发展历程
  - RFID技术的发展简史
  - RFID技术在国内外的发展状况
  - 相关技术标准
- RFID技术的应用现状
  - 国外应用现状
    - 案例一：沃尔玛的"新式武器"
    - 案例二：NASA下属机构用RFID系统管理有害材料
    - 案例三：寻找遗失的物品
    - 案例四：美将RFID技术应用于医院，以防手术失误
  - 国内应用现状
    - 案例一：铁道部的调度利器
    - 案例二：2010年上海世博会门票采用RFID技术
    - 案例三：第二代居民身份证
- RFID技术基础
  - RFID系统的构成
  - RFID系统的基本工作原理
  - 射频标签的基本工作原理
    - 射频标签的常见形态
    - 射频标签的内部结构
  - 射频读写设备的基本工作原理
    - 射频读写设备的结构与工作原理
    - 射频读写设备的工作过程
- RFID技术设备概述
  - 射频标签
  - 射频读写设备
  - RFID技术与其他自动识别技术的比较
- 对RFID技术的未来展望

## 综合练习

### 一、名词解释

RFID 技术　　射频标签　　射频读写器

### 二、简述题

1. 简述目前 RFID 国际通用标准体系的组成。
2. 简述 RFID 技术的基本工作原理。
3. 简述 RFID 系统的基本组成部分及各部分的功能和作用。
4. 简述射频标签的分类标准及相关的应用领域。
5. 简述 RFID 设备的工作原理。
6. 简述 RFID 设备的主要类别。

### 三、比较思考题

1. 比较条码识别技术和 RFID 技术各自的优缺点，并思考 RFID 技术是否会取代条码

识别技术。

2．比较条码识别、光字符识别、磁卡、IC 卡、RFID 等几种常用自动识别技术的主要特征。

### 四、实际观察题

在实际生活中，找出 3 个 RFID 技术的应用实例，并亲自感受一下采用 RFID 技术的优点与不足。

## 参考书目及相关网站

[1] 国家科技部，等．中国射频识别（RFID）技术政策白皮书，2006．

[2] 赵军辉．射频识别技术与应用[M]．北京：机械工业出版社，2008．

[3] 董丽华．RFID 技术与应用[M]．北京：电子工业出版社，2008．

[4] 郎为民．射频识别（RFID）技术原理与应用[M]．北京：机械工业出版社，2006．

[5] 周晓光．射频识别（RFID）技术原理与应用实例[M]．北京：人民邮电出版社，2006．

[6] 陈大才，等，译．无线射频识别技术（RFID）[M]．北京：电子工业出版社，2001．

[7] 游战清，等．无线射频识别技术（RFID）理论与应用[M]．北京：电子工业出版社，2004．

[8] RFID 世界网 http://www.rfidworld.com.cn

[9] RFID 中国网 http://www.rfidchina.org

[10] 中国自动识别技术协会射频工作组网址 http://www.rfidinfo.com.cn

[11] 中国一卡通网 http://www.yktchina.com

[12] 中国自动识别技术协会网址 http://www.aimchina.org.cn

# 第四章

# 卡类识别技术

## 内容提要

本章重点介绍磁卡及 IC 卡识别技术。首先介绍卡类识别技术的起源与发展，然后介绍应用最为广泛的磁卡和 IC 卡的应用现状，接着简要阐述卡类识别技术的工作原理和工作过程，最后介绍卡的制造设备和识别设备，并给出各类卡技术的总结和展望。

## 学习目标与重点

◆ 了解卡类识别技术的起源和发展历程。
◆ 掌握磁卡与 IC 卡的分类和应用。
◆ 熟悉磁卡与 IC 卡的工作原理和主要设备特性。

## 关键术语

磁卡、IC 卡、载体

---

**【引入案例】** 　　　　　　　　**小卡片，大作用**

在现代社会中，人们广泛地使用各种"卡片"（见图 4-1），这种卡片虽然只有名片大小，但用途很广：住宾馆时，出示第二代身份证，前台接待员在机器上一放，就验证了客人的信息；登机前，航空公司的服务人员扫描登机卡上的条码，便可以记录登机乘客的信息；在银行，顾客出示银行卡，银行柜面人员在机器上一刷，就可以存取款……

(a) 第二代身份证

(b) 超市会员卡

(c) 酒店房卡

(d) 银行卡

图 4-1　各种自动识别卡

# 第一节　卡类识别技术概述

## 一、卡类识别技术的分类

卡类识别技术的产生和推广使用加快了人们日常生活信息化的速度。用于信息处理的卡片大致可分为非半导体卡和半导体卡两大类，非半导体卡包括磁卡、PET 卡、光卡、凸字卡等；半导体卡主要有 IC 卡等，具体分类如下。

磁卡和 IC 卡是应用非常广泛的两类卡，将在后面详细阐述，条码卡和射频卡详见"第二章条码识别技术"和"第三章射频识别技术"，本章内容主要介绍其他种类的卡片。

### 1. PET 卡

PET（Polyethylene Telephtalate）即聚对苯二甲酸乙二酯。与磁卡上仅有一个磁条不同，PET 卡是卡片的某一整面均涂有磁性物质。现有的应用多为电话卡、电子自动售票卡等，如图 4-2 所示，为 PET 材质的移动电话充值卡。

### 2. 光卡

光卡即激光卡，是一种利用半导体激光进行记录信息的卡片，需要用激光光源来识读，其大小、形状完全类似于信用卡（Credit Card）或银行自动柜员卡（ATM Card），其外形如图 4-3 所示。

图 4-2　PET 充值卡[1]

图 4-3　激光卡

光卡记录层刻有 2500 条极细的轨纹，供数字资料定位用。光卡使用凹凸记录的方式，信息以记录层表面是否出现记录坑的形式储存在光卡内。目前使用的光卡可分为只读型光卡和读写型光卡两种。

---

[1] 图片来源：http://hechi.anmo123.com/gift_b7652f1d9e_1.html

- 只读型光卡：只能读取里面的信息，例如可以用来储存各种图书资料。
- 读写型光卡：既可以读信息，也可以写信息，例如可以用作电子病历。

光卡的特点如下所述。

- 存储容量大、存储时间长：一张卡可以保存 4~6MB 信息。与磁卡和 IC 卡相比，光卡具有储存量大（约为磁卡的 20000 倍，IC 卡的 250 倍），储存时间长（10 年以上）的优点。
- 记录信息的可靠性和安全性高：不受任何电或磁场的干扰，有很强的抗水、抗污染及抗剧烈温度变化的能力。
- 保密性高：具有独特设计的信息保密措施，可以做到一卡一码，该码无法用常规方法读取，更无法破译。

目前，光卡在国外已有部分应用，但应用数量、应用领域却较有限。尽管光卡平均每个字节的存储费用明显低于磁卡与 IC 卡，但其绝对费用，加上读写器费用的均摊，却高于磁卡与 IC 卡。因此，光卡适用于总体花费较高的项目。

光卡的主要应用领域包括以下几种。

- 作为电子病历卡在医疗中应用。通过计算机的压缩技术，能够储存照片、图片、X 光片、CT 和 MRI 片等各种图像。
- 个人身份识别。
- 在保险、俱乐部会员、大型设备管理、航空及军事等领域的应用。

在我国，相关人士正在探讨光卡在我国的应用。

【知识链接 4-1】 光 卡 标 准

光卡技术是计算机光盘存储技术的孪生兄弟，出现于 20 世纪 80 年代中期。光卡首先于 1981 年由美国的一家技术开发公司提出，后经多次研究改进，其构造通常由 6 层组成。但由于制造厂商不同，构造也各有差异。Canon 公司是目前世界上惟一一个既生产光卡，又生产光卡读写器的公司，是世界上光卡先进技术的主要代表者之一。光卡记录格式目前已形成两种类型，即 Canon 型和 Dela 型。这两种形式均已被国际标准化组织于 1995 年 7 月接收为国际标准 SIOS（ISO/IEC 11693、ISO/IEC 11694-1、ISO/IEC 11694-2、ISO/IEC 11694-3、ISO/IEC 11694-4 和 Annex A）。我国亦已投票表示赞同。

随着激光存储技术的成熟与推广，光卡技术也正以极快的速度渗透到计算机应用的各个领域。

资料来源：互动百科-光卡，http：//www.hudong.com/wiki/光卡

### 3．凸字卡

在 PVC 卡的表面压上突出的字母和数字，从而使 PVC 卡具备可识别性和惟一性。凸字卡适用于各大商场、娱乐、餐饮中心、证券交易中心、银行、保险业等。一般银行卡上既有磁条，也有凸字，如图 4-1（d）所示。

PVC材料是塑料装饰材料的一种，是聚氯乙烯材料的简称，是以聚氯乙烯树脂为主要原料，加入适量的抗老化剂、改性剂等，经混炼、压延、真空吸塑等工艺而成的材料。PVC材料具有轻质、隔热、保温、防潮、阻燃、施工简便等特点。它的规格、色彩、图案繁多，极富装饰性，可应用于居室内墙和吊顶的装饰，是塑料类材料中应用最为广泛的装饰材料之一。

#### 4．条码卡

（1）条码卡的分类

按材质分，条码卡一般可分为金属条码卡和PVC条码卡两种。

- 金属条码卡，顾名思义就是在金属卡片表面加以条形码，使金属卡也具有识别条码信息的功能。金属条码卡的特点是使用金属材料，耐用且高档美观。金属条码卡一般选用高级进口铜材，经冲压、腐蚀、印刷、抛光、电镀、填色、滴胶、包装等多项流水作业程序、多工序精工制成，具有独特的浮雕立体感和真金般的色彩，是制作高档贵宾卡、会员卡、纪念卡、年历卡的首选类型。

另外，此卡也特别适合于制作用于纪念、久藏的各种纪念卡，如新婚、校庆、开业、会议、退休等特别纪念。

- PVC条码卡，就是在PVC卡的表面印上条码。PVC条码卡在日常生活中的应用非常广泛。

（2）条码卡的应用和局限

条码卡制作简便，成本较低，应用非常广泛，如商场、超市、便利店、医疗、图书借阅等行业，都可应用到条码卡。而且应用时，只需一台读码器便可读取出条码卡中的信息，非常方便。与磁卡和IC卡不同的是，条码卡内的信息不能改写，这限制了它的应用。

下面重点介绍磁卡技术和IC卡技术。

### 二、磁卡技术

#### 1．磁卡技术简介

磁卡（Magnetic Card）是利用磁性载体来记录信息的，磁卡技术应用了物理学和磁力学的基本原理。常见的磁性载体通常以液体磁性材料或磁条为信息载体，通常将液体磁性材料涂覆在卡片上（如存折，见图4-4）；或将宽6～14mm的磁条压贴在卡片上（如银联卡，见图4-4）。

磁卡具有以下优点。

- 数据可读写：具有现场改造数据的能力。
- 数据的存储量能够满足大多数需要，便于使用，成本低廉。
- 具有一定的数据安全性。
- 能黏附于许多不同规格和形式的基材上。

这些优点，使得磁卡在许多领域得到广泛应用，如银行信用卡、ATM卡、机票、公共汽车票、自动售货卡、会员卡、现金卡（如电话磁卡）等。

图 4-4　磁卡按载体分类应用

### 【知识链接 4-2】　　　　磁卡的主要指标

- 低密磁卡(低抗磁卡)：抗磁力范围在 250～340oe 或 500～700oe，满足 ISO 7811-2 及国家标准的要求，低抗磁卡可配合高抗或低抗磁卡读写器使用，客户可选择适用自己的磁卡制作或磁卡读写器、磁卡阅读器对卡进行读写操作。
- 高密磁卡（高抗磁卡）：抗磁力范围在 2500～4000oe，符合 ISO 7811-6 的标准；常用 2750oe 的磁卡较多，也有 4000oe 的磁卡。磁条抗磁力越高，其抵抗意外消磁能力就越强，更具有可靠性及稳定性等多方面优势。高抗磁卡必须配合专用高抗磁卡读写器使用，客户可选择适用自己的磁卡制作或磁卡读写器、磁卡阅读器对卡进行读写操作。

### 2. 磁卡技术的发展历程

磁卡的使用已经有很长的历史，其中，信用卡是磁卡技术较为典型的应用。

发达国家从 20 世纪 60 年代就开始普遍采用金融交易卡的支付方式。其中，美国是信用卡的发源地；日本首创了用磁卡取现金的自动取款机及使用磁卡月票的自动检票机。

1972 年，日本制定了磁卡的统一规范，1979 年又制定了信用卡磁条的日本标准 JIS-B—9560、JIS-B—9561 等。国际标准化组织也制定了相应的标准。

经过 20 世纪 80 年代的发展，磁卡应用已深入到发达国家的金融、电信、交通、旅游等各个领域。以美国为例，2 亿多人口就拥有 10 亿张信用卡，持卡人为 1.1 亿人，人均拥有 5 张，消费金额约 4695 亿美元。新加坡也有类似的普及率。在美国等一些发达国家，由于磁卡广泛应用于银行、证券等系统，磁卡的应用系统非常完善。

在我国，磁卡也得到迅速的发展。从 1985 年由中国银行珠海分行推出了第一张信用卡开始，到 2012 年第一季度为止，在各领域内累计已发行磁条卡 30 多亿张。在我国，磁进入了多个应用领域,如电话预付费卡、收费卡、预约卡、门票、储蓄卡、信用卡等。

### 3. 磁卡的相关技术标准

磁卡的国际标准主要是对卡的物理特性和记录技术进行了规定。

(1) ISO 7810:1987,定义了识别卡的物理特性,包括卡的材料、构造、尺寸。卡的尺寸:宽度 85.47～85.72mm;高度 53.92～54.03mm;厚度(0.76±0.08)mm;卡片四角圆角半径为 3.18mm。一般磁卡的尺寸为 85.5mm×54mm×0.76mm,如图 4-5 所示。

图 4-5　磁卡尺寸示意图

(2) ISO 7811:1985,描述识别卡的凸印技术(字符集、字体、字符间距和字符高度)。

(3) ISO 7811-2:1985,描述识别卡的磁条特性、编码技术和编码字符集。

(4) ISO 7811-3:1985,描述 ID-1 卡上凸印字符的位置。

(5) ISO 1822-4:1985,描述磁卡上第 1 磁道和第 2 磁道的位置。

(6) ISO 7811-5:1985,描述磁卡上第 3 磁道的位置。

(7) ISO 7812:1987,描述发卡者表示符编号体系与注册程序,包括 PAN 的格式等内容。

(8) ISO 7813:1987,描述作为金融交易卡的磁卡的第 1 磁道和第 2 磁道的格式和内容。

(9) ISO 4909:1987,描述磁条第 3 磁道的格式和内容。

(10) ISO 7580:1987 和 ISO 8583:1987,描述了银行卡交换信息的规范,即定义了金融交易的内容。

## 三、IC 卡技术

### 1. IC 卡技术简介

集成电路(Integrated Circuit Card,IC)卡是继磁卡之后出现的又一种新型信息工具。IC 卡在有些国家和地区也称为智能卡(Smart Card)、智慧卡(Intelligent Card)、微电路卡(Microcircuit Card)或微芯片卡等。它是将一个微电子芯片嵌入符合 ISO 7816 标准的卡基中,做成卡片形式,利用集成电路的可存储特性,保存、读取和修改芯片上的信息,已经十分广泛地应用于包括金融、交通、社保等很多领域。

IC 卡的主要特性如下所述。
- 存储容量大，其内部可含 RAM、ROM、EPROM、EEPROM 等存储器，存储容量从几字节到几兆字节。
- 体积小，重量轻，抗干扰能力强，便于携带。
- 安全性高，在无源情况下数据也不会丢失，数据的安全性和保密性都非常好。
- 智能卡与计算机系统相结合，可以方便地满足对各种各样信息的采集、传送、加密和管理的需要。

【概念辨析 4-1】　　　　　磁卡与 IC 卡的比较

（1）IC 卡的安全性比磁卡高。IC 卡的信息加密后不可复制，密码核对错误有自毁功能，而磁卡比较容易被复制。

（2）IC 卡的存储容量大，内含微处理器，存储器可以分为若干应用区，便于一卡多用，方便保管。

（3）IC 卡防磁、防静电，抗干扰能力强，可靠性比磁卡高，可重复读写十万次，使用寿命长。

## 2. IC 卡技术的发展历程

1969 年，日本有村国孝提出制造安全可靠的信用卡方法，并于 1970 年获得专利，那时叫 ID 卡（Identification Card）。

1974 年，法国的罗兰·莫雷诺将芯片放入卡片中，发明了带集成电路芯片的塑料卡片，并取得了专利权，成为早期的 IC 卡。他在专利申请书中对他这项发明做了如下阐述：卡片是具有可进行自我保护的存储器。

1976 年，法国布尔（Bull）公司研制出世界上第一枚 IC 卡。

1984 年，法国的 PTT 将 IC 卡用于电话卡，由于它的安全可靠，获得了商业上的成功。

1996 年初，非接触式 IC 卡的电子车票系统（AFC）在 1200 万人口的韩国首都汉城（首尔）投入运营。

国际标准化组织（ISO）与国际电工委员会的联合技术委员会为之制定了一系列的国际标准、规范，极大地推动了 IC 卡的研究和发展。40 年来，已被广泛地应用于金融、交通、通信、医疗、身份证明等众多领域。

IC 卡虽然进入我国较晚，但在政府的支持下，发展迅速。1995 年底，国家金卡办为统筹规划全国 IC 卡的应用，组织拟定了金卡工程非银行卡应用总体规划。为保证 IC 卡的健康发展，在国务院金卡办的领导下，信息产业部、公安部、卫生部、国家工商管理局等各个部委，纷纷制定了 IC 卡在本行业的发展规划。

金融 IC 卡已成为我国银行卡产业发展的趋势，近年来在央行的大力推动下，银行卡介质由磁条向芯片的转型步伐不断加速。中国银行高度重视金融 IC 卡业务，全面布局、积极开拓，快速实现了产品、服务、运营及系统等方面的准备，并在较短时间内实现了大规模的增长。2012 年 8 月，中行金融 IC 卡发卡量突破 1000 万张，发卡规模位居市场前列，电子现金交易规模市场占用量第一。

### 3. IC卡的种类

IC卡按通信方式可分为接触式IC卡、非接触式IC卡和双界面卡，如图4-6所示。

（a）接触式IC卡　　　　　（b）非接触式IC卡

图4-6　IC卡[1]

1）接触式IC卡

接触式IC卡是通过读写设备的触点与IC卡的触点接触后，进行数据的读写。

国际标准ISO 7816对此类卡的机械、电气特性等进行了规定。具有标准形状的铜皮触点，通过和卡座的触点相连后，实现外部设备的信息交换。按芯片的类型，接触式IC卡可分为4种类型，即存储器卡、逻辑加密卡、CPU卡和超级智能卡。

（1）存储器卡。存储器卡内的集成电路是电可擦除的可编程只读存储器EEPROM，只有数据存储功能，没有数据处理能力。该卡本身不提供硬件加密功能，只能存储通过系统加密的数据，很容易被破解。

（2）逻辑加密卡。逻辑加密卡内的集成电路包括加密逻辑电路和电可擦除可编程只读存储器EEPROM。卡中有若干个密码口令，只有在密码输入正确后，才能对相应区域的信息内容进行读出或写入。若密码输入出错一定次数后，该卡自动封锁，成为死卡。此类卡适用于需加密的系统，如食堂就餐卡等。

（3）CPU卡。CPU卡也称为智能卡，卡内的集成电路包括中央处理器（CPU）、电可擦除可编程只读存储器EEPROM、随机存储器RAM、固化的卡内操作系统COS（Chip Operating System）和只读存储器ROM。该卡相当于一个带操作系统的单片机，严格防范非法用户访问卡中的信息。发现数次非法访问后，也可以锁住某个信息区域，但可以通过高级命令进行解锁，以保证卡内的信息绝对安全，系统高度可靠。此卡适用于绝密系统中，如银行金融卡等。

（4）超级智能卡。超级智能卡上具有MPU和存储器，并装有键盘、液晶显示器和电源，有的卡上还具有指纹识别装置等。此卡也适用于绝密系统中。

2）非接触式IC卡（射频卡）

非接触式IC卡与读写设备无电路接触，而是通过非接触式的读写技术进行读写（例如光或无线技术）。相关技术请参看第三章的内容，在此不再赘述。

3）双界面卡

将接触式IC卡与非接触式IC卡组合到一张卡片中，操作独立，但可以共用一个CPU、操作系统和存储空间。卡片包括一个微处理器芯片和一个与微处理器相连的天线线圈，由

---

[1]　图片来源：http://www.jinrui.sh.cn

读写器产生的电磁场提供能量,通过射频方式来实现能量供应和数据传输,如图 4-7 所示。

双界面卡是由 PVC 层和芯片线圈组成的,基于单芯片的,集接触式与非接触式接口于一体的智能卡。卡片上只有一个芯片,两个接口,通过接触界面和非接触界面都可以执行相同的操作。两个操作界面对芯片的访问,可以通过接触方式的触点,也可以相隔一定距离,以射频方式来访问芯片。两个界面分别遵循两个不同的标准,接触界面符合 ISO/IEC 7816;非接触界面符合 ISO/IEC 14443。

图 4-7  双界面卡[1]

双界面 IC 卡的种类如下所述。

- ◆ 接触式智能卡系统与非接触式智能卡系统仅仅是物理地组合到一张卡片中,两个 EEPROM,两套系统互相独立。
- ◆ 接触式智能卡系统与非接触式智能卡系统彼此操作独立,但共享卡内部存储空间。
- ◆ 接触式智能卡系统与非接触式智能卡系统完全融合,接触式与非接触式运行状态相同,共用一个 CPU 管理。

三种双界面 IC 卡中,只有最后一种双界面 IC 卡才是真正意义上的非接触式双界面 CPU 卡。

【知识链接 4-3】　　　　　IC 卡的标准

(1) 物理特性:符合 ISO 7816:1987 中规定的各类识别卡的物理特性和 ISO 7813 中规定的金融交易卡的全部尺寸要求,此外,还应符合国际标准 ISO 7816-1:1987 中规定的附加特性、机械强度和静电测试方法等要求。

(2) 触点尺寸与位置:应符合国际标准 ISO 7816-2:1988 中的规定。

(3) 电信号与传输协议:IC 卡与接口设备之间的电源及信息交换应符合 ISO/IEC 7816-3:1989 的规定。

(4) 行业间交换用命令:符合相应的国际标准 ISO/IEC 7816-4:2005(E)。

(5) 应用标识符的编号系统和注册过程:符合国际标准 ISO/IEC 7816-5:1994 中的规定。

感应式智能卡的国际标准有:ISO\IEC 10536-1:1992、ISO\IEC 10536-2:1995、ISO\IECDIS 10536-3:1995、ISO 14443-2 等。

## 第二节　卡类识别技术的应用现状

### 一、磁卡技术的应用现状

#### 1. 应用范围

磁卡技术从被人们发明至今,已遍布各行各业,成为人们生活的必需品。应用范围非

---

[1] 图片来源:http:// baike.baidu.com/view/370102.htm

常广泛。

（1）金融业（银行、证券、保险）：信用卡、贷记卡、准贷记卡、ATM 卡、提款卡、借记卡、转账卡、专用卡、储值卡、联名卡、商务卡、个人卡、公司卡、社会保险卡、社会保障卡、证券交易卡等。

（2）零售服务：购物卡、现金卡、会员卡、礼品卡、订购卡、折扣卡、积分卡等。

（3）社会安全：人寿和意外保险卡、健康卡等。

（4）交通旅游：汽车保险卡、旅游卡、房间卡、停车卡、高速公路付费卡、检查卡等。

（5）医疗：门诊卡、健康检查卡、捐血卡、诊断图卡、血型卡、健康记录卡、妇产卡、病历卡、保险卡、药方卡等。

（6）特种证件：身份识别证卡、暂住证卡、印鉴登记卡、免税卡等。

（7）教育：CAI 卡、图书卡、学生卡、报告卡、辅导卡、成绩卡等。

（8）娱乐：电玩卡、卡拉 OK 卡、娱乐卡、戏院卡等。

（9）其他：工厂自动化卡、操作员卡、品质控制卡、进出管制卡、工作卡、个人记录卡、家庭安全卡等。

### 2. 银行卡（磁卡）实例

如图 4-8 所示，是银行卡（磁卡）实例。

图 4-8　银行卡标识说明

银行卡卡号的数字编码一般由系统代码、银行代码、银行卡的账号和校验位组成，如图 4-9 所示。银行卡卡号结构如下所述。

系统代码：银行卡（信用卡）上的第 1 位数字代表银行卡的系统属性，"3" 为旅游/娱乐卡（如美国的运通和大来），"4" 为 Visa，"5" 为 Master Card，"6" 为发现卡。

American Express：第 3 和第 4 位数字表示卡的类型和币种，5~11 位数字表示卡的账号，12~14 位数字是账户中卡的序号，第 15 位数字是校验位。

图 4-9　银行卡卡号组成

Visa：2~6 位数字是银行代码，7~12 位或 7~15 位数字是卡的账号，第 13 位或第 16 位（即最后一位）是校验位。

Master Card：第 2 和第 3 位、2~4 位、2~5 位或者 2~6 位数字是银行代码（取决于第 2 位数字是 1、2、3 或其他），银行代码后紧接着一直到第 15 位数字是卡的账号，第 16 位数字是校验位。

【知识链接 4-4】　　　　磁卡的安全及存在的问题简析

（1）磁卡保密性差。
（2）磁卡寿命较短。
（3）磁卡的应用方式比较单一。
（4）磁卡的交易速度慢。
（5）全球 EMV 迁移。

## 二、IC 卡技术的应用现状

IC 卡是随着半导体技术、大规模集成电路芯片技术的发展而产生的，也必将随着计算机技术、网络技术、云技术等的高速发展而迅速发展壮大。不断扩大 IC 卡的应用领域，已成为社会发展的必然需求。

### 1. 接触式 IC 卡的应用案例

#### 案例一：社会保障 IC 卡管理系统[1]

随着社会经济的发展，各种社会劳动保障措施的建立已经成为重要的保障经济有效运行的手段，主要包括劳动就业、工资、保险制度，以及医疗、住房、社会救助等方面。但是，现有的社会保障体制的各个项目分属于不同单位或部门管理，涉及的内容多且范围广，给具体的操作和管理使用带来了许多不便，限制了社会保障体系的良性发展。因此，建立健全的社会保障体系，使各项社会保障实现信息共享，已成为社会保障制度改革发展的必然趋势。

应用案例：广东、苏州、湖北等地的城市社保项目。

1）社会保障 IC 卡管理系统的设计目标

（1）以使用符合中国人民银行制定的《中国金融集成电路（IC）卡规范》的智能卡作为系统的卡片载体，在卡片上同时建立金融应用区域和社会保障应用区域。

（2）以银行原有的金融业务系统为基础，建立起同时具有金融 IC 卡业务处理系统和社会保障 IC 卡业务处理系统的综合业务系统。

（3）建立支持金融 IC 卡业务和社会保障 IC 卡业务的交易处理系统，包括自助式 IC 卡业务处理系统。

（4）建立银行业务系统和社会保障局业务系统的网络连接和医疗数据传输机制。

（5）建立银行 IC 卡交易处理终端（POS）和医院终端的数据交互机制。

2）社会保障 IC 卡管理系统的功能介绍

该系统的社会保障卡采用 8KB 容量的 IC 卡，能实现多种应用并存于一张卡上。可提供的功能大致分为：信息存储、电子钱包和电子存折、电子凭证和信息查询。

---

1　资料来源：http://project.yktworld.com/201011/201011040949275457.html。

（1）信息存储

社会保障卡是由社保局与银行联名发行的，既支持金融应用又支持社会保障应用的复合 IC 卡。由银行承担具体的发卡工作，由每个公民提供的个人相关信息将被存储在 IC 卡中的社会保障应用区中，储存的主要信息有：姓名、公民身份证号码、出生年月、性别、工作单位、户籍所在地、婚姻状况、就业状况、职业技能、个人养老、医疗、失业保险账户和公积金账户等信息。

（2）电子钱包和电子存折

金融 IC 卡账户（电子钱包、电子存折）可用于消费、取现等常规金融方面的应用，而社保 IC 卡账户则用于与医疗相关的门诊、治疗、住院及购药等缴费目的。医院、药店从缴费终端收集社保 IC 卡的付费明细，上传至社保局的前置机，由社保局完成数据清分和清算工作，并将清算结果与支付明细分别传给各个相关银行，各银行负责将社保 IC 卡的支付明细入账，并完成各单位的结算与支付。

（3）电子凭证

IC 卡可以作为多项社会保障的电子凭证，方便持卡人在各种场合使用一张卡片，便可完成各项社保手续。可做电子凭证涉及的范围有：参加医疗保险，办理求职登记、参加职业培训，办理失业登记及失业保险事务、养老保险事务、工伤保险事务，申请劳动能力鉴定，职业技能鉴定，办理婚姻状况变更，申办公积金贷款手续等。

（4）信息查询

可以方便地查询单位对持卡人的养老、失业、医疗、公积金的缴纳情况，查询持卡人个人养老、医疗保险、公积金账户的累计本息总额，以及查询失业保险等信息。

3）银行与社会保障体系结合的优势

由于整个社会保障体系的数据量十分庞大，而且要涉及多个企业和部门，如何保证这些数据的采集和传送的顺畅和安全，就成为整个体系能否正常运作的关键。而由于银行运作的特性，决定了银行在通信方面的建设和设施有着绝对的优势，因此，银行对社会保障工作的参与，既能利用银行的现有通信网络，降低整个体系搭建的成本，又能保证整个体系的正常运行。

银行在我国计算机应用领域一直处于领先地位，既拥有先进完善的硬件设备，又拥有较强的技术力量和丰富的应用经验，完全能够胜任这项庞大的社会保障体系的正常运作和维护工作。而在社会保障业务的运作过程中，有大量的保费收缴、费用结算、资金结算等账务处理工作，银行凭借其自身固有的功能优势，可以为医保中心、医疗机构/药局、参保单位和个人提供安全、快捷的金融服务。

### 案例二：驾驶员培训指纹 IC 卡计时管理系统[1]

随着人们生活水平的不断提高，驾驶技术培训已成为一项基本的技能培训，因此参加培训的学员人数激增。与此同时，学员培训出现的学时不足、教练员执教行为不良、教练车辆管理不好等问题，日益成为社会关注的焦点。如何强化对驾驶员培训工作的管理，切实提高驾驶员培训质量，减少"马路杀手"，向社会输送合格学员，已成为摆在行业主管部

---

1　资料来源：http://project.yktworld.com/201008/20100829222019 2777.html。

门面前的一个重要课题。

浙江维尔科技有限公司通过与交通行业主管部门合作,研发出"驾驶员培训指纹IC卡计时管理系统",该系统旨在通过技术手段,全面地提升驾驶员培训管理的科学化、规范化和信息化水平,规范驾校的市场竞争行为和教练员的执教行为,确保学员能够按照交通部门制定的教学计划和教学大纲规定的学时要求,高质量完成培训。

1) 系统特点

驾驶员培训指纹IC卡计时管理系统具有以下特点。

(1) 基于指纹的验证方式,保证了每条驾培信息的真实性、可靠性。

(2) 实时计时、计程,能自动区分场训、道训、日训、夜训。

(3) 提供对教练员的评价功能,以完善对教练员的管理。

(4) 采用手持式的结构设计,具有安装使用方便的特点。

(5) 采用汉字液晶显示和声音提示,具有操作方便的特点。

(6) 采用独特的电源设计,提高设备的抗电冲击和抗干扰能力。

(7) 信息在设备、IC卡、计算机系统中均为双备份设计,防止信息丢失。

(8) 根据管理需求,驾驶员培训管理软件可以在线升级。

2) 系统概况

驾驶员培训指纹IC卡计时管理系统主要由车载式驾驶员培训管理器、驾培IC卡和配套的管理软件组成。其根本出发点是采用指纹身份鉴别技术和IC卡技术,利用指纹来验证教练员和驾驶员的身份,通过在训练过程中实时记录训练时间和训练里程的方法,客观记录驾驶员的训练信息,实现对驾驶员培训的科学化、规范化、信息化管理。

(1) 驾驶员培训管理器

驾驶员培训管理器安装在培训车辆上,与车辆相连。具有以指纹方式验证教练员和学员身份的功能,在学员训练过程中,实时记录下训练时间和训练里程信息,自动区分场地训练、道路训练、白天训练和夜间训练,并将训练数据保存到学员的IC卡中,以供查询训练信息,从而实现对参加培训学员的管理。

(2) 驾培应用IC卡

驾培应用IC卡分为:教练员IC卡、学员IC卡、管理员IC卡和考官IC卡四种类型。其中,使用管理员IC卡,可以对驾驶员培训管理器中的参数进行设置,考官IC卡供交警部门的考官使用。

在教练员IC卡和学员IC卡中存储有持卡人的编号、姓名、指纹信息(保存两只手指的指纹数据)和训练数据等信息。其中,编号、姓名和指纹信息是在制卡时写入的,训练数据是在教练员或驾驶员训练过程中由驾驶员培训管理器实时写入的。

在驾驶员IC卡中存储的训练数据,不仅仅包括训练的累计时间和累计里程数据,还存储每次训练的明细信息,包括每次训练的日期、起始时间和中止时间、训练类型、训练时间和训练里程等。使用驾驶员培训管理软件和读卡设备,可以将学员IC卡中的信息采集到计算机中去。

(3) 驾驶员培训管理软件

驾驶员培训管理软件与上述硬件配套使用,可以完成对基本资料的管理、教练员和学员指纹的采集、驾培应用IC卡的制作、驾培应用IC卡中训练信息的采集、驾驶员培训信息的统计、分析和查询等一系列功能。

(4) 融合、接口与扩展

在与现有系统的融合方面，驾驶员培训指纹 IC 卡计时管理系统提供开放的程序接口和数据接口，可以集成到现有的系统中，实现与现有系统的最佳融合。

系统的二次开发接口包括设备的二次开发接口和系统的二次开发接口，设备的二次开发接口以命令的方式提供，系统的二次开发接口以 API 函数的方式提供。

驾驶员培训指纹 IC 卡计时管理系统可完成对驾驶员培训的管理，客观记录驾驶员的训练信息，以作为评定驾驶员训练水平的依据。在驾驶员管理过程中，除培训外，还包括驾驶员报名、驾驶员理论考试、驾驶员体检、驾驶员考试和驾驶员日常管理等多个环节。而驾驶员管理的法规有可能发生变化，因此，在驾驶员培训指纹 IC 卡计时管理系统的设计中，充分考虑了系统的可伸缩性和扩展性。

同时，在硬件体系结构的设计上，也考虑了硬件设备的扩展性。通过升级硬件设备中的嵌入式软件，即可实现驾驶员培训指纹 IC 卡计时管理系统的功能扩展。

### 案例三：海关物流监控 IC 卡管理系统[1]

1）海关物流监控 IC 卡管理系统的建设背景

海关总署为"迎接经济全球化挑战"，提出了"推动实施贸易便利战略；适应电子商务及无纸贸易的新环境；保持和发展我国经济竞争力"三大具体目标。近几年，在海关总署的支持下，各级海关在"加速通关"方面作出了一系列卓有成效的实验，如"电子车牌"、"电子地磅"、"司机 IC 卡"、"不停车收费"等措施，尤其在"中国电子口岸"等国家级进出口执法信息系统的成功实施，使得原本分散在多个国家行政部门的进出口业务电子底账数据集中存放到公共数据中心，实现了统一、安全、高效的数据共享和数据交换。

2）海关物流监控 IC 卡管理系统的建设目标

(1) 利用 IC 卡技术来存储相关业务数据，自动核对承运车辆及其货物清单，加强货物监管，加速货物的转关、通关。

(2) 通过后台联网数据库系统和网络业务软件，控制转关货运车辆的行径路线和时间，监视整个货运过程，确保货物安全抵达，杜绝货物运输过程中的舞弊行为。

(3) 通过 IC 卡业务管理系统，辅助监管承运货物，自动比对、核销进口车辆记录，提高系统运行效率，减少失误。

(4) 依靠 IC 卡系统完善的安全加密技术，提高海关业务系统的安全性和保密性。

(5) 依托海关现有的电子报关系统，共享报关数据，并留出监管系统接口，便于海关系统的整体集成。

(6) 规范监管流程，提高海关监管系统的管理水平和工作效率。

3）系统的设计原则

(1) 系统的安全保密性：依靠海关专用 IC 卡多级密钥管理体制，提供严格、严密的多层次用户权限控制；采用专用防火墙系统，防止非法用户的恶意侵入。

(2) 系统的稳定可靠性：系统的可靠性取决于硬件可靠性和软件可靠性。

---

[1] 资料来源：http://project.yktworld.com/201008/20100829222659l574.html。

(3) 系统的技术先进性：软件系统采用先进的开发工具，识别系统采用双界面 IC 卡。

(4) 系统的经济高效性：系统设计按照有效保护现有投资的原则，充分利用现有海关内部的专网和通信公网的资源、安全优势，充分利用海关现有的卡口设备、中心计算机设备资源，使系统结构最优化，运行成本最低，追求性价比的最大化。

(5) 系统的灵活性和可扩展性：在系统方案中按照系统分析、统筹规划的原则，对系统终期容量及发展进行方案设计，卡口设备管理系统设计本着模块化设计、标准化结构的思想，充分考虑与其他系统的有机结合、协同工作。

4) 系统的建设意义

(1) 大大提高海关转关、通关等业务流程的工作效率和管理水平，简化进出口贸易手续，完善海关内部的管理体系，优化海关的社会形象。

(2) 有助于提高海关对运输企业、驾驶员在运输过程中的监管力度，有利于打击走私等违法活动，推动"贸易便利战略"的实施。

(3) 从根本上加强海关自身的队伍建设，全面提高各关口一线智能监控程度，使得海关的执法管理更加规范、统一、透明、严格。

(4) 通过与海关现有 EDI 网络系统、电子报关系统的结合，在每个操作环节相互制约、相互监督，增强海关执法的透明度和公正性，从机制上保证海关的廉政建设。

**【知识链接 4-5】　　　　　接触式 IC 卡存在的问题和不足**

(1) 接触式 IC 卡与卡机之间的磨损会缩短其使用寿命。
(2) 接触不良会导致传输数据出错。
(3) 大流量的场所由于插、拔卡易造成长时间等待。

### 2. 选用接触式 IC 卡需要注意的问题

接触式 IC 卡以 PVC 塑料为卡基，表面还可印刷各种图案，甚至人像，卡的一方嵌有块状金属芯片，上有 8 个金属触点。卡的尺寸、触点的位置、用途及数据格式等均有相应的国际标准予以明确规定。IC 卡在使用过程中，有一些参数在卡型选择时是需要认真考虑的，例如，接触式 IC 卡芯片有多种，如 SLE4442、SLE4428、国产 4442、国产 4428、Atmel24C01/16/64 等，价格和质量会有所不同。

如果 IC 卡的使用环境低于 0℃时，最好不要选用 CPU 卡，因为 CPU 卡的工作温度要求在 0℃以上；而应采用可以在−20℃的低温下工作的 Memory Card。IC 卡是有工作电压指标的，西门子公司的 IC 卡一般工作电压在 4.75～5.25V 之间；ATMEL 公司的 IC 卡工作电压在 2.7～5.5V 之间。

IC 卡是有寿命的，它的寿命是由对 IC 卡的擦写次数决定的。理论上讲，对于西门子公司的 IC 卡，指标为 1 万次擦写寿命；ATMEL 公司的 IC 卡，指标为 10 万次擦写寿命。

IC 卡读写器的使用寿命主要由两个因素决定：①读写器本身器件的选择；②卡座的寿命。

卡座的寿命分别有 10 万次、20 万次和 50 万次。国内的一些制造商也可以生产少于 7000

次寿命的卡座，主要用于 IC 卡收费的终端表内，如 IC 卡电表、民用水表、煤气表等。

> **【知识链接 4-6】　　接触式 IC 卡和非接触式 IC 卡的应用领域**
>
> 中国各个应用行业在已发出的 IC 卡中，大部分是接触式 IC 卡，主要的应用领域有：预付费公用电话、移动电话、社会保障、银行、交通、校园、工商税务等。
>
> 而非接触式 IC 卡则主要应用在城市的公共交通、高速公路收费、门禁、食堂、物业管理等。非接触式 IC 卡以其方便交易、速度快、应用领域广而增长迅速。
>
> 随着 2005 年我国开始全面启动换发第二代居民身份证，非接触式 IC 卡迎来了新的发展高峰期。

## 三、其他卡技术的应用现状

### 1. 光卡的应用领域

目前光卡主要用于电子病历和存储各种图书资料等，如表 4-1 所示。

表 4-1　国内外光卡项目表

| 地区 | 实验单位 | 内容 | 开始年度 |
| --- | --- | --- | --- |
| 美国 | Bailey 大学 | 慢性疾病患者卡 | 1987 |
| | 得克萨斯州康复中心 | 康复过程记录 | 1990 |
| | 休斯顿退役军人医院 | 患者经历记录 | |
| 意大利 | 萨于尼亚岛 | 居民健康管理 | 1989 |
| 英国 | 西伦敦医院 | 孕妇的光卡系统 | 1989 |
| 德国 | 夫堡大学医院 | 人工透析患者管理 | 1990 |
| 荷兰 | 阿姆斯特丹医院 | 人工透析患者管理 | |
| 中国台湾 | 埔里基督教医院 | 劳工保健患者保险证的交付 | 1993.7 |
| | 省立丰原医院 | 患者卡 | 1993.7 |
| 中国大陆 | 北京协和医院 | 人工透析患者管理 | 1996.1 |
| 日本 | 小田原医师会 | 儿童健康卡片 | 1990 |
| | 滨町小儿科医院 | | |
| | 横滨第一医院 | 人工透析患者管理 | 1990 |
| | 东海大学 | 健康管理系统 | 1986 |
| | 伊势原市 | 健康、福利情报系统 | 1992 |
| | 佳能（株） | 职员健康管理辅助系统 | 1989 |

### 2. 条码卡的应用领域

条码标签在日常生活中随处可见，条码卡通常将条码打印在卡片上或纸张上，目前常见的有新版实名制的火车票（二维条码），如图 4-10 所示；超市会员卡，如图 4-11 所示的乐购超市会员卡（一维条码）。

图 4-10　新版实名制火车票票样

图 4-11　乐购超市会员卡[1]

## 第三节　卡类识别技术基础

### 一、光卡技术基础

光卡信息的记录和提取是靠一种叫做光卡读写器的设备实现的。信息记录在光瞳上是靠半导体激光在卡的记录层打孔实现的。光卡的数据记录层由微细球状的金属粒子组成，厚度为 0.1mm，也称为基板层，基板层下面是以明胶为主要成分的有机胶质矩阵层。基板层经激光光点照射后，有机胶质矩阵熔解，形成小孔，反射率减小，从而在读取时，依据反射光的强度变化，即可分辨出"0/1"两种不同的状态。因为记录是以激光打孔方式进行的，一旦打上孔后，就不能复原，所以，内容不能修改。

光卡放入读写器后，光卡沿着横向移动（沿"磁道"方向），激光读写头则沿着纵向移动（选择不同的"磁道"），这样就可以读/写信息到光卡上的任何位置。

读写器利用一束仅有几微米的激光光束记录信息。光束经过调制载有数字化编码（0/1）的信息，到达光卡的记录层，留下间隔不等的"小坑"。新的记录可以随时不断地写进去，但已经写入的信息不可擦除。

---

[1]　图片来源：http://www.997788.com/pr/detail_129_7515604.html

读取信息时,读写器用同样的但能量小得多的激光光束扫描光卡的记录层,光感受器根据反射回来的光束的不同,经解码后便读得正确的信息。

## 二、磁卡技术基础(选修)

### 1. 磁记录原理

磁条是由一些微小的磁粒(铁磁材料)附着于类似塑料胶带上形成的,铁磁材料是一种在外部磁场移走后仍可以保留磁性的物质。

磁条上数据的存储就是靠改变磁条上氧化粒子的磁性来实现的。在数据的写入过程中,需要输入的数据首先通过"编码器"变换成二进制的机器代码,然后控制器控制的"磁头"在与磁条的相对移动过程中,改变磁条磁性粒子的极性来实现数据写入。数据的读出是"磁头"先读出机器代码,再通过"译码器"还原成人们可识读的数据信息。

记录时,磁卡的磁性面以一定的速度移动,或记录磁头以一定的速度移动,并分别和记录磁头的空隙或磁性面相接触。磁头的线圈一旦通上电流,空隙处就会产生与电流成比例的磁场,于是,磁卡与空隙接触部分的磁性体就被磁化。

如果记录信号电流随时间而变化,则当磁卡上的磁性体通过空隙时(因为磁卡或磁头是移动的),便随着电流的变化而不同程度地被磁化。磁卡被磁化之后,离开空隙的磁卡磁性层就留下相应于电流变化的剩磁。

利用磁粒附着技术,通过以不同的频率改变磁条上附着的磁粒的极性,实现了逻辑数据"0"和"1"的记录,再通过对二进制数据编码,就可以在磁条上记录各种信息了。

### 2. 磁条和磁道

磁卡的一面印刷有说明提示性的信息,如插卡方向等;另一面则有磁层或磁条,具有2~3个磁道以记录有关信息数据。

磁道(Track):磁条上存储信息的分区叫磁道,如图4-12所示。

图 4-12 磁卡的磁道

磁道 1:记录密度为 210bpi,可记录数字(0~9)、字母(A~Z)和其他一些符号(如括号、分隔符等),并包含 79 个 7 位的二进制码(6 位 ALPHA 编码+1 位奇校验位)。磁道 1 记录字母、数字型数据(字母用于记录持卡人的姓名),为只读磁道,在使用时,磁道上记录的信息只能读出而不允许写入或修改。

磁道 2:记录密度为 75bpi,所记录的字符只能是数字(0~9),并包含 40 个 5 位的二进制码(4 位 BCD 编码+1 位奇校验位)。磁道 2 记录数字型数据,也为只读磁道。

磁道3：记录密度为210bpi，所记录的字符只能是数字（0～9），并包含107个5位二进制码（4位BCD编码＋1位奇校验位）。磁道3记录数字型数据，如记录账面余额等，为可读写磁道，既可以读出，也可以写入。

磁道必须符合ANSI及ISO/IEC标准的磁卡的物理尺寸定义，这些尺寸的定义涉及磁卡读写机具的标准化。对磁卡上磁道1（或磁道2或磁道3）进行数据编码时，如果数据在磁带上的物理位置偏高或偏低了哪怕几个毫米，这些已编码的数据信息就会偏移到其他的磁道上。

磁道1、磁道2、磁道3的每个磁道宽度相同，约为2.80mm（0.11英寸）左右，用于存放用户的数据信息；相邻两个磁道约有0.5mm（0.02英寸）的间隙（gap），用于区分相邻的两个磁道；整个磁带宽度在10.29mm（0.405英寸）左右（3磁道磁卡），或6.35mm（0.25英寸）左右（2磁道磁卡）。实际上，人们所接触到的银行磁卡上的磁带宽度会加宽1～2mm，磁带总宽度在12～13mm。

在磁带上，记录3个有效磁道数据的起始数据位置和终结数据位置不是在磁带的边缘，而是磁带边缘向内缩减约7.44mm（0.293英寸）处为起始数据位置（引导0区）；在磁带边缘向内缩减约6.93mm（0.273英寸）处为终止数据位置（尾随0区），如图4-13所示。这样的标准是为了有效保护磁卡上的数据不易被丢失，因为磁卡边缘上的磁记录数据很容易因物理磨损而被破坏。

图4-13 磁条中三个磁道的位置

### 3．磁道的格式和内容

磁道的应用分配一般是根据特殊的使用要求而定制的，如银行系统、证券系统、门禁控制系统、身份识别系统、驾驶员驾驶执照管理系统等，都会对磁卡上3个磁道提出不同的应用格式，如图4-14所示。

例如：MII=1标识为航空业，MII=3标识是旅游或娱乐业，MII=5标识为银行/金融业。

（1）磁道1

磁道1的数据标准最初是由"国际航空运输协会"（International Air Transportation

图4-14 磁道格式

Association，IATA）制定完成的。磁道1上的数据和字母记录了航空运输中的自动化信息，例如货物标签信息、交易信息、机票定票/定座情况等。这些信息由专门的磁卡读写机具进行数据读写处理，并且在航空公司有一套应用系统为它服务。应用系统包含了一个数据库，所有这些磁卡的数据信息都可以在此找到记录。

磁道1的格式和内容如下所述。

| 长度 | 1 | 1 | ≤19 | 1 | 3 | 2~26 | 1 | 4 | 1 | 2 | 1 | 1 |
|---|---|---|---|---|---|---|---|---|---|---|---|---|
| 定义 | STX | FC | PAN | FS | CC | NM | FS | ED | ID | SC | DD | ETX | LRC |

STX：起始字符，1个字符。

FC：格式代码（B）。

PAN：主账号。

FS：分隔符。

CC：国家代码。

NM：持卡人的姓名，2~26个字符。

ED：失效日期，4个字符。

ID：交换指示符，3个字符。

SC：服务代码，2个字符。

DD：自由数据/随意数据（但要确保磁道1编码字符总数在79个字符之内）。

ETX：结束标记，1个字符。

LRC：纵向冗余校验字符，1个字符。

（2）磁道2

磁道2的数据标准是由"美国银行家协会"（American Bankers Association，ABA）制定完成的。该磁道上的信息已经被当今很多的银行系统采用，它包含卡的一些最基本的相关信息，例如卡的惟一识别号码、卡的有效期等。

磁道2的格式和内容如下所述。

| 长度 | 1 | ≤19 | 1 | 3 | 4 | 1 | 2 | 1 | 1 |
|---|---|---|---|---|---|---|---|---|---|
| 定义 | STX | PAN | FS | CC | ED | ID | SC | DD | ETX | LRC |

STX：起始字符。

PAN：主账号。

FS：分隔符。

CC：国家代码。

ED：失效日期。

ID：交换指示符。

SC：服务代码。

DD：自由数据/随意数据。

ETX：结束标记。

LRC：纵向冗余校验字符。

(3) 磁道 3

磁道 3 的数据标准是由财政行业（THRIFT）制定完成的。主要应用于一般的储蓄、货款和信用单位等那些经常对磁卡数据进行更改、重写的场合，典型的应用包括现金售货机、预付费卡（系统）、借贷卡（系统）等。这类的应用很多都是处于"脱机"（Off Line）模式，即银行（验证）系统很难实时对磁卡上的数据进行跟踪，表现为用户卡磁道 3 的数据与银行（验证）系统所记录的当前数据不同。

【知识链接 4-7】　　　　　　磁条为什么会"消磁"？

磁条记录数据信息的原理其实和录音机的磁带以及计算机的磁盘是一样的，是通过磁条上的磁性材料在不同的磁场作用下所呈现出来的不同磁性特征来存储信息的。正如录音磁带的内容可以被录音机抹掉（擦除）一样，磁条里记录的数据很容易被磁卡读写设备擦除。所谓"消磁"，就是指磁条里面的信息遭到破坏，使得磁卡不能在相应的设备上正常使用了。

那么手机和磁卡放在一起，以及磁卡和磁卡放在一起会不会让磁卡消磁呢？包括北京电视台和果壳网都做过相应的试验，证明无论是手机还是多张磁卡简单地叠放在一起，是不会因为磁场干扰造成磁条信息被消磁的。当然如果是把磁卡放在高磁性物体（比如一大块磁铁）旁，是可能被消磁的。但是，这并不意味着手机和磁卡放在一起就是绝对安全的，比如把磁卡和手机，或者多张磁卡揣在口袋里，它们之间会产生摩擦，这种摩擦也可能造成磁条的信息被破坏，换句话说，也会发生消磁。

所以，最好的办法是把磁卡装在钱包或者卡包里，避免卡片和手机之间以及卡片和卡片之间直接的摩擦，这样就可以避免磁卡被消磁了。

## 三、IC 卡技术基础

如前所述，IC 卡可分为接触式 IC 卡、非接触式 IC 卡和双界面 IC 卡。在第三章中已对非接触式 IC 卡的工作原理和工作过程进行了分析，下面重点介绍接触式 IC 卡的工作原理。

### 1. 接触式 IC 卡

1）接触式 IC 卡的结构

IC 卡读写器要能读写符合 ISO 7816 标准的 IC 卡。IC 卡接口电路作为 IC 卡与 IFD 内 CPU 进行通信的惟一通道，为保证通信和数据交换的安全与可靠，其产生的电信号必须满足特定要求。

接触式 IC 卡的构成可分为半导体芯片、电极模片、塑料基片几部分，其内部结构如图 4-15 所示。

2）接触式 IC 卡的工作原理

接触式 IC 卡获取工作电压的方法为接触式 IC 卡通过其表面的金属电极触点将卡的集成电路与外部接口电路直接接触连接，由外部接口电路提供卡内集成电路工作的电源。

图 4-15 接触式 IC 卡的内部结构

接触式 IC 卡与读写器交换数据的原理为接触式 IC 卡通过其表面的金属电极触点将卡的集成电路与外部接口电路直接接触连接,通过串行方式与读写器交换数据(通信)。

3)接触式 IC 卡的工作过程

(1)完成 IC 卡插入与退出的识别操作

IC 卡接口电路对 IC 卡插入与退出的识别,即卡的激活与释放,有着严格的时序要求。如果不能满足相应的要求,IC 卡就不能正常进行操作;严重时,将损坏 IC 卡或 IC 卡读写器。为启动对卡的操作,接口电路会按顺序激活电路;当信息交换结束或失败时(例如,无卡响应或卡被移出),接口电路会按指定的时序释放电路。

(2)通过触点向卡提供稳定的电源

IC 卡接口电路在规定的电压范围内,向 IC 卡提供相应稳定的电流。

(3)通过触点向卡提供稳定的时钟

IC 卡接口电路向卡提供时钟信号。时钟信号的实际频率范围在复位应答期间,应在以下范围内:A 类卡,时钟应在 1~5MHz;B 类卡,时钟应在 1~4MHz。复位后,由收到的 ATR(复位应答)信号中的 F(时钟频率变换因子)和 D(比特率调整因子)来确定。

下面从安全方面对接触式 IC 卡进行技术分析。

## 2. CPU 技术

1)为什么用 CPU 卡

IC 卡从接口方式上分为接触式 IC 卡、非接触式 IC 卡及复合卡;从器件技术上分为非加密存储卡、加密存储卡及 CPU 卡。非加密卡没有安全性,可以任意改写卡内的数据;加密存储卡在普通存储卡的基础上加了逻辑加密电路,成为加密存储卡。

逻辑加密存储卡由于采用密码控制逻辑来控制对 $E^2PROM$ 的访问和改写,在使用前要校验密码,才可以进行写操作。因此,对于芯片本身来说是安全的,但在应用上是不安全的。具体存在以下不安全因素:

(1) 密码在线路上是明文传输的，易被截取。
(2) 对于系统商来说，密码及加密算法都是透明的。
(3) 逻辑加密卡无法认证应用是否合法。

例如，假设有人伪造了 ATM，你无法知道它的合法性，当插入信用卡，输入密码的时候，信用卡的密码就被截获了。再如网上购物，如果用逻辑加密卡，购物者同样无法确定网上商店的合法性。

正是由于逻辑加密卡使用上的不安全因素，促进了 CPU 卡的发展。CPU 卡可以做到对人、对卡、对系统的三方合法性认证。

2）CPU 卡的三种认证

CPU 卡具有以下三种认证方法。
(1) 对持卡者的合法性认证——密码校验，通过持卡人输入个人口令来进行验证。
(2) 对卡的合法性认证——内部认证。
(3) 对系统的合法性认证——外部认证。

认证过程是通过系统，传送随机数 X，用指定算法、密钥对随机数加密，用指定算法、密钥解密 Y，得结果 Z，比较 X、Z，如果相同，则表示系统是合法的。

在以上认证过程中，密钥是不在线路上以明文出现的，它每次的送出都是经过随机数加密的，而且因为有随机数的参加，可以确保每次传输的内容都不同，即使被截获也没有任何意义。这不单是密码对密码的认证，也是一种方法认证，就像早期在军队中使用的密码电报，发送方将报文按一定的方法加密后成密文发送出去，接收方收到后按一定的方法将密文解密。

通过这种认证方式，线路上就没有了攻击点，同时，卡也可以验证应用的合法性。但是由于系统方用于认证的密钥及算法还是在应用程序中，因此不能完全去除系统商的攻击性。为此，引进了 SAM 卡的概念。

## 3. SAM 卡

SAM 卡是一种具有特殊性能的 CPU 卡，用于存放密钥和加密算法，可完成交易中的相互认证、密码验证和加密、解密运算，一般用作身份标志。由于 SAM 卡的出现，有了一种更完整的系统解决方案。

在发卡时，将主密钥存入 SAM 卡中，然后由 SAM 卡中的主密钥，对用户卡的特征字节（如应用序列号）加密生成子密钥，将子密钥注入用户卡中。由于应用序列号的惟一性，使得每张用户卡内的子密钥都不同。

密钥一旦注入卡中，就不会在卡外出现。在使用时，由 SAM 卡的主密钥生成子密钥存放在 RAM 区中，用于加密、解密数据。

上述的认证过程就成为如下形式：通过 SAM 卡系统，传送随机数 X，SAM 卡生成子密钥对随机数加密；SAM 卡解密 Y，得结果 Z；比较 X、Z，如果相同，则表示系统是合法的。

这样，在应用程序中的密钥就转移到了 SAM 卡中，认证成为卡-卡的认证，系统商不再存在责任。

卡与外界进行数据传输时，若以明文方式传输，数据易被截获和分析，同时，也可以对传输的数据进行篡改。要解决这个问题，CPU 卡提供了线路保护功能。

线路保护分为两种,一是将传输的数据进行 DES 加密,以密文形式传输,以防止截获分析;二是对传输的数据附加 MAC(安全报文鉴别码),接收方收到后首先进行校验,校验正确后才予以接收,以保证数据的真实性与完整性。

## 第四节　卡类识别技术设备概述

如何选择卡的读写设备(终端)呢?不同类型的卡对应不同的读写设备。主要有以下几种。

(1) 磁卡:磁卡读写器、磁卡阅读器。
(2) 条码卡:条码打印机、红外线条码阅读器(CCD)、激光条码识读器。
(3) 接触式 IC 卡:接触式 IC 卡读写器(MEMROY 卡、CPU 卡)。
(4) 非接触式 IC 卡:射频 IC 卡读写器(不同频段或兼容多频段)。
(5) 电子标签(卡):电子标签天线接收装置、标签阅读器、中间件。

目前,卡的读写设备的生产厂家和代理商很多,品牌也有很多,用户主要关心的是这些设备的故障率、使用寿命、售后维修服务期限以及供应商是否提供免费备机服务等。下面举例对各类设备进行简要介绍。

### 一、磁卡技术设备

刷卡机大致分为两类,移动式和插入式刷卡机,如图 4-16 所示。刷卡机内部结构如图 4-17 所示。

图 4-16　刷卡机类型

一般非金融领域用的磁卡,只将信息记录在磁道 2,单 2 轨的只读阅读器每台售价在 400 元左右,单 2 轨的可读可写的读写器每台售价在 1800 元左右。

金融领域用的磁卡,磁道 1、磁道 2、磁道 3 都可以用,如工商银行用磁道 1、磁道 3,建设银行用磁道 2、磁道 3。磁道 1、磁道 2、磁道 3 均可读写的读写器售价约 4800 元/台。

以上可看出,磁卡的阅读器很便宜,但读写器较贵。由于在一般的应用中,磁卡只记录个人账号等只读信息,使用时并不往卡中写信息,所以磁卡在出厂时,就可将信息写入磁卡中,即"写磁"加工。如图 4-18(a)所示,为磁条磁卡裱磁机;如图 4-18(b)所示

图 4-17 刷卡器内部结构图

为银联 YLE-405 条码刷卡器阅读器；如图 4-18（c）所示为具有密码输入功能的 CL-802 磁卡查询机刷卡机。

（a）磁条磁卡裱磁机[1]　　（b）银联 YLE-405 条码刷卡器阅读器[2]　　（c）具有密码输入功能的 CL-802 磁卡查询机刷卡机[3]

图 4-18 磁卡技术相关设备

## 二、IC 卡技术设备

### 1. 读写器

IC 卡读写器是 IC 卡与应用系统间的桥梁，在 ISO 国际标准中，称之为接口设备（Interface Device，IFD）。IFD 内的 CPU 通过一个接口电路与 IC 卡相连，并进行通信。IC 卡接口电路是 IC 卡读写器中至关重要的部分，根据实际应用系统的不同，可选择并行通信、半双工串行通信和 I2C 通信等不同的 IC 卡读写芯片。

常见的 IC 卡读写器如表 4-2 所示。

---

1　图片来源：http://res.bigc.edu.cn/tezhongyinshuashebei/html/tuyin/tubanshebei/2009-11-02-2138.html
2　图片来源：http://www.shenkashuo.com/index.php?_m=mod_product&_a=view&p_id=99
3　图片来源：http://www.chilong.net.cn/Membersreader.htm

表 4-2　常见的 IC 卡读写器表

| 照　片 | 说　明 |
|---|---|
|  | EDL-1120 接触式 IC 卡读写器采用下落式卡座结构设计，完全符合人体工程学原理。含 1 大卡，可增 1 大卡 2 小卡，USB（无驱）通信接口，支持存储卡、逻辑加密卡、CPU 卡等多种类型的 IC 卡 |
|  | EDL-1240 是一种外置接触式 IC 卡读写器，可安装在用户工作的桌面上，可采用键盘口取电或 USB 口取电。可以方便地应用于工商、电信、邮政、税务、银行、保险、医疗、网吧及各种收费、储值、查询等管理系统中 |
|  | 明华（M&W）RD 外置接触式 IC 卡读写器可对 MEMORY 卡和 CPU 卡操作。RD 系列读写器提供 3 种卡座选择，支持多种卡型操作。可以采用串口或 USB 口与计算机相连。可广泛用于工商、税务、邮电、银行、保险、医疗等管理系统中 |
|  | 明华 DP 多卡座接触式系列读写器是具有双卡座操作的新型读写器，可应用于工商、邮电、税务、银行、保险、医疗及各种收费、储值、查询等管理系统中 |
|  | 明华诚信 MHCX-218+手持式 IC 卡读写器是双界面手持式读写器，具有中文显示、大容量存储器、多通信接口、功能齐全、性能稳定，可应用于工商、邮电、税务、银行、保险、医疗及各种收费、储值、查询等管理系统中 |

### 2．生产设备

卡类产品制造工艺流程如图 4-19、图 4-20 所示，各类 IC 卡的生产、加工设备，详见表 4-3 和表 4-4。

图 4-19　卡类产品制造工艺流程[1]

---

1　资料来源：http://www.cd-dvd-cd.com/onepagelm.asp-userid=284635&lanmuid=7120498.htm

图 4-20　卡类产品制造工艺流程实物示意图

表 4-3　用于 IC 卡生产线上的制造设备说明表[1]

| 设备名称及照片 | 说　明 |
|---|---|
| ZWBXP 半自动芯片冲切机<br> | 用途：可将热熔胶加温粘贴到芯片上，并把芯片冲切下来。<br>功能特点：温度、时间、压力可以调节；成品自动收集，操作简单、易调节 |
| ZW-SH-100 全自动 IC 卡铣槽封装一体机<br> | 工艺用途：在标准卡基上铣出封装不同芯片所要求的卡槽，并同时把不同型号规格的芯片进行检测、上胶、冲切，并植入到已铣好的卡槽中，实现 IC 封装一条线。<br>功能特点：集铣槽、吸尘清洁、深度检测、点焊、模块冲切、封装、测试于一体；预设 4 种标准模块的铣槽程序，可根据实际需要调用，参数修改方便。<br>产量：2000～2500 张/h |
| HLD 裱磁条机<br> | 用途：为中、小型卡厂设计，可减轻工人劳动强度，提高生产效率，稳定产品质量。<br>功能特点：该机采用气动、热压；PVC 点焊与磁条定位点焊同时完成；操作方便，安全。<br>适用物料：PVC 或其他塑胶材料。<br>产量：8000～12000 张/h |

---

[1] 资料来源：http://company.yktchina.com/yktchina_shzwjx.html，http://product.yktchina.com/2013-01/f885cb03691d5780.html。

续表

| 设备名称及照片 | 说 明 |
|---|---|
| HLD-ICL 全自动封装检测机<br /> | 工艺用途：把不同型号规格的芯片进行检测、上胶、冲切、植入到已铣好的卡槽中，实现 IC 封装。<br />设备组成：由输卡器、卡基检测、放料装置、芯片检测、芯片冲切、涂胶装置、芯片搬送装置、热焊、冷压、检测、收卡器组成。<br />功能特点：设备由 PLC 控制，操作人员通过触摸屏修改参数 |
| ZWBFZ 半自动封装机<br /> | 功能特点：人工手动操作，实现芯片封装；温度、时间、压力可以调节；操作简单、灵活使用方便 |

表 4-4 用于 IC 卡后期加工的设备说明表[1]

| 设备名称及照片 | 说 明 |
|---|---|
| 意大利 Matica Z3 凸字烫金机<br /> | 功能特点：设计简洁，静音操作；自动或手动进卡器；写磁和智能卡初始化和烫金模块；即插即用操作；一次走卡同时完成凸字及正面和背面凹字操作。<br />产量：大约 30s/张（参照 ISO 标准金融卡格式） |
| 证卡打印机 P330i<br /> | 功能特点：先进的无线 RFID 技术；驱动程序自动配置；智能色彩优化。<br />打印机产品规格：高速打印每小时可打印 144 张单面彩色卡片；条码打印可打印 39 码、128 码、25 码及交叉 25 码、UPC-A 码、ENA8 & ENA13 码；可使用 Windows 程序打印的 Ture Type 字体。<br />适用材料：各种 PVC 材质表面卡片。<br />卡片厚度：0.25～1.524mm。<br />进/出卡盒容量：100 张（0.75mm 厚度）。<br />通信接口：SB1.1（含连接线），内置式以太网接口 |

---

1 图片来源：http://biz.rfidworld.com.cn/RFID_biz_2284.htm

## 三、光卡技术设备

下面以 Canon R/W 50 型光卡读写器为例,介绍光卡读写器的主要性能。

(1) 读写器能实现高速的读写操作

其平均光读写头定位时间为 0.1s,道向定位时间为 3ms,数据读取速度最高可达 26KB/s,数据写入速度最高可达 10KB/s。

(2) 采用激光技术,实现高密度、高性能的读/写操作

由于采用了高速的自动聚焦、自动跟踪技术,可获得高密度、稳定的读/写操作。由于采用了容错技术、自动清洁措施,光卡上的脏物、划伤、指纹、汁水等均不会影响数据的正确读/写。读取错误率低至 12%～10%。

(3) 极易同计算机互连

读写器与计算机的连接就像计算机所用的软盘驱动器一样方便,只需在 AT 总线的机器上插入专用的光卡读写器控制卡,或者直接把光卡读写器连接到主机的 SCSI 总线上,然后在主机端装入相应的读写器驱动软件,用户便可以像使用软盘一样地使用光卡读写器了。

(4) 易携带的尺寸

Canon R/W 50 型读写器长×宽×高仅为 25.9cm×14.2cm×6cm,重量为 2.6kg,可以方便地与手提电脑一并放入公文箱中,这对于流动式办公是非常方便的。

## 第五节 对卡类技术发展的展望

### 一、卡类识别技术的迁徙

作为 20 世纪七八十年代技术水平的产品,条码卡、磁卡由于其结构简单,存储容量小,安全保密性差,读写设备复杂且维护费用高,已风光不再,应用市场正在逐渐被取代。

接触式 IC 卡与条码卡、磁卡相比,除了存储容量大,可一卡多用;安全可靠性更高,寿命更长;读写机构比条码卡、磁卡读写机构简单可靠,造价便宜,维护方便,容易推广。正是由于以上优点,使得接触式 IC 卡市场遍布世界各地,风靡一时。

然而,当前,风头正劲的接触式 IC 卡面临着后来者——非接触式 IC 卡的强劲挑战。非接触式 IC 卡在继承了接触式 IC 卡优点的同时,如大容量、高安全性等,又克服了接触式 IC 卡所无法避免的缺点,如读写故障率高,以及由于触点外露而导致的污染、损伤、磨损、静电以及插卡不便等。

非接触式 IC 卡采用完全密封的形式及无接触的工作方式,使之不受外界不良因素的影响,从而使用寿命完全接近 IC 芯片的自然寿命。因此,卡本身的使用频率和期限以及操作的便利性都大大地高于接触式 IC 卡,从而也产生了国际 EMV 的迁徙,如图 4-21 所示。

图 4-21 国际 EMV 的迁徙

EMV 是 Europay、Master Card、Visa 三大银行卡公司的缩写。为了防范伪卡欺诈风险，实施全球范围内各组织所发行 IC 卡与终端的互操作性，三家公司于 1994 年开始共同制定 EMV 规范——IC 卡全球支付的框架，并于 1996 年第一次发布，简称为 EMV96，1999 年，又发布了 EMV2000。目前最新的 EMV 规范是 EMV4.2。

Visa、万事达卡和 JCB 都参考 EMV 规范，制定了各自相应的规范。

◆《Visa 集成电路卡规范》（简称 VIS）。
◆《万事达卡借记/贷记芯片最小需求》（简称 M/chip）。
◆《JCB IC 卡规范》（简称 J Smart）。

EMV 迁移计划要求各个国家按照 EMV 的标准，在发卡收单、业务流程、安全管控、受理环境、信息转接、产品认证等各个环节实现从磁条卡向 IC 卡的迁徙。目前除大莱以外，VISA、Master Card、JCB、美国运通都已经开始实施自己的迁徙计划。并且，为了配合 EMV 迁徙，Visa 等跨国银行卡公司还制定了风险转移政策和鼓励政策。

截至 2008 年 6 月底，全球 EMV 卡共发行约 7 亿张，EMV 受理终端约 800 万台。Visa 发行了约 3.55 亿张 EMV 卡，其中欧洲 1.83 亿张，亚太区 1.07 亿张，其他区域发行了 0.65 亿张。Master Card 发行了 3.45 亿张 EMV 卡，其中亚太区发行了 7500 万张。

EMV 迁徙的路径最早在银行卡欺诈风险较为集中的西欧地区开展，然后依次向欺诈风险较低的地区，如亚太地区、拉美地区和中欧、非洲、中东等地区延伸，这反映了各国和各地区开展 EMV 迁徙的初衷是为了降低伪卡欺诈。

由于 EMV 迁徙会造成在原本银行卡交易高风险地区的伪卡和盗卡犯罪成本大幅提高，从而使跨国银行卡犯罪集团将目标放到未进行迁徙的地区。这也直接造成了近年来我国银行卡欺诈数量明显提升，给持卡人造成经济损失，也给发卡和收单机构造成了信誉上的影响。

我国的主要外卡收单机构受到跨国银行卡公司 EMV "风险转移政策"的压力，投入了大量的人力和财力成本，基本已完成外卡收单系统及受理终端的 EMV 迁徙改造。

可见，非接触式 IC 卡不仅代表着卡技术发展多年的结晶，也象征着卡的应用又提高到一个新阶段。

## 二、国内 IC 卡的发展情况

中国每年的发卡量（IC 卡）均保持在一个迅速增长的发展态势，每年新增的应用领域都在不断增加，尤其是对 IC 卡应用比较成熟的行业更是保持着一个相对比较高的增长速度，如图 4-22 所示为我国 2001—2012 年发卡情况增长图。

电信部门是启动我国 IC 卡应用的领先者，对 IC 卡在国内的应用起到了非常重要的推动作用。多年以来，电信 IC 卡的年发卡量一直是中国 IC 卡的发行"大户"，每年的发卡量在全国 IC 卡发卡量中占据着绝大多数的份额，这固然与中国经济的持续增长有关，也与电信市场的特殊性有关。公用电话卡从早期的磁卡到后来的 IC 卡一统天下，技术更新的速度非常快。

中国的社保卡是继移动电话卡之后另一主要的 CPU 卡，近几年中，对 CPU 卡的发展起到了积极的推动作用。目前中国社会保险的参保人数已超过一亿，并存在着巨大的市场潜力。当前，中国社保卡的种类有纸卡、磁卡、条码卡、存储卡和 CPU 卡多种类型。虽然

图 4-22　中国 IC 卡市场年发卡量增长情况[1]

劳动和社会保障部要求全国启动的社保（个人）卡为 CPU 卡，但真正按劳动和社会保障部要求实施的项目近几年才逐渐形成气候，这既说明了市场尚处于启动阶段，也预示着未来市场的趋势。

公交领域是非接触式 IC 卡的另一个重要的应用领域，它对我国非接触式 IC 卡（RFID）产业的发展起到了重要的推动作用。截至 2005 年底，我国实施城市公交 IC 卡收费系统的城市已超过 120 个。如图 4-23 所示为全国公交一卡通现状，如图 4-24 所示为全国公交一卡通未来的发展趋势。

我国大陆各省均有公交一卡通的城市；
已有224个城市实施公交一卡通，发卡量近1.7亿张。全国直辖市以及省会城市全部建立了IC卡一卡通系统，地级城市IC卡覆盖率近60%。

图 4-23　全国公交一卡通现状

中国人民银行总行召开的"宁波金融 IC 卡试点工作座谈会"，有来自上海、广东、深圳、长沙等多家人民银行分支机构和五大行、银联等相关单位参会，会议代表考察了公交、加油站、医院、高速公路收费、商场等非接触式小额支付应用系统，并得到结论：金融 IC 卡时机已经成熟，平台与基础环境建设到位，试点经验可以在中小型经济发达城市推广（政府引导市场化运作）。

我国银行磁条卡向 IC 卡的迁移工作，全面启动于 2011 年 3 月。根据计划，2013 年 1 月 1 日起，全国性商业银行均应开始发行金融 IC 卡。2013 年起，实现所有受理银行卡的

---

[1] 资料来源：数据统计引于华经视点 http://www.chinabgao.com/reports/48001.html

图 4-24　全国公交一卡通未来的发展趋势

联网通用终端都能够受理金融 IC 卡。

截至 2012 年第一季度末，43 家商业银行已具备金融 IC 卡的发卡条件。全国已累计发行金融 IC 卡 3270 万张，较 2011 年底增长 828.9 万张，增幅近 34%。

而与此形成对比的则是，截至 2012 年第一季度，我国已发行磁条卡 30 多亿张。一张磁条卡成本在 1 元左右，而金融 IC 卡成本约 15 元，近磁条卡的 15 倍。这意味着，全部完成迁徙工作，卡片替换成本巨大。

在金融 IC 卡发卡上，应坚持主要以金融 IC 卡加载行业应用的方式开展合作，避免形成"一人多卡、一事一卡"的局面。受理上，要坚持开放、通用、多家参与，不另设门槛，不增加新的行业壁垒。

截至 2012 年第一季度末，97.4% 的 POS 机可以受理金融 IC 卡。由于 ATM 机受理改造工作需对读卡器模块等硬件设备及相关软件系统等进行升级或更换，成本较大、难度较高，目前已完成 50%，预计年底可按计划完成改造。

### 三、对未来 IC 卡应用领域的展望

我国 IC 卡市场经过十几年的发展，虽然尚存在着一些问题，但总体发展趋势已经在朝着良好的局面前进。展望未来几年我国的 IC 卡市场状况，前景将更加美好，具体将体现在以下几个方面。

#### 1．移动电话领域

移动电话卡仍将是市场的主流产品之一。从出货量来看，未来 5 年至少将会有 20 亿张的数量，而发到最终用户手中的卡片也将呈增长趋势。特别是随着 3G 时代的来临，会有大量的增长。

#### 2．第二代居民身份证换发领域

按照公安部的统一部署，第二代居民身份证已基本换发完毕，即换发完成 9 亿张。第二代居民身份证除公安应用领域外，其他应用领域涉及上百余种，如银行、旅馆、股票、邮政、机场、社会保障、工作就业等。

### 3. 银行与金融服务业领域

随着 EMV 迁移向我国的扩张，银行 IC 卡将呈爆炸性增长。

### 4. 教育系统的学生证件卡及校园一卡通方面

目前，教育部和各级地方政府正在探讨教育系统的学生证件卡及校园一卡通的统一标准问题。一旦实现统一标准，将进一步推动教育事业的发展，其发卡量将数以亿计。

### 5. 城市交通卡方面

城市交通卡将向区域性一卡通方向发展，如从长三角地区、珠江三角洲向周边地区延伸。

### 6. 劳动与社会保障卡方面

随着我国社会保障体系的不断完善，加之劳动与社会保障卡已有行业标准，其发卡量将有明显增长。如上海的社保卡已向乡镇及流动人口发展。

### 7. 政府机构和企业身份识别和存取管理卡方面

这种卡是在解决共享信息和信息化基础设施的同时，保证系统和信息安全的重要措施。它是基于 PKI 技术，为解决信息的真实性、完整性和不可否认性的要求，保证系统和信息安全，以求不同身份的用户共享信息，各取所需。这种卡的需求量将与日俱增。当然这种卡的形式可以是智能卡的形式，也可以是 USB KEY 的形式。

### 8. IC 卡向 RFID 领域发展

国家金卡办自 2004 年第七届全国 IC 卡应用工作会后，已把 RFID 技术和电子标签应用正式列入国家金卡工程重点工作，并着手组织应用试点。经过一年多的调研和探讨，经有关行业和地方申报，已在有条件的部门和地方启动了试点工作，正积极、稳妥地推进 RFID 应用示范工程建设。如面向工业生产过程与安全生产管理，促进生产力发展；服务于"三农"，推进农业（农产品）产业化；重要物品的防伪和动态管理；供应链与现代物流管理；数字旅游产业与现代服务业等。

纵观未来我国 IC 卡的应用市场，应用领域将层出不穷，如以身份证为代表的各种身份识别卡、移动电话卡（2G、3G）、数字电视（机顶盒）与数字广播卡、PBOC 2.0 卡或以 PBOC 2.0 为标准的一卡多用的收费卡（城市通卡、加油卡、水电气卡、税控卡等），总体市场将会产生超过 30 亿张的销售量。这不仅对应用而言是锦上添花的喜事，对产业部门而言，更是一个充满无限商机的历史机遇。

我国的 IC 卡市场，正面临着又一发展高峰的最好时期。

## 本 章 小 结

卡类识别技术被广泛地应用于信息处理，加快人们日常生活信息化的速度。卡片大致可分为非半导体卡和半导体卡两大类，非半导体卡包括磁卡、PET 卡、光卡、凸字卡等；

半导体卡主要有 IC 卡等。本章主要介绍了磁卡和 IC 卡。

磁卡技术的记录载体为磁条，利用磁粒附着技术，通过以不同的频率改变磁条上附着磁粒的极性，实现逻辑数据"0"和"1"的记录，再通过对二进制数据编码，实现在磁条上记录各种信息。

磁卡的特点是：成本低，安全性差，使用方便，其应用遍布各行各业，如金融、零售、服务、社会安全、交通旅游、医疗、特种证件、教育、娱乐等。

IC 卡分为接触式 IC 卡、非接触式 IC 卡和双界面卡。其中，接触式 IC 卡为本章重点介绍的内容。

接触式 IC 卡的结构由半导体芯片、电极模片、塑料基片几部分构成，通过其表面的金属电极触点将卡的集成电路与外部接口电路直接接触连接，由外部接口电路提供卡内集成电路工作的电源，并通过串行方式与读写器交换数据。

接触式 IC 卡具有存储容量大、可以一卡多用、安全可靠性高、寿命长，读写设备简单可靠、造价便宜、维护方便、容易推广的特点，因此被广泛地应用于数据安全要求较高的系统，如社会保障 IC 卡管理系统、驾驶员培训指纹 IC 卡计时管理系统、海关物流监控 IC 卡管理系统等。

## 本章内容结构

## 综合练习

### 一、名词解释

磁卡　　IC 卡　　光卡

### 二、简述题

1. 简述卡作为识别介质是如何分类的？
2. 简述磁卡的应用范围。
3. 简述磁卡的安全性及存在的问题。
4. 简述接触式 IC 卡存在的问题。
5. 举例说明条码卡的应用。
6. 简述 IC 卡设备。

### 三、比较思考题

1. 比较磁卡与 IC 卡的各自优缺点。
2. 比较接触式 IC 卡与非接触式 IC 卡的区别。

### 四、实际观察题

在实际生活中，找出食堂饭卡、银行卡、手机卡等卡的应用实例，并亲自感受一下各类卡识别技术的优点与不足。

## 参考书目及相关网站

[1] 国家科技部，等．中国射频识别（RFID）技术政策白皮书．2006．
[2] 赵军辉．射频识别技术与应用[M]．北京：机械工业出版社，2008．
[3] 董丽华．RFID 技术与应用[M]．北京：电子工业出版社，2008．
[4] 郎为民．射频识别（RFID）技术原理与应用[M]．北京：机械工业出版社，2006．
[5] 周晓光．射频识别（RFID）技术原理与应用实例[M]．北京：人民邮电出版社，2006．
[6] 陈大才，等，译．无线射频识别技术（RFID）[M]．北京：电子工业出版社，2001．
[7] 游战清，等．无线射频识别技术（RFID）理论与应用[M]．北京：电子工业出版社，2004．
[8] 潘利华．我国多功能卡应用现状和展望[M/2]．2010．http://wenku.baidu.com/view/8b872d727fd5360cba1adb 2f.html．
[9] 百度百科-磁卡 http://baike.baidu.com/view/48535.htm
[10] 百度百科-IC 卡 http://baike.baidu.com/view/4189.htm

# 第五章

# 图像识别技术

## 内容提要

数字图像处理（Image Processing）是一门跨学科的前沿领域，在工业、生物医学、遥感卫星、航空航天、海洋气象、军事安全等领域得到了广泛的应用，并取得了成功，为人们的生产和生活带来了经济效益。本章主要讲述图像处理技术的发展历程、应用现状、技术基础和主要设备，并在最后简要介绍 OCR 技术。

## 学习目标与重点

- ◆ 了解数字图像处理技术的发展历程。
- ◆ 重点掌握数字图像处理的应用现状和典型案例。
- ◆ 理解数字图像处理技术研究的主要内容和基础理论。
- ◆ 掌握数字图像处理系统的基本构成和关键技术。

## 关键术语

数字图像处理、自动识别、光学字符识别（OCR）

【引入案例】 小心！"电子眼"

图 5-1 数字图像处理系统在交通中的应用

在城市的十字路口，信号灯默默地按照预定的程序顺序点亮，但是总有些不遵守交通规则的司机侥幸违反信号灯的指示通过路口，但是过段时间上网查违章的时候，会发现自己的车牌号赫然其中。

这就是利用了数字图像处理技术的车辆牌照自动识别系统，通过电子摄像头和后台图像处理系统实现了对车辆牌照的自动识别，准确记录下车辆的违章情况。

## 第一节 数字图像处理技术概述

图像识别技术是在 20 世纪 50 年代后期开始现代的研究,随后迅速崛起,经过半个多世纪的发展,已经成为当今科研和生产中不可或缺的重要部分。目前,图像识别技术已成为人工智能的一个重要领域。

### 一、图像处理技术的起源与发展历程

#### 1. 图像处理技术的起源

1793 年,法国人约瑟夫·尼埃普斯开始尝试用感光材料做永久性的保存影像的试验。经过他的不懈努力,终于在 1826 年的一天,尼埃普斯在房子顶楼的工作室里,拍摄出世界上第一张永久保存的照片,这张照片拍摄的是从他家的楼上看到窗外的庭院和外屋,被命名为《在 Le Gras 的窗外景色》,如图 5-2 所示。

科学家杜森·斯图里克说:"如果你想一想照片的整个历史,还有胶片和电视的发展,就会发现,它们都是从这第一张照片开始的。这张照片是所有这些技术的老祖宗,是一切的源头。也正因如此,它才那么令人激动。"

随着第一张照片的出现,图像开始逐渐为人类所利用,给人类世界带来了历史性的改变。而第一台计算机的面世,给图像处理技术提供了契机,从此,数字图像处理技术应运而生,并迅速发展,取得了令人意想不到的成果。

1858 年,世界上第一条连接伦敦与纽约之间的海底电缆被成功铺设,全长 2300 海里。1858 年 8 月 16 日,英国维多利亚女王发出了人类有史以来的第一封电报,她致电当时的美国总统詹姆士,向他祝贺电缆的开通。如图 5-3 所示是海底电缆的照片。

图 5-2 世界上第一张照片——《在 Le Gras 的窗外景色》[1]　　　　图 5-3 海底电缆

1921 年,海底电缆传输了第一幅图像,它是利用电报系统对图像进行编码传输的,从此开始了数字处理图像的新篇章。当时对图像使用 5 级灰度值进行编码,传输 3 个小时并通过解码后,得到的图像会有一定的失真,如图 5-4(a)所示。

1922 年,印刷技术有了改进,传输后得到的图像如图 5-4(b)所示。1929 年,海底电缆传输图像的灰度级从 5 级提高到 15 级,图像质量有了显著的提高,传输后得到的图像如图 5-4(c)所示。

---

1　资料来源:http://www.417600.net/life/html/2013-01/201301050950075694.html

(a) 5 灰度级　　　　　　　　(b) 改进图像　　　　　　　　(c) 15 灰度级

图 5-4　海底电缆传输的图像

### 2. 图像处理技术的发展历程

图像处理技术是指使用计算机对图像进行一系列加工，以达到所需结果的技术。图像处理一般指数字图像处理，虽然某些处理也可以用光学方法或模拟技术实现，但它们远不及数字图像处理那样灵活方便，因此，数字图像处理成为图像处理的主要方面。

数字图像处理技术，指的是用计算机对图像信息进行处理的一门技术，包括利用计算机对图像进行各种处理的技术和方法。

20 世纪 20 年代，数字图像处理技术首次得到应用。20 世纪 60 年代中期，数字图像识别技术在航空领域中得到应用。1964 年，美国喷射推进实验室（JPL）进行了太空探测工作，当时用计算机来处理太空探测器发回的月球图片，以矫正由于摄像机造成的各种不同形式的图像畸变，这些技术都是图像增强和复原的基础。

自 20 世纪 70 年代末，由于计算机技术和数字技术迅猛发展，给数字图像处理技术提供了先进的技术手段。"图像科学"也就由信息处理、自动控制系统理论、计算机科学、数字通信、电视技术等学科中脱颖而出，成为旨在研究"图像信息的获取、传输、存储、变换、显示、理解与综合利用"的一门崭新学科。

早期图像处理以人为对象改善图像的质量，从而提高人的视觉效果。而对图像进行数字图像处理主要是为了修改图形，改善图像质量，或是从图像中提取有效信息，以及对图像进行体积压缩，便于传输和保存。

数字图像处理技术的发展，可分为以下三个阶段。

第一阶段：1946 年，随着世界上第一台计算机的诞生，开始了数字图像处理技术的历史。20 世纪 60 年代，随着三代计算机的研制成功，以及快速傅里叶变换算法的发现和应用，图像的一些算法得以实现，人们逐步开始利用计算机对图像进行数字加工处理。

第二阶段：20 世纪 60—80 年代，各种硬件的发展使得人们不仅能够处理 2D 图像，而且开始处理 3D 图像。与此同时，许多能够获取 3D 图像的设备和处理分析 3D 图像的系统研制成功，数字图像处理技术得到了广泛的发展和应用。

第三阶段：进入 20 世纪 90 年代以来，数字图像处理技术已经逐步进入到日常生活的各个方面，被广泛地应用于科学研究、工农业生产、生物医学工程、航空航天、军事、工业检测、机器人视觉、公安司法、军事制导、文化艺术等多个领域。

20 多年来，我国图像处理与识别技术的发展更为深入、广泛和迅速。现在，我国的数字图像处理技术已达到国际先进水平，应用于多个领域，成为影响国民经济、国家防务和世界经济的举足轻重的产业。

## 二、数字图像处理的层次与基本特点

### 1. 数字图像处理的三个层次

从狭义上讲，数字图像处理是直接对图像进行变换及分析处理；而从广义上讲，数字图像处理分成三个层次，即图像识别技术系统在获得图像后，可以对其进行三方面的操作：图像处理、图像识别（分析）和图像理解，如图5-5所示。

图像处理：数字图像处理的第一层次，是指对图像进行的各种加工（即对获得的图像信息进行预处理，以消除干扰、噪声，作几何、彩色校正等，以改善图像的视觉效果），是从图像到图像的过程，强调图像之间进行的变换。有时还得对图像进行增强、分割、定位和分离、复原处理、压缩等，所有这些图像处理工作都用计算机来完成，这是图像识别技术的基础，如图5-6（a）所示。

图像识别（分析）：数字图像处理的第二层次，是指对处理后的图像进行分类和特征提取，并对某些特征参数进行测量、再提取、分类，有时还要对图像进行结构分析，对图像进行描述。图像识别（分析）是一个从图像到数据的过程，是以观察者为中心来研究客观世界的。如图5-6（b）所示。

图像理解：数字图像处理的第三层次，属于人工智能的范畴，是指研究图像中各目标的性质和它们之间的相互联系，从而得出对图像内容含义的理解及原来客观场景的解释，它是图像处理及图像识别的终极目标。图像理解需要根据应用来编写相应的程序，程序会在图像处理和识别的基础上输出对图像的描述与解释，属于高层操作（符号运算）。图像理解是以客观世界为中心，借助知识、经验来推理，认识客观世界，如图5-6（c）所示。

图5-5 数字图像处理的三个层次[1]

图5-6 图像处理、图像识别和图像理解

---

[1] 资料来源：章毓晋. 图像工程（下册）图像理解[M]. 2版. 北京：清华大学出版社，2007.

## 2. 数字图像处理的基本特点

（1）数字图像处理的信息大多是二维信息，信息量大

例如一幅 256×256 低分辨率的黑白图像，要求约 64Kb 的数据量；对 512×512 高分辨率的彩色图像，则要求 768Kb 数据量；如果要处理 30 帧/s 的电视图像序列，则要求 500Kb/s～22.5Mb/s 的数据量。因此，数字图像处理对计算机的计算速度、存储容量等有较高的要求。

（2）数字图像处理占用的频带较宽

与语言信息相比，数字图像信息占用的频带要大几个数量级。例如，电视图像的带宽约 5.6MHz，而语音带宽仅为 4kHz 左右。所以，在成像、传输、存储、处理、显示等各个环节的实现上，技术难度较大，成本也较高，这就对频带压缩技术提出了更高的要求。

（3）数字图像中各个像素是不独立的，相关性大

在图像画面上，经常有很多像素有相同或接近的灰度。就电视画面而言，同一行中相邻两个像素或相邻两行间的像素，相关系数可达 0.9 以上，而相邻两帧之间的相关性，比帧内相关性一般说还要大些。因此，图像处理中信息压缩的潜力很大。

（4）图像的三维处理

由于图像是三维景物的二维投影，一幅图像本身不具备复现三维景物的全部几何信息的能力，因此，三维景物背后部分的信息在二维图像的画面上是反映不出来的。因此，要分析和理解三维景物，必须作合适的假定或附加新的测量，例如双目图像或多视点图像等。在理解三维景物时需要知识导引，这也是人工智能中正在致力解决的知识工程问题。

（5）数字图像处理后的图像一般是给人观察和评价的，受人的因素影响较大

由于人的视觉系统很复杂，受环境条件、视觉性能、人的情绪爱好以及知识状况等的影响很大，如何对图像质量进行评价，还有待进一步深入的研究。另一方面，计算机视觉是模仿人的视觉的一门技术，人的感知机理必然影响着计算机视觉的研究。例如，什么是感知的初始基元，基元是如何组成的，局部与全局感知的关系，优先敏感的结构、属性和时间特征等，这些都是心理学和神经心理学正在努力研究的课题。

## 3. 数字图像处理的优点

（1）再现性好

数字图像处理与模拟图像处理的根本不同在于，它不会因为图像的存储、传输或复制等一系列变换操作而导致图像质量的退化。只要图像在数字化时准确地表现了原稿，那么，数字图像处理的过程就始终能保持图像的再现。

（2）处理精度高

按目前的技术，几乎可将一幅模拟图像数字化为任意大小的二维数组，这主要取决于图像数字化设备的能力。现代扫描仪可以把每个像素的灰度等级量化为 16 位甚至更高，这意味着图像的数字化精度可以达到满足任一应用需求。对计算机而言，不论数组大小，也不论每个像素的位数多少，其处理程序几乎是一样的。换言之，从原理上讲，不论图像的

精度有多高，只要在处理时改变程序中的数组参数，处理总是能实现。回想一下图像的模拟处理，为了把处理精度提高一个数量级，就要大幅度地改进处理装置，这在经济上是极不合算的。

（3）适用面宽

图像可以来自多种信息源，它们可以是可见光图像，也可以是不可见的波谱图像（例如：X 射线图像、超声波图像或红外图像等）。从图像反映的客观实体尺度来看，可以小到电子显微镜图像，大到航空照片、遥感图像甚至天文望远镜图像。这些来自不同信息源的图像只要被变换为数字编码形式后，均是用二维数组表示的灰度图像组合而成，彩色图像也是由灰度图像组合成的，例如 RGB 图像是由红、绿、蓝三个灰度图像组合而成的，因此均可用计算机来处理。只要针对不同的图像信息源，采取相应的图像信息采集措施，图像数字处理方法即可适用于任何一种图像。

（4）灵活性高

图像处理大体上可分为图像的像质改善、图像分析和图像重建三大部分，每一部分均包含丰富的内容。由于图像的光学处理从原理上讲只能进行线性运算，这极大地限制了光学图像处理能实现的目标。而数字图像处理不仅能完成线性运算，而且能实现非线性处理，即凡是可以用数学公式或逻辑关系来表达的一切运算均可用数字图像处理实现。

## 三、数字图像技术与电磁波技术

图像的形成离不开电磁波谱，下面结合电磁波谱的知识来介绍数字图像处理的应用领域。

电磁波谱是指在空间传播着的交变电磁场，即电磁波，它在真空中的传播速度约为每秒 30 万公里。无线电波、红外线、可见光、紫外线、X 射线、γ 射线都是电磁波，不过它们的产生方式不尽相同，波长也不同，把它们按波长（或频率）顺序排列，就构成了电磁波谱，如图 5-7 所示。

图 5-7 电磁波谱[1]

---

[1] 图片来源：http://tupian.baike.com/a4_17_22_14300001151257129981220732888_jpg.html

【知识链接5-1】　　　　　　　电磁波谱的划分

依照波长的长短以及波源的不同,电磁波谱可大致分为以下几类。

(1) 无线电波:波长从几千米到0.3米左右,一般电视和无线电广播就在这个波段。

(2) 微波:波长为 $10^{-3}\sim0.3m$,多用于雷达或其他通信系统。

(3) 红外线:波长为 $7.8\times10^{-7}\sim10^{-3}m$。

(4) 可见光:这是人们能够感光的极狭窄的一个波段。波长在 $3.8\times10^{-6}\sim7.8\times10^{-6}m$。光波是原子或分子内的电子运动状态改变时所发出的电磁波。

(5) 紫外线:波长为 $6\times10^{-10}\sim3\times10^{-7}m$。紫外线产生的原因和光波类似,常常在放电时发出。由于它的能量和一般化学反应所牵涉的能量大小相当,因此,紫外线的化学效应最强。

(6) 伦琴射线:波长在 $6\times10^{-12}\sim2\times10^{-9}m$。伦琴射线(X射线)是电原子的内层电子由一个能态跃迁至另一个能态时,或电子在原子核电场内减速时所发出的。

(7) γ射线:波长在 $10^{-14}\sim10^{-10}m$。这种不可见的电磁波是从原子核内发出来的,放射性物质或原子核反应中常有这种辐射伴随着发出。γ射线的穿透力很强,对生物的破坏力很大。

## 1. 伽马射线(γ射线)

γ射线是可穿透整个宇宙的电磁波中最高能量的波段,也是电磁波谱中波长最短的部分。

γ射线有很强的穿透力,工业中可用来探伤或实现对流水线的自动控制。γ射线对细胞有杀伤力,医疗上可以用来治疗肿瘤。目前伽马射线成像的主要用途在医学和天文观测上,如图5-8所示。

(a) 医学癌症的检测

(b) 天文观测

图5-8　γ射线的应用

## 2. X射线

X射线是一种波长很短的电磁辐射,其波长在 $0.06\times10^{-8}\sim20\times10^{-8}m$ 之间。X射线是由德国物理学家W.K.伦琴(见图5-9(a))于1895年发现的,故又称为伦琴射线。

X射线具有很高的穿透能力,能透过许多对可见光不透明的物质,如墨纸、木料等。

这种肉眼看不见的射线可以使很多固体材料产生可见的荧光，使照相底片感光以及发生空气电离等效应。波长越短的 X 射线能量越大，波长越长的 X 射线能量越低。波长小于 0.1Å 的称为超硬 X 射线，在 0.1～1Å 范围内的称为硬 X 射线，1～10Å 埃范围内的称为软 X 射线。如图 5-9（b）、（c）所示为 X 射线在医疗上的应用。

（a）伦琴

（b）X 射线机

（c）手部骨骼的 X 片

图 5-9　X 射线的应用

### 3. 紫外线

紫外线是电磁波谱中波长 10～400nm 辐射的总称，它不能引起人们的视觉感知。1801 年，德国物理学家里特发现在日光光谱的紫端外侧一段，能够使含有溴化银的照相底片感光，从而发现了紫外线的存在。

紫外线根据波长可分为近紫外线（UVA）、远紫外线（UVB）和超短紫外线（UVC）。紫外线对人体皮肤的渗透程度是不同的，波长越短，对人类皮肤的危害就越大。短波紫外线可以穿过真皮，中波则可以进入真皮。目前，紫外线比较广泛地应用于平板印刷、显微镜（见图 5-10（a）、（b））、激光、工业检测（见图 5-10（c））、生物图像、天文观测等领域。

（a）显微镜拍摄的照片——硅微芯片的表面[1]

（b）荧光显微镜

（c）识别真币的应用[2]

图 5-10　紫外线的应用

---

1　图片来源：http：//slide.tech.sina.com.cn/d/slide_5_453_12521.html#p=2
2　图片来源：http：//bbs.instrument.com.cn/shtml/20101208/2986311/

### 4. 红外线

红外线的波长为 0.76～400μm，红外线是不可见光线。所有高于热力学温度零度（-273.15℃）的物质都可以产生红外线，现代物理学也称为热射线。

1983 年 1 月 25 日，荷兰、美国和英国合作，发射了世界上第一颗红外天文卫星（IRAS）。据英国《每日邮报》报道，对埃及的一项卫星调查发现了大批消失的古迹，其中包括 17 座金字塔、上千座坟墓等，如图 5-11（b）所示。

科学家利用红外图片观测地下建筑物时，也定位了 3000 多个古代遗址。科研人员对此感到十分震惊，他们已经证实至少 2 座金字塔是存在的，而且他们相信，在该地区，还有上千个未知的遗址等待被发现。

红外热像还能进行建筑能效检测，可检测建筑外部的热缺陷（见图 5-11（c）），发现建筑内部的霉变隐患，及太阳能系统的性能和维护检测。

在工业设备的维护、生产过程中的监控、研发等领域的应用中，红外热像仪提供了快速可靠的安全测量方法，是工程师得力的助手。

(a) 红外卫星云图（中国天气网提供）　　　　(b) 红外卫星照片寻找到的金字塔照片

(c) 建筑受潮的红外图像

图 5-11　红外线的应用[1]

### 5. 微波

微波是指频率为 300M～3000GHz 的电磁波，是无线电波中一个有限频段的简称，即波长在 1m～0.1mm 之间的电磁波，它是分米波、厘米波、毫米波和亚毫米波的统称。雷达属于微波波段，可应用于气象和航拍，如图 5-12 所示。

### 6. 无线电波

无线电波或射频波是指在自由空间（包括空气和真空）传播的电磁波中，频率在 300GHz

---

[1] 图片来源：http://www.hongwaidq.com/htmlstyle/caseinfo_15962.html

(a) 东北雷达拼图

(b) 西藏东南山区图

图 5-12  微波的应用

以下（下限频率较不统一，在各种射频规范书中，常见的有三种：3k～300GHz，9k～300GHz，10k～300GHz）的电磁波。医学中利用无线电波进行核磁共振，见图 5-13（b）、（c）。

(a) 无线电波发射装置

(b) 核磁共振机[1]

(c) 核磁共振的图像

图 5-13  无线电波的应用

## 7．超声波

超声波因其频率下限大约等于人的听觉上限而得名，是指频率高于 20000Hz 的声波，它的方向性好，穿透能力强，易获得较集中的声能，并且在水中传播距离远，可用于测距、测速、清洗、焊接、碎石、杀菌消毒等。在医学（见图 5-14（a）、（b））、军事、工业、农业上有很多的应用。

(a) B 超胆结石图像

(b) B 超胎儿三维图像

图 5-14  超声波的应用

---

1　图片来源：http：//lyszxyy.com/sort/67/sort_67.shtml

## 第二节　数字图像识别技术基础

据统计，在人类接受的信息中，视觉信息所占的比重达到 60%左右，如图 5-15 所示，可见图像在日常的生活中并不陌生。图像是对客观存在物体的一种相似性的、生动的写真或描述。那么，图像处理可以说是人类视觉延续的重要手段。

图 5-15　人类接受信息的分布

### 一、图像的分类

#### 1. 按图像的亮度等级分类

◆ 灰度图像：从黑到白有多种灰度等级的图像（见图 5-16（a））。
◆ 二值图像：只有黑和白两种灰度的图像（见图 5-16（b））。

（a）灰度图像

（b）二值图像

图 5-16　按亮度等级分类

#### 2. 按图像的光谱分类

◆ 彩色图像：图像每一个像素有多于 1 个的局部特征。如图 5-17（a）所示的彩色图像每一个像素由 RGB 三原色构成现实中的彩色信息。
◆ 黑白图像：与彩色图像相对，图像中的每一像素点有一个局域特征（见图 5-17（b））。

（a）彩色图像

（b）黑白图像

图 5-17　按光谱分类

#### 3. 按图像是否时间变换分类

◆ 静止图像：不随时间而变换的图像，如拍摄下存储于计算机中的照片（见图 5-18（a））。
◆ 活动图像：随着时间而变换的图像，如视频短片和电视画面（见图 5-18（b））。

（a）静止图像　　　　　　　　　（b）活动图像（在此展示不出动画的效果）

图 5-18　按时间是否变换分类

### 4. 按图像所占空间和维数分类

◆ 二维图像：平面图像（见图 5-19（a））。
◆ 三维图像：空间图像（见图 5-19（b））。

（a）二维图像　　　　　　　　　　（b）三维图像（埃及艳后）

图 5-19　按维数分类

## 二、数字图像的描述

### 1. 描述公式

人眼所看到的空间位置上的图像，是由于光线照射在图像上并经过反射或透射作用，映入人眼中所形成的图像，可描述为

$$I = f(x, y, z, \lambda, t) \tag{5-1}$$

式中，$x$、$y$、$z$ 是描述空间的位置，$\lambda$ 为波长，$t$ 为时间。只考虑光的能量而不考虑光的波长，视觉上表现为灰度图像，如果图像不随时间改变，那么，静止的灰度图像可描述为

$$I = f(x, y) \tag{5-2}$$

本章中所提到图像如果没有特别的说明，都是指静止的灰度图像，都可用式（5-2）来描述。

### 2. 图像的数字化过程

如同连续时间信号的数字化过程一样，图像的数字化过程需要经过抽样、量化、编码三个过程。下面以一张玩具鸭子的图片为例，说明图像的数字化过程，如图 5-20 所示。

图 5-20　图像的数字化过程

　　首先，要对图像进行栅格化处理，分成若干小块，这个过程称为抽样过程。栅格化越细，图像的分辨率越高，图像显示处理越清晰。

　　然后，每块用一个数字来表示，这个过程称为量化过程。如果图像是灰度图像，通常把纯黑色描述为"0"，纯白色描述为"255"，那么，中间可分为 256 级用以描述中间的过渡色。如果图像是二值图像，那么，纯黑色描述为"0"，纯白色描述为"1"。如果图像为彩色图像，则每一像素会通过三个分量来描述，每一分量常采用 256 级量化。

　　图像的编码可分成无损压缩和有损压缩两种类型，常见的编码方法有香农编码、费诺编码、霍夫曼编码、游程编码、算术编码，以及基于小波变换的编码等。实际中，针对不同需求的图像，常采用不同的压缩编码方法。目前数字图像常采用有损的压缩编码方法，比如手机或数码相机拍摄的 JPEG 图像。

## 三、数字图像处理的研究内容

　　数字图像处理学科所涉及的知识面非常广泛，具体的方法种类繁多，应用也极为普遍。从学科研究内容上分，可以分为以下几个方面。

### 1. 图像数字化

　　图像数字化是指通过取样和量化，把一个以自然形式存在的图像变换为适合计算机处理的数字形式，图像在计算机内部被表示为一个数字矩阵，矩阵中每一元素称为像素。图像数字化需要专门的设备，常见的有各种电子的、光学的扫描设备，还有机电扫描设备和手工操作的数字化仪等。

　　如图 5-21 所示，图像数字化的目的在于将模拟形式的图像通过数字化设备，变为计算机可用的离散图像数据。

### 2. 图像变换和编码

　　图像变换的目的在于使得处理问题简化、有利于特征提取、加强对图像信息的理解。为了便于后续的工作，通常改变图像的表示域和表示数据。效果如图 5-22 所示。

　　对图像信息编码，以满足传输和存储的要求。编码能压缩图像的信息量，但图像质量几乎不变。图像编码可以采用模拟处理技术，再通过模-数转换得到编码，不过目前大多数是采用数字编码技术。编码方法有对图像逐点进行加工的方法，也有对图像施加某种变换，或基于区域、特征进行编码的方法。脉码调制、微分脉码调制、预测码和各种变换都是常用的编码技术。

图 5-21　图像数字化

（a）变换前

（b）变换后

图 5-22　图像的小波变换

## 3．图像增强

图像增强是指使图像清晰，或将其转换为更适合人或机器分析的形式。与图像复原不同，图像增强并不要求忠实地反映原始图像，相反，含有某种失真（例如突出轮廓线）的图像可能比无失真的原始图像更为清晰。常用的图像增强方法有以下几种。

（1）灰度等级直方图处理：使加工后的图像在某一灰度范围内有更好的对比度。

（2）干扰抑制：通过低通滤波、多图像平均、施行某类空间域算子等处理，抑制叠加在图像上的随机性干扰。

（3）边缘锐化：通过高通滤波、差分运算或某种变换，使图形的轮廓线增强。

（4）伪彩色处理：将黑白图像转换为彩色图像，从而使人们易于分析和检测图像包含的信息。

图像增强用于改善图像的质量和视觉效果，或突出感兴趣的部分，以便分析、理解图像的内容。换句话说，通过图像增强操作，可以达到更好的视觉效果（人的视觉和机器的视觉），效果如图 5-23 所示。

## 4．图像复原

图像复原是指除去或减少在获得图像过程中因为各种原因产生的退化，这类原因可能

(a) 处理前　　　　　　　　(b) 处理后

图 5-23　图像增强处理的效果

是由于光学系统的像差或离焦、摄像系统与被摄物体之间的相对运动、电子或光学系统的噪声和介于摄像系统与被摄物体间的大气湍流等。图像复原常用两种方法，不知道图像本身的性质时，可以建立退化源的数学模型，然后施行复原算法除去或减少退化源的影响；有了关于图像本身的先验知识时，可以建立原始图像的模型，然后在观测到的退化图像中通过检测原始图像而复原图像。

如图 5-24 所示，图像复原的目的在于按照严格的计算机模型和计算程式，对退化的图像进行处理，使处理结果尽量接近原始的未失真图像。

图 5-24　三维重建图像

### 5．图像分割

图像分割是数字图像处理中的关键技术之一。图像分割是指将图像中有意义的特征部分提取出来，这包括图像的边缘、区域等，它是进一步进行图像识别、分析和理解的基础。虽然目前已研究出不少边缘提取、区域分割的方法，但还没有一种普遍适用于各种图像的有效方法。因此，对图像分割的研究还在不断深入之中，这是目前图像处理研究中的热点之一。

图像分割根据灰度或几何特性来选定特征，将图像划分成几个有意义的部分，从而使原图像在内容表达上更为简单明了，效果如图 5-25 所示。

### 6．图像描述和分析

图像描述和分析，也称为图像理解，是指对给定的或已分割图像区域的属性及各区域之间的关系用更为简单明确的数值、符号或图形来表征，过程如图 5-26 所示。

图 5-25　图像分割的效果

图 5-26　图像理解的过程

　　从图像中抽取某些有用的度量、数据或信息，目的是得到某种数值结果，而不是产生另一个图像。图像分析的内容和模式识别、人工智能的研究领域有交叉，但图像分析与典型的模式识别有所区别。

　　图像分析不限于把图像中的特定区域按固定数目的类别加以分类，它主要是提供关于被分析图像的一种描述。为此，既要利用模式识别技术，又要利用关于图像内容的知识库，即人工智能中关于知识表达方面的内容。图像分析需要用图像分割的方法，抽取出图像的特征，然后对图像进行符号化的描述。这种描述不仅能对图像中是否存在某一特定对象作出回答，还能对图像内容作出详细描述。

## 四、数字图像处理系统的构成

　　数字图像处理的各个内容是互相有联系的。一个实用的数字图像处理系统往往需要结合几种图像处理技术，才能得到所需要的结果。图像数字化是将一个图像变换为适合计算机处理形式的第一步。图像编码技术可用以传输和存储图像。图像增强和复原可以是图像处理的最终目的，也可以是为进一步的处理作准备。通过图像分割得出的图像特征，可以作为最终结果，也可以作为下一步图像分析的基础。

　　数字图像处理系统常分成预处理、检测与定位、特征提取、特征识别几部分。

### 1. 预处理

图像在传输和保存的过程中，可能会由于各种原因（如成像、复制、扫描、传输以及显示等）受到一些干扰，使得图像的质量发生一些变化；也许有时人的肉眼不能发现图像的变化，但是对于机器而言，它的影响是很大的，可能导致出现检测结果不精确、识别结果误判或漏检等问题。预处理过程的目的就是消除这些干扰因素对图像的影响，改善图像的质量。

常见的图像预处理方法可分成两种：空间域的预处理方法和变换域的预处理方法。空间域的预处理方法有：灰度均衡化处理、尺寸归一化处理、色彩空间归一化处理等。变换域的预处理方法有：DCT 变换、DFT 变换、小波变换、滤波处理等。

### 2. 检测与定位

针对一幅未知图像，需要首先利用数字图像处理技术对图像进行分析，确定图像中是否有目标图像。如果有，则对其进行定位；如果没有，给出检测结果。这样将便于进一步的图像处理工作。同时这一环节也是后续处理的关键，会直接影响识别结果的效果。

常见的检测方法有基于模板的检测方法、基于几何特征的检测方法和基于彩色信息的检测方法等。

### 3. 特征提取

所谓特征提取，在广义上讲，就是指一种变换。对于一个样本，它的原始特征的数量可能很大，此时可以说样本处于一个高维空间中，而通过映射（或变换）的方法用低维空间来表示样本，这个过程就叫做特征提取（Feature Extraction）。映射后的特征被称为二次特征，它们是原始特征的某种组合（通常是线性组合）。若 Y 是数据空间，X 是特征空间，则变换 A：Y—X 就叫做特征提取器。

常见的特征提取方法有基于代数特征的提取方法和基于几何特征的提取方法等。

### 4. 分类识别

分类识别是指利用掌握的特征信息，对未知的训练样本按照某种判别准则进行分析，得出分类后的结果。常见的有两种分类识别方式：监督分类识别方式和非监督分类识别方式。例如属于监督分类识别的距离分类器、神经网络分类器、支持向量机分类器，属于非监督分类识别的聚类分类器等。

一般的图像处理系统可以用如下的结构图来描述（见图 5-27）。

图 5-27　一般图像处理系统的结构图

如果系统是一个自学习的自动识别系统，还可以通过下面的结构图来描述（见图 5-28）。

在实际中，具体的系统可以根据需要，对上述系统进行修改，以期达到自动识别的目的。

图 5-28　具备自学习能力的自动识别图像处理系统的结构图

## 第三节　数字图像处理技术的应用案例

图像是人类获取和交换信息的主要来源，因此，图像处理的应用领域必然涉及人类生活和工作的方方面面。随着人类活动范围的不断扩大，图像处理的应用领域也随之不断扩大。目前的图像处理技术主要应用于遥感、医疗、工业、军事公安、文化艺术、体育等方面。下面详细讲述基于数字图像处理的车辆牌照自动识别系统以及数字图像处理在其他领域中的应用。

### 一、汽车牌照自动识别系统

背景介绍：汽车牌照自动识别系统引入了数字摄像和计算机信息管理，采用先进的图像处理、模式识别和人工智能技术，通过对图像的采集和处理，获得更多的信息，从而达到智能化的管理程度。汽车牌照自动识别系统可安装于公路收费站、停车场、十字路口等交通关卡处，其应用前景如下所述。

#### 1．交通监控

利用车牌识别系统的摄像设备，可以直接监视相应路段的交通状况，获得车辆密度、队长、排队规模等交通信息，防范和观察交通事故。城市智能交通监控系统的框架，如图 5-29 所示。

#### 2．交通流量控制指标参数的测量

为达到交通流量控制的目标，一些交通流量指标参数的测量就显得相当重要。该系统能够测量和统计很多交通流量的指标参数，为交通输导系统提供必要的交通流量信息。如图 5-30 所示为交通流量监控的照片。

#### 3．高速公路上的事故自动测报

该系统能够监视道路情况和测量交通流量指标，从而能及时发现高速公路上的超速、

图 5-29　城市智能交通监控系统的框架图

堵车、排队、事故等异常现象。

### 4．养路费交纳、安全检查、运营管理实行不停车检查

根据识别出的车牌号码，从数据库中调出该车档案材料，可发现没及时交纳养路费的车辆。此外，该系统还可发现无车牌车辆。若与车型检测器联用，还可迅速发现所挂车牌与车型不符的车辆，如图 5-31 所示为交通流动监管的照片。

图 5-30　交通流量监控

图 5-31　交通流动监管

### 5．车辆定位

由于该系统能自动识别车牌号码，因此，极易发现被盗车辆，以及定位出车辆在路上的行驶位置。这为防范、发现和追踪涉及车辆的犯罪，保护重要车辆（如运钞车）的安全有重大作用，从而对城市治安及交通安全起到重要的保障作用。

### 6．自动识别非法车辆

将摄像机车辆自动识别系统应用于警务查报站，可以把那些隐藏在合法车辆中的套牌、黑车、逃逸车、盗抢车等不法车辆统统挖掘出来。这种模式的应用可以大大提高涉车、人

管理以及涉车治安管理的实现效能,可以解决以下几种问题:①出租车管理及对"黑"出租车的挖掘;②套牌、无牌车辆的稽查;③危险品运输车、渣土车等特种车辆的管理;④涉车案件刑侦和被盗抢车辆的追查;⑤未年审、未交费车辆的查处。

如图 5-32 所示,为 ETC 电子收费系统的工作示意图。

图 5-32　ETC 电子收费系统的工作示意图[1]

## 【知识链接 5-2】　　　我国现有车牌的 6 种类型

图 5-33 所示为我国现有车牌的 6 种类型。现以第 1 种小型车使用的蓝底白字前车牌为例,来进行说明。车牌的标准尺寸为 440mm×140mm,共有 8 个字符。具体分配为第 1 个字符为汉字,是各省、直辖市、自治区的简称,如"辽"、"吉"、"黑"、"京"等;第 2 个字符为除去 I 以外的 25 个大写英文字母,代表具体的城市;第 3 个字符为一个间隔符"·";从第 4 个字符开始,可以为英文和数字组合的形式,也可以是全部数字,其中每个字符的尺寸为 90mm×45mm,字符间隔为 12mm,分隔符为 10mm。

（a）小型车使用的蓝底白字车牌

（b）大型车使用的黄底黑字车牌

（c）军用或警用的白底黑字/红字车牌

（d）国外驻华机构使用的黑底白字车牌

（e）摩托车牌

（f）农用车,拖拉机车牌

图 5-33　我国现有车牌的 6 种类型

---

1　图片来源:http://www.sd.xinhuanet.com/sdjtpd/2010-07/02/content_20228283.htm

## 二、数字图像处理技术在其他领域的应用

### 1. 航空航天领域

数字图像处理技术在航天和航空技术方面的应用,除了 JPL(美国一个以无人飞行器探索太阳系的中心,其飞船已经到过全部已知的大行星,是位于加利福尼亚州帕萨迪那美国国家航空航天局的一个下属机构,负责为美国国家航空航天局开发和管理无人空间探测任务,行政上属于加州理工学院管理,始建于1936年)对月球、火星照片的处理之外,另一方面是用于飞机和卫星的遥感技术中(见图5-34)。

(a) 遥感卫星　　　　　　　　　　　　(b) 遥感图像

图 5-34　航空领域的应用

许多国家每天派出很多侦察飞机对地球上有兴趣的地区进行大量的空中摄影。对得到的照片进行处理分析,以前需要雇用几千人,而现在改用配备有高级计算机的图像处理系统来判读分析,既节省了人力,又加快了速度,还可以从照片中提取人工不能发现的大量有用情报。

自20世纪60年代末,美国及一些国际组织发射了资源遥感卫星(如 LAND SAT 系列)和天空实验室(如 SKY LAB),由于成像条件受飞行器位置、姿态、环境条件等影响,图像质量总体来讲不是很高。以如此昂贵的代价进行简单直观的判读来获取图像是不合算的,必须采用数字图像处理技术。

如 LAND SAT 系列陆地卫星,采用多波段扫描器(MSS),在900km 高空对地球每一地区以18天为一周期进行扫描成像,图像分辨率大致相当于地面上十几米或100米左右(如1983年发射的 LAND SAT-4,分辨率为30m)。

这些图像在空中先处理(数字化,编码)成数字信号存入磁带中,在卫星经过地面站上空时,再高速传送下来,交由处理中心分析判读。这些图像无论是在成像、存储、传输或是在判读分析中,都必须采用很多数字图像处理方法。

现在,世界各国都在利用陆地卫星所获取的图像进行资源调查(如森林调查、海洋泥沙和渔业调查、水资源调查等)、灾害检测(如病虫害检测、水火检测、环境污染检测等)、资源勘察(如石油勘查、矿产量探测、大型工程地理位置勘探分析等)、农业规划(如土壤营养、水份和农作物生长、产量的估算等)、城市规划(如地质结构、水源及环境分析等)。中国也陆续开展了以上诸多方面的一些实际应用,并获得了良好的效果。在气象预报和对太空其他星球的研究方面,数字图像处理技术也发挥了相当大的作用。

## 2. 生物医学工程

数字图像处理在生物医学工程方面的应用十分广泛,而且很有成效。除了上面介绍的 CT 技术外,还有一类是对医用显微图像的处理分析(见图 5-35(a)、(b)),如红细胞、白细胞分类,染色体分析,癌细胞识别等。此外,在 X 光肺部图像增晰、超声波图像处理、心电图分析、立体定向放射治疗等医学诊断方面,都广泛地应用了图像处理技术,如图 5-35(c)、(d)所示。

(a)显微诊断系统　　　(b)显微图像　　　(c)B 超诊断系统　　　(d)B 超图像

图 5-35　数字图像处理在生物医学方向的应用

## 3. 图像通信

当前通信的主要发展方向是声音、文字、图像和数据相结合的多媒体通信,具体来讲,是将电话、电视和计算机以三网合一的方式,在数字通信网络上传输。其中,以图像通信最为复杂和困难,因为图像的数据量十分巨大,如传送彩色电视信号的速率达 100Mb/s 以上。要将这样高速率的数据实时传送出去,必须采用编码技术来压缩信息的比特量,在一定意义上讲,编码压缩是这些技术成败的关键。除了已应用较广泛的熵编码、DPCM 编码、变换编码外,目前国内外正在大力研发新的编码方法,如分行编码、自适应网络编码、小波变换图像压缩编码等。如图 5-36 所示为数字图像处理在图像通信方面的应用。

(a)远程会诊　　　　　　　　　(b)视频会议

图 5-36　数字图像处理在图像通信方面的应用

## 4. 工业工程

在工业和工程领域中,数字图像处理技术有着广泛的应用,如自动装配线中检测零件的质量并对零件进行分类,印刷电路板疵病检查,弹性力学照片的应力分析,流体力学图片的阻力和升力分析,邮政信件的自动分拣,在一些有毒、放射性环境内识别工件及物体的形状和排列状态,先进的设计和制造技术中采用工业视觉等。其中值得一提的是,研制出具备视觉、听觉和触觉功能的智能机器人，将会给工农业生产带来新的激励，目前已在工业生产中的喷漆、焊接、装配中得到有效的利用。如图 5-37 所示为数字图像处理在工业方面的应用。

（a）自动装线系统

（b）火腿肠质量在线自动检测系统

图 5-37 数字图像处理在工业方面的应用

### 5. 军事公安

在军事方面，数字图像处理和识别技术主要用于导弹的精确制导，各种侦察照片的判读，具有图像传输、存储和显示的军事自动化指挥系统，飞机、坦克和军舰的模拟训练系统等；公安业务方面，主要用于对图片的判读分析，指纹识别、人脸鉴别、不完整图片的复原，以及交通监控、事故分析等。目前，已投入运行的高速公路不停车自动收费系统中的车辆和车牌的自动识别系统，都是数字图像处理技术成功应用的例子。如图 5-38 所示为数字图像处理在军事公安方面的应用——人脸识别系统的示意图。

图 5-38 数字图像处理在军事公安方面的应用——人脸识别系统[1]

## 三、数字图像处理技术展望

### 1. 研究现状及存在的问题[2]

图像提取技术得到了越来越多学者的关注，出现了很多的研究成果，但是目前仍存在

---

[1] 图片来源：http://project.yktworld.com/201109/201109031525362332.html。
[2] 参考资料：http://wenku.baidu.com/view/6e92a07e5acfa1c7aa00ccdb.html。

以下 4 点不足和有待解决的问题。

（1）缺乏统一的评价标准。

（2）缺乏先验的知识来支持系统。

（3）最终提取边界很大程度上依赖于 Trimap（Trimap 是指将图像中的像素归为 3 类：确定的前景、确定的背景和未知区域，未知区域中的像素既受到前景像素的影响，也受到背景像素的影响）。

（4）图像提取系统的计算量都比较大。

图像提取技术作为图像处理中的一个重要研究分支，引入了大量概率统计理论，目前对此研究非常活跃，如华盛顿大学专门成立了图形图像实验室（GRAIL），由 SONY 等企业联合一些大学也展开了相关的研究，Microsoft 在其亚洲微软研究院（MRA）专门设有图形图像处理技术研究所和交互可视媒体研究组，北京大学、浙江大学等都相继成立了从事数字图像处理技术研究的国家重点实验室，天津大学从研制数字电视及电影制作设备（如切换台等）的角度，也对图像提取技术进行了较为深入的研究。目前，前景与背景间交界区域的估计模型，是该领域研究的一个重点。

小波变换图像压缩编码是目前有待解决的一个主要问题。尽管小波变换图像压缩编码算法具有结构简单、无需任何训练、支持多码率、压缩比较大、图像复原质量较理想等特点，但在不同程度上，还存在着压缩/解压缩速度慢、图像复原质量不理想等问题，为了进一步改善此算法的工作效率，需要解决正交小波基的选择和数据向量量化编码算法的选择两个主要问题。

纹理研究方法多从信号处理、模式识别理论发展而来，并且处在不断的发展之中。纹理的理论和应用研究已经取得了丰富的成果，但也有一些与之相关的概念和理论尚未取得一致看法。

经过近 90 年的发展，特别是第 3 代数字计算机问世后，数字图像处理技术出现了空前的发展。但仍存在一些亟待解决的问题，具体体现在以下 5 个方面。

（1）在提高精度的同时，着重解决处理速度的问题，巨大的信息量与数据量和处理速度仍然是一对主要矛盾。

（2）加强软件的研究和开发新的处理方法，重点是移植其他学科的技术和研究成果。

（3）边缘学科的研究（如人的视觉特性、心理学特性研究）将促进图像处理技术的发展。

（4）理论研究已逐步形成图像处理科学自身的理论体系。

（5）虽然已建立图像信息库和标准子程序，但统一存放格式和检索图像信息量与数据量大，若没有图像处理领域的标准化，图像信息的建立、检索和交流将是一个极严重的问题，交流和使用极为不便，会造成资源共享的严重障碍。

## 2. 未来的发展方向

图像处理技术未来发展大致体现在以下 4 个方面。

（1）朝高速、高分辨率、立体化、多媒体、智能化和标准化方向发展。具体表现为以下 6 个方面。

① 提高硬件速度：这不仅仅要提高计算机的速度，而且 A/D 和 D/A 的速度要实时化。

② 提高分辨率：主要是提高采集分辨率和显示分辨率，主要困难在于显像管的制造和

图像图形的刷新存取速度。

③ 立体化：图像是二维信息，信息量更大的三维图像将随计算图形学及虚拟现实技术的发展得到更广泛地应用。

④ 多媒体化：20世纪90年代出现的多媒体技术，其关键技术就是图像数据的压缩，目前，数据压缩的国际标准有多个，而且还在发展中，它将朝着人类接收和处理信息最自然的方式发展。

⑤ 智能化：力争使计算机识别和理解能够按照人的认识和思维方式工作，考虑到主观概率和非逻辑思维。

⑥ 标准化：从整体上看，图像处理技术目前还没有国际标准。

（2）图像和图形相结合，朝着三维成像或多维成像的方向发展。

（3）硬件芯片的开发研究。目前结合多媒体的研究，硬件芯片越来越多，如Thomson公司的ST13220采用Systolic结构设计了运动预测器，把图像处理的众多功能固化在芯片上，为实践服务。

（4）新理论和新算法的研究。图像处理科学经过初创期、发展期、普及期和广泛应用期的发展，近年来，引入了一些新的理论并提出了一些新的算法，如Wavelet、Fractal、Morphology、遗传算法和神经网络等，其中，Fractal广泛地应用于图像处理、图形处理、纹理分析，同时还可用于物理、数学、生物、神经和音乐等方面。

## 第四节　数字图像处理技术的硬件设备

数字图像处理系统的基本结构如图5-39所示，由图像输入设备、图像运算处理设备（计算机）、图像存储器、图像输出设备等组成。

图5-39　数字图像处理系统框图

数字图像处理系统是进行图像数字处理及其数字制图的设备系统，包括计算机硬件和软件系统。硬件部分的组成包括：

（1）计算机，按照程序控制，计算机可执行范围广泛的数据处理任务。

（2）图像阵列处理机及显示设备，它具有多种图像存储、处理和显示功能，可大大提高图像处理速度，方便用户对图像进行交互分析处理。

（3）大容量存储设备。

（4）输入、输出设备等。

软件部分由数据输入、图像变换、图像恢复和增强、图像分类、统计分析以及编辑输出等方面的程序组成。系统服务对象有专用于科学研究、产品生产和两者并用的3种情况。

## 一、常见的图像采集设备

图像采集设备的功能是完成图像的采集、数字化转换、存储,并通过专用接口与主机通信,完成图像信息的输入。主要设备包括扫描仪、数码相机、摄像机和图像采集卡等(表 5-1)。

表 5-1　常见的图像采集设备

| 设备类别 | 图片 | 常见品牌 |
| --- | --- | --- |
| 扫描仪 |  | 中晶、尼康、佳能、联想、明基、惠普、爱普生、松下、富士通、柯达、方正、清华紫光、汉王、虹光、蒙恬、柯尼卡、美能达等 |
| 数码相机 |  | 佳能、尼康、索尼、富士、松下、三星、宾得、奥林巴斯、莱卡、卡西欧、柯达、明基、哈苏、理光、爱国者、飞思、适马、禄来、海尔、惠普、拍卡、京华数码、三洋、纽曼等 |
| 摄像机 |  | 索尼、松下、佳能、JVC、三星、莱彩、明基、爱国者、海尔、AEE、菲星、三洋、拍美乐、东芝、柯达、TCL、德浦、索立信、日立等 |

## 二、常见的图像输出设备

图像输出设备的功能是完成对图像的输出。根据不同的输出目标和载体,可以分为以下 3 类:存储器类、显示器类、打印机类等设备(表 5-2)。

表 5-2　常见的图像输出设备

| 设备类别 | 图片 | 常见品牌 |
| --- | --- | --- |
| 存储器类<br>(硬盘、软盘、U盘、移动硬盘、光盘、磁带等) |  | 东芝、西部数据、威刚、日立、联想、纽曼、巴法络、三星、希捷、爱国者等 |
| 计算机显示器类 |  | 联想、三星、飞利浦、宏基、AOC 等 |
| 打印机类 |  | 喷墨打印机:惠普、利盟、爱普生、佳能、三星、联想、明基等。<br>激光打印机:爱普生、富士施乐、方正、联想、利盟、佳能、惠普、三星、柯尼卡、美能达、映美、松下、OKI、兄弟等。<br>针式打印机:爱普生、映美、松下、富士通、实达、OKI、Star、得实等。<br>条码打印机:Argox、GODEX、Intermec、TSC 等。<br>票据打印机:爱普生、富士通等。<br>证卡打印机:FARGO、Datacard 等 |

## 三、数字图像处理技术的硬件芯片

### 1. 数字信号处理器

数字信号处理器（Digital Signal Processor，DSP）是一种独特的微处理器，是以数字信号来处理大量信息的器件。其工作原理是将接收到的模拟信号转换为 0 或 1 的数字信号，再对数字信号进行修改、删除、强化，并在其他系统芯片中，把数字数据解译回模拟数据或实际环境格式。

DSP 不仅具有可编程性，而且其实时运行的速度可达每秒数以千万条的复杂指令程序，远远超过了通用微处理器，是数字化电子世界中日益重要的电脑芯片。它的强大数据处理能力和高运行速度，是最值得称道的两大特色。

目前，德州仪器 TI、Freescale 等半导体厂商在这一领域拥有很强的实力。DSP 芯片实物的照片，如图 5-40（a）所示。

### 2. 现场可编程逻辑门阵列

现场可编程逻辑门阵列（Field Programmable Gate Array，FPGA）是一个含有可编辑元件的半导体设备，是可供使用者现场程序化的逻辑门阵列元件，实物如图 5-40（b）所示。一般来说，FPGA 比专用集成电路（ASIC）的速度要慢，无法完成更复杂的设计，而且会消耗更多的电能。

但是，FPGA 具有很多其他优点，比如可以快速成品，而且其内部逻辑可以被设计者反复修改，从而改正程序中的错误。此外，使用 FPGA 进行调试的成本较低，在一些技术更新较快的行业，FPGA 几乎是电子系统中的必要部件。因为在大批量供货前，必须迅速抢占市场，这时 FPGA 方便灵活的优势就显现出来了。

目前，生产 FPGA 的领先企业为 Xilinx 和 Altera 公司。

### 3. ARM 公司

ARM（Advanced RISC Machines）公司是微处理器行业的一家知名企业，设计了大量高性能、廉价、耗能低的 RISC 处理器、相关技术及软件。该技术具有性能高、成本低和能耗省的特点，适用于多种领域，比如嵌入控制、消费/教育类多媒体、DSP 和移动式应用等。ARM 生产的芯片实物照片，如图 5-40（c）所示。

目前，ARM 公司正以强劲的势头占据着高端电子产品市场的份额。

（a）DSP 芯片

（b）FPGA 芯片

（c）ARM 芯片

图 5-40　数字图像处理相关芯片

## 第五节　光符识别技术

光学字符识别（Optical Character Recognition，OCR）技术是指对文本资料进行扫描，然后对图像文件进行分析处理，获取文字及版面信息的过程。OCR 技术已有 30 多年历史，近几年来，又出现了图像字符识别（Image Character Recognition，ICR）技术和智能字符识别（Intelligent Character Recognition，ICR）技术，实际上，这三种自动识别技术的基本原理是大致相同的。

OCR 技术是属于图像识别技术之一，它是针对印刷体字符，采用光学的方式将文档资料转换成为原始资料黑白点阵的图像文件，然后通过识别软件，将图像中的文字转换成文本格式，以便文字处理软件进一步编辑加工的系统技术。其目的就是要让计算机知道它到底看到了什么，尤其是文字资料。本节将详细介绍 OCR 技术的发展及应用。

### 一、OCR 技术的发展历程

也许提到"OCR"，许多人都会觉得非常陌生，实际上，OCR 技术的应用无处不在，如手机上的汉字的手写输入或利用 OCR 软件进行印刷文字的识别等，而 OCR 技术也在时刻改变着人们的生活。

#### 1. OCR 技术的历史

1929 年，德国科学家 Tausheck 首先提出了 OCR 技术的概念，并且申请了专利。几年后，美国科学家 Handel 也提出了利用光学图像技术对文字进行识别的想法。但这种梦想直到计算机的诞生才变成了现实。OCR 的意思就演变成为利用光学技术对文字和字符进行扫描识别，转化成计算机内码。

在 20 世纪 60—70 年代，世界各国相继开始了对 OCR 技术的研究，而研究的初期，多以文字的识别方法研究为主，且识别的文字仅为 0~9 的数字。以同样拥有方块文字的日本为例，1960 年左右开始研究 OCR 技术的基本识别理论，初期以数字为对象，直至 1965—1970 年间，开始有一些简单的产品出现，如印刷文字的邮政编码识别系统，用于识别邮件上的邮政编码，帮助邮局作区域分信的作业。至今，邮政编码一直是各国所倡导的地址书写方式。

OCR 通过光学技术对文字进行识别。这种技术能够使设备通过光学机制来识别字符，即利用扫描仪或摄像机等光学设备，将各种介质上的字符输入到计算机中，再由计算机对影像进行分析识别，从而得到相应的文本。

OCR 系统把影像作一个转换，使影像内的图形得以保存，表格内资料及影像内的文字一律变成文本格式，然后对这个文本再进行编辑和排版，以节省键盘输入的人力和时间及硬盘的存储空间。

OCR 通常按文字体系分为西文识别、数字识别和汉字识别三种；按字体形式可以分为手写字体识别和印刷字体识别两种；按输入设备又可以分为联机识别和脱机识别两种。

## 2. 汉字 OCR 技术的迅速发展

对于汉字的识别最早可以追溯到 20 世纪 60 年代。1966 年，IBM 公司的 Casey 和 Nagy 发表了第一篇关于印刷体汉字识别的论文，在这篇论文中，他们利用简单的模板匹配法识别了 1000 个印刷体汉字。

20 世纪 70 年代以来，日本学者对汉字识别做了许多工作，其中有代表性的系统有 1977 年东芝综合研究所研发的可识别 2000 个汉字的单体印刷汉字识别系统；80 年代初期，日本武藏野电气研究所研发的可识别 2300 个汉字的多体印刷体汉字识别系统，这代表了当时汉字识别的最高水平。此外，日本的三洋、松下、理光和富士等公司，也有研发的印刷体汉字识别系统。这些系统在方法上，大都采用基于 K-L 数字变换的匹配方案，使用了大量专用硬件，有的设备相当于小型机甚至大型机，价格极其昂贵，没有得到广泛应用。

同国外相比，我国的 OCR 技术研究起步较晚，自 20 世纪 70 年代才开始对数字、英文字母及符号的识别进行研究。80 年代开始，我国政府对汉字自动识别输入的研究给予了充分的重视和支持。

到 1986 年，汉字识别的研究进入一个实质性的阶段，不少研究单位相继推出了中文 OCR 产品。早期的 OCR 软件，由于识别率及产品化等多方面的因素，未能达到实际要求。同时，由于硬件设备成本高，运行速度慢，也没有达到实用的程度。只有个别部门，如信息部门、新闻出版单位等使用 OCR 软件。

1986 年以后，我国的 OCR 研究有了很大进展，在汉字建模和识别方法上都有所创新，在系统研发和开发应用中都取得了丰硕的成果，不少单位相继推出了中文 OCR 产品。进入 20 世纪 90 年代后，随着平台式扫描仪的广泛应用，以及我国信息自动化和办公自动化的普及，大大推动了 OCR 技术的进一步发展，使得 OCR 的识别正确率、识别速度满足了广大用户的要求。

经过科研人员数十年的辛勤努力，汉字识别技术的发展和应用有了长足进步。从简单的单体识别发展到多种字体混排的多体识别，从中文印刷材料的识别发展到中英混排印刷材料的双语识别，可以支持简、繁体汉字的识别，解决了多体多字号混排文本的识别问题。同时，汉字的识别率已达到 98%以上。

## 二、OCR 技术的应用

OCR 产品的三个重要的应用领域是办公室自动化中的文本输入、邮件自动处理，以及与自动获取文本过程相关的其他领域。这些领域包括零售价格识读，定单数据输入，单证、支票和文件识读，微电路及小件产品上状态特征识读等。

### 1. OCR 技术的"三级跳"

任何一项技术要从实验室走向市场，都要实现技术、产品和应用的"三级跳"，对于 OCR 技术来说也是如此。如前所述，OCR 技术在中国经历了几十年的发展，技术和产品已经非常成熟，识别率也达到相当高的水平；而在应用方面，却远远落后于欧美及日本等国家。因此，实现OCR从技术、产品顺利"跳入"应用领域，就成为许多有识之士的奋斗目标。

从行业消费者的需求来看，电子政务、金融、保险、税务、工商等行业用户对信息识别的需求已经越来越广泛，由此大力促使了OCR技术的大规模的应用。而个人消费者对资料电子化、手写识别技术等的需求，也拓展了OCR技术在这一领域的应用之路。

与此同时，网络时代的特征也在影响着OCR应用市场的前进步伐。政府、公司、家庭、个人均是网络时代的组成部分，个人资料电子化、商务办公自动化等需求的呼声越来越高涨，从这个角度来看，OCR应用市场的崛起颇有"时世造英雄"的意味。

在成熟的技术应用和市场的需求下，以成熟完备的技术积累为基础，信息识别领域的应用导向将OCR市场送上了更高的一级台阶。

### 2. 无处不在的OCR

当前，OCR产品已经逐步进入了人们日常的学习、生活、工作等各个应用领域。我们知道，银行的客户存单一般都需进行图像存档，以前的存档方法是通过微拍的方式，非常耗时、耗力。现在通过OCR技术，可以通过扫描仪对存单进行扫描，并使用OCR技术对存单的关键字段进行识别，然后进行索引、存入光盘，极大地方便了查找。

从上面应用中我们不难发现，只要涉及表格、文字方面的信息处理，OCR技术就会很好的发挥优势。因此，保险公司的保单、超市的进货单、增值税发票，甚至人大代表的选票也都可以用OCR技术进行识别，而且识别率相当高。

---

**【知识链接5-3】　　　　　OCR系统的工作流程**

一个OCR系统，从影像到结果输出，必须经过影像输入、影像前处理、文字特征抽取、比对识别，然后经人工校正将认错的文字更正，最后将结果输出。

（1）影像输入：欲经过OCR处理的档案必须通过光学仪器（如影像扫描仪、传真机或任何摄影器材），将影像转入计算机。

（2）影像前处理：影像前处理是OCR系统中需要解决问题最多的一个模块，它包含了影像正规化、去除噪声、影像矫正等的影像处理，以及图文分析、文字行与字分离的文件前处理。

（3）文字特征抽取：单以识别率而言，特征抽取可以说是OCR技术的核心。特征简易地区分为两类：一类为统计的特征；另一类为结构的特征。

（4）对比数据库：当输入文字运算完特征后，不管是用统计或是用结构的特征，都必须有一比对数据库或特征数据库来进行比对。

（5）对比识别：根据不同的特征特性，选用不同的数学距离函数，利用各种特征比对方法的相异互补性，识别出结果。

（6）字词后处理：字词后处理是指利用比对后的识别文字与其可能的相似候选字群中，根据前后的识别文字找出最合乎逻辑的词，做更正的功能。

（7）字词数据库：为字词后处理所建立的词库。

（8）人工校正：OCR 技术最后的关卡，在此之前，使用者可能只是拿只鼠标，跟着软件设计的节奏操作或仅是观看，有可能特别耗费使用者的精神及时间，去更正甚至找寻可能是 OCR 出错的地方。

（9）结果输出：输出需要的档案格式。

## 三、光标识别技术

光标阅读器（Optical Mark Reader，OMR），又称为光电阅读器，产生于 20 世纪 50 年代的英国，主要用于处理一些标准化信息的表格。当时只在英语一科使用。目前，已普遍地应用于高考阅卷、选举、调查问卷统计等领域。

20 世纪 80 年代中期，我国的高考开始接触到标准化，各科都普遍采用了标准化试题，这也带来了阅卷非常困难的问题。80 年代末，教育部提出了在阅卷的过程中使用 OMR 的想法。

最初有些地方引进了英国的设备，该设备在技术上比较成熟，但价格太高，每台设备大概要 20000～40000 美元，如果普遍使用，很多地区无法承受。因为价格的因素，1991 年，国内决定自主研发 OMR。中国电子行业两所知名院校——清华大学和山东大学，边学习国外先进经验边研究创新，终于生产出第一台国产的 OMR。后来技术进一步成熟，国内涌现出一大批优秀的 OMR 生产厂家。

目前，我国几乎所有的招生、会考、自考等都采用 OMR 完成考试阅卷的工作。此外，全国各类大型水平考试、职称考试（如全国英语水平考试、会计资格考试、律师资格考试、公务员考试等）也采用 OMR 来阅卷。随着我国信息产业的发展，大量的信息、数据需要处理，教育、考试标准化的范围扩大，因此，光标阅读器大有用武之地。

而财政统计、税务管理、干部选举、大型问卷、各类评估、人口普查等工作，所有这些涉及大型数据处理的工作，都可以由 OMR 来完成，节省大量的人力、物力，产生良好的社会效益和经济效益。

因此，OMR 作为一种计算机外部设备，具有其他设备不可取代的优点，未来将具有越来越广阔的生存和发展空间。

下面列举一些国内主要的 OMR 生产厂家及网址。

河北南昊：http://www.nhii.cn；http://www.nhydj.cn

山大鸥玛（山大鲁能）：http://www.soullon.com

清华紫光工程事业部 http://www.thunises.com

清华紫光：http://www.thunis.com

京五岳鑫：http://www.maystar.com.cn

北京泰兴：http://www.taixing.com.cn

万方汇博：http://www.cnomr.com

苏州贝格特：http://www.szbgt.com

北京贝格特：http://www.bjbgt.com
武汉腾亚：http://www.whtykj.com
南京怀宇：http://www.huaiyu.cn

下面以 40D 型 OMR（见图 5-41）为例，对 OMR 的一些功能特点进行详细讲解。

40D 型 OMR 采用先进的 DSP 处理器来完成阅读机的扫描控制、信息采集以及模糊识别等功能，无需 PC 工控机，启动速度快、联机可靠性高。主要具有以下特点。

（1）机器内部电路简洁，可靠性高，为完全的自主设备，便于系统的维护与升级。

（2）读卡速度可以在格式文件中设置。

（3）采用高频数字电路的抗干扰技术，彻底解决了老式阅读机因硬件造成的冒点问题，增加了系统的稳定性。

图 5-41　40D 型 OMR

（4）用户自行调试时，只需用一张标准测试卡，在调试软件中标定所有光电管，并保存即可。无需任何专业知识，大大地减少调试的工作量。

（5）采用比较通用的 RS232 串行口或 USB 接口，适用于各种型号、品牌的计算机。

（6）用高速采样控制和智能模糊识别算法，与老式阅读机相比，大大改善了涂点识别的准确性和智能化程度。

40D 型 OMR 的主要性能指标如下所述。

（1）光电传感器支持读取信息卡信息位的路数最高可达 60 位。

（2）读卡速度可调，最高速度达 6 张/s。

（3）数据形式的最大长度由 26 增至 90。

（4）支持"七选多"。所谓"七选多"，是指多选题有 7 个选项，如 A、B、C、D、E、F、G。

## 【阅读文章 5-1】

### 数字 OMR 的应用前景

#### 一、D-OMR 的涵义

D-OMR 是采用"扫描识别技术＋高速扫描仪"来实现标准化考试的自动阅卷与教学测评信息化的智能评卷与教学测评系统。之所以将其称为 D-OMR，主要是为了突出其核心功能及用途，并非是其全部功能及用途的缩写或简称。此外，也是为了与传统的 OMR 相区别。

由于 OMR 是英文 Optical Mark Reader（光标阅读机）首字母的缩写，D 是英文 Digital（数字）的首字母，因此，D-OMR 也可称为数字 OMR。

#### 二、D-OMR 类产品的关键

这里所指的同类产品是指采用"高速扫描仪＋软件系统"实现标准化信息点填涂识别的产品。影响这类产品的功能、性能及用途最为关键的因素包括以下几项。

（1）扫描识别模块的技术及功能。这是决定扫描识别效率及准确性的关键所在，也是决定系统功能及其易用性的主要因素。因为采用不同技术（如定位或非定位，固定定位或相对定位）设计的产品，其功能强弱、性能优劣及操作难易等方面均存在着巨大的差异。因此，它是用户选择产品时需要首要考虑的关键因素。

（2）统计分析的专业性与完善性程度。无论是用于标准化考试阅卷，还是用于其他用途，系统扫描识别出来的原始数据均需通过专业的分析，才能充分发挥其效用（比如教学诊断、针对性教学所需的依据），否则就只是一堆杂乱无序或毫无价值的数据。因此，这同样是用户选择产品时必须考虑的重要因素。

（3）配套设备的功能及性能指标。采用"高速扫描仪＋软件系统"实现标准化信息点填涂识别的产品，最为重要的配套设备就是高速扫描仪。因此，对其品牌和技术参数的考察，也是用户选择产品时不可忽视的因素。

### 三、D-OMR 与 OMR 的区别

首先，两者实现标准化信息涂点识别的原理不同。OMR 采用光机电技术中的反射阅读技术实现，而 D-OMR 则是采用计算机图像识别与处理技术完成。

其次，两者的表现形式及功能与用途不同。OMR 是主要应用于标准化考试阅卷的专用设备，是偏向于硬件类的产品；而 D-OMR 除具有 OMR 的全部功能外，还可广泛地应用于各种题卡合一模式的教学测评、问卷调查、干部评议与会议选举等领域，是偏向于软件类的产品。

再次，两者应用的要求及条件的不同。OMR 需要购买厂家印刷的专用且精致的答题卡，而 D-OMR 则支持用户采用 60 克以上普通纸自行印刷答题卡。两者在使用成本上存在着巨大的差异（前者的答题卡成本是后者的 4 倍以上）。

### 四、D-OMR 取代 OMR 是必然的趋势

D-OMR 必然取代 OMR 是由如下因素决定的。

（1）强大的功能：D-OMR 除具有 OMR 的全部功能外，在各种题卡合一模式的测评、调查、评议及选举等应用上，具有 OMR 无法比拟的绝对优势。

（2）超低的成本：D-OMR 彻底摆脱了 OMR 对精致答题卡的依赖，其采用的 60 克普通纸自行印刷的答题卡成本还不足 OMR 专用答题卡的 1/4。

（3）高效的运行：D-OMR 独特的技术决定了它在答题卡扫描过程中不存在 OMR 的卡纸或停机查错与纠错现象（俗称卡机现象）。尽管单一的扫描速度指标或许低于 OMR 的读卡速度，但 D-OMR 的整体效率还是远高于 OMR。

（4）广泛的用途：D-OMR 除了软件与设备联合的综合用途远多于 OMR 外，其单一的高速扫描仪也可独立地应用于办公及个人用途。而 OMR 除用于标准化考试的阅卷外，很难扩展到其他领域。单一用途的局限性，制约了 OMR 的后续发展。

（5）快速的回报：D-OMR 的价格与高端的 OMR 相当，但其超低的使用成本，可使中等规模的学校正常使用 2 年后，从节省的答题卡成本中回收前期投资。换句话说，与越用成本越高的 OMR 相比，D-OMR 具有相当高的投资回报率。

### 五、如何正确选择 D-OMR 类产品

用户如需购买 D-OMR 类产品，建议按以下流程进行采购，确保质量。

（1）考察产品采用的核心技术，看其是否具备普及化应用的能力。如果产品存在使用

要求太高，操作过于复杂，效率或准确性缺乏保障等问题，势必会影响到使用效率，也难以达到普及化应用的要求。

（2）考察产品的功能及性能，看其是否符合用户的实际使用需要。如果产品功能过于简单或性能不稳定，势必会影响到产品的应用范围，难以满足用户的实际需要。

（3）考察配套设备的功能及技术指标，看其是否符合用户使用的要求和是否具有良好的性价比。如果设备功能及性能较差，不但会影响其使用寿命，还可能导致结果的准确性缺乏保障，无法满足使用要求。

摘编自：http://baike.baidu.com/view/4025407.htm

【阅读文章 5-2】

## 3G 给我们带来了什么？

关于 3G 的应用前景，人们已经发出过无数次的畅想，比如足不出户就可以监控异地工厂的运营，手机视频通话可以随时随地实现等。无论如何，这些美好的畅想让我们相信，3G 带来的信息化革命不仅仅是手机技术的革命，更是整个通信技术的发展和革新。3G 作为一项全新的技术，将深层次地融入到社会化的应用中去，3G 将让生活步入一个新的时代。

（1）政务信息化建设是近几年各地政府全力推进的一项工作。目前很多城市都基本上实现了政务信息化、政府公共服务上网、党政各部门建局域网并且建立内部信息系统、内部信息资源实行数据库化等工作。

在 3G 系统的支持下，政府部门可以实现网络互联及电子公文交换、面向公众的服务网络化、政府物料采购的电子商务化等，从而实现高效率的政务运作。政务信息化为政府工作带来了一场"信息革命"。

（2）教育是信息化的最大受益者，信息化程度的提高对于教育的效果不言而喻。3G 时代，随着通信联络的日益紧密，以及数据业务传输能力提升所带来的视频业务的突破，各种网络远程教育和管理将诠释新的教育理念。

（3）办公、开会是许多企业所必须的商务业务。实现 3G 信息化后，许多商务活动可以变得简单易行，并且节省成本。其中，视频业务的异军突起，也让商务过程在信息化潮流中体现出时代特色。

（4）3G 时代，通过物流业务系统的应用平台，用户可以通过网络管理客户、订单、货品、仓库资源、运输资源等所有的信息资源，配合网上商店、条码扫描系统、GPS 移动定位系统、内部系统软件，方便地实现从接收客户的订单到生产（包装）、出库、运输、单品配送的全程计算机管理和监控。平台还可将分散在不同区域的各个物流环节联接起来，力求实现用最少的库存、最短的运输距离来满足客户的需求。

【阅读文章 5-3】

## 车牌照的字符结构规律

车牌照的字符结构规律见表 5-3。

表 5-3　车牌照的字符结构规律表

| 车牌特征 | 适用车型 | 式　样 |
|---|---|---|
| 蓝牌白字 | 普通小型车（其中包括政府机关专用号段、除政法部门的警车以外的行政用车）的牌照 | 标准式样为[某 A·12345]<br>① "某"：各省/直辖市/自治区的简称，例如"京（北京）"、"皖（安徽）"。<br>② 字母：所在城市的代号，"A"表示省会城市，"O"为公安厅直属车管所发放的牌照，一般是省直机关车牌，也有企业（包括外企）车牌，"OA"是公安行政车牌（不同省份在政法部门行政车牌的排号上会有所不同，但公安机关的全都是"OA"，这个在全国都是一致的） |
| 黄牌黑字 | 大型车辆、摩托车、驾校教练车牌照 | 式样与蓝牌相同。<br>教练车的式样稍有不同，是[某 A·1234 学] |
| 黑牌白字 | 涉外车辆牌照 | 式样和蓝牌基本相同。<br>领事馆车牌样式为[某 O·1234 领]，其中"领"为红字。 |
| 白牌 | 政法部门（公安、法院、检察院、国安、司法）警车、武警部队车辆、解放军军车的牌照都是白牌 | ① 警车：公安警车的牌照式样为[某·A1234 警]，除"警"为红字外，其他都是黑字，一共 4 位数字，含义与普通牌照相同。<br>② 法院警务车牌照是[某·AA123 警]，其中第二个"A"代表法院，如果是"B"的话则代表检察院，"C"和"D"分别代表国安和司法（比如[川·OC123 警]是四川省国家安全厅的警务车牌），除公安系统外的警车牌照只有 3 位数字。<br>③ 武装警察序列一共有 8 个警种，其中内卫部队的车牌号为 5 位数字，式样为[WJ01 12345]，其中"WJ"是"武警"的拼音缩写，代表武警序列；字体较小的"01"代表武警总部，换成其他数字则表示部队驻地，比如"32"代表重庆；数字是编号。<br>内卫部队以外的武警车牌与内卫车牌式样相似，但只有 4 位数字，数字前加一个字母表示警种。以武警交通部队为例，其车牌样式为[WJ01 T1234]，其中"T"为交通部队警种代号，"D"、"H"、"S"分别表示武警水电、黄金、森林部队，"01"则不表示总部，而是总部下设的各警种指挥部；"X"、"B"、"J"分别表示公安消防、边防、警卫部队，"01"则表示公安部消防、边防、警卫局。公安部八局（警卫局）的车牌式样为[WJ01 J1234]。<br>④ 军车：军牌由代表大军区（北、沈、兰、济、南、广、成）/军种（海、空）/四总部（军）/军委（军）的汉字、代表单位的字母和 5 位数字标号组成，式样如[北 A-12345]、[海 A-12345]、[空 A-12345]、[军 A-12345]。<br>汉字的"北、沈、兰、济、南、广、成"分别代表北京军区、沈阳军区、兰州军区、济南军区、南京军区、广州军区、成都军区，"海、空"代表海军、空军，"军"代表四总部和军委 |

## 本章小结

数字图像处理技术指的是用计算机对图像信息进行处理的一门技术，包括利用计算机对图像进行各种处理的技术和方法。20 世纪 20 年代，数字图像处理技术首次得到应用。20 世纪 60 年代中期，随电子计算机的发展而得到普遍应用。

数字图像处理的基本特点是：处理信息量大；占用频带较宽；数字图像中各个像素是

不独立的，其相关性大；可进行图像的三维处理；受人的因素影响较大。

数字图像处理的优点是：再现性好、处理精度高、适用面宽、灵活性高。

数字图像处理研究的内容为：图像数字化、图像变换和编码、图像增强、图像复原、图像分割、图像描述和分析。

主要的应用领域集中在：汽车牌照自动识别、航空航天、生物医学工程、图像信息通信、工业工程、军事公安等领域。

OCR 技术是图像识别技术的一种，它主要针对于印刷体字符，是采用光学的方式，将文档资料转换成为原始资料黑白点阵的图像文件，然后通过识别软件，将图像中的文字转换成文本格式，以便文字处理软件进一步编辑加工的系统技术。

OMR 是 OCR 技术的一种特殊形式，主要应用于高考、各类大型水平考试、职称考试、选举、调查问卷统计等。

## 本章内容结构

图像识别技术
- 数字图像处理技术概述
  - 图像处理技术的起源
  - 数字图像处理的发展历程
  - 数字图像处理的三个层次
  - 数字图像处理的基本特点
  - 数字图像处理的优点
  - 数字图像技术与电磁波技术
- 数字图像识别技术基础
  - 图像的分类
  - 数字图像的描述
  - 数字图像处理的研究内容
  - 数字图像处理系统的构成
- 数字图像处理技术的应用案例
  - 汽车牌照自动识别系统
  - 数字图像处理技术在其他领域的应用
  - 数字图像处理技术展望
- 数字图像处理技术的硬件设备
  - 常见的图像采集设备
  - 常见的图像输出设备
  - 数字图像处理技术的硬件芯片
- OCR技术
  - OCR技术的发展历程
  - OCR技术的应用
  - OMR

## 综 合 练 习

一、名词解释

图像处理　　数字图像处理技术　　OCR　　OMR

二、简述题

1. 模拟图像是如何将数字化转成数字图像的？
2. 常见的数字图像处理系统由哪几部分构成的，每一部分都完成哪些功能？

3. 简述车牌识别系统的构成。

### 三、比较思考题

1. 比较模拟图像处理技术与数字图像处理技术的异同。
2. 比较数字图像识别技术与 OCR 技术的异同。
3. 比较 OCR 技术与 OMR 技术的异同。

### 四、实际观察题

1. 图像处理技术在我们生活中有哪些具体应用,请举例说明。
2. 结合亲身经历,谈一下对数字图像处理的体会。

## 参考书目及相关网站

[1] Cox I J,Miller M L. The First 50 Years of Electronic Watermarking[J]. EURASIA J.of Applied Signal Processing,2002,(2):126-132.
[2] 阮秋琦. 数字图像处理[M]. 3 版.北京:电子工业出版社,2011.
[3] 张德丰. MATLAB 数字图像处理[M]. 北京:机械工业出版社,2012.
[4] 王慧琴. 数字图像处理[M]. 北京:北京邮电大学出版社,2006.
[5] 章毓晋. 图像工程(下册):图像理解[M]. 2 版. 北京:清华大学出版社,2007.
[6] 中国图像图形学学会网址 http://www.csig.org.cn

# 第六章

# 生物特征识别技术

**内容提要**

生物特征识别技术主要是指通过人类生物特征进行身份识别和认证的一种技术。这里的生物特征通常具有惟一性(与他人不同)、可以测量或可自动识别与验证性、遗传性或终身不变性等特点。因此,生物特征识别技术是一种十分方便与安全的识别技术。本章主要介绍指纹识别技术、人脸识别技术、虹膜识别技术、语音识别技术等几个方面内容。

**学习目标与重点**

◆ 了解生物特征识别技术的发展历程。
◆ 重点掌握生物特征识别技术的应用现状。
◆ 掌握不同的生物特征识别技术的特点和典型的应用案例。

**关键术语**

生物特征识别技术、指纹识别技术、人脸识别技术、虹膜识别技术、语音识别技术

**【引入案例】 寻找阿富汗少女**

1985年,美国国家地理杂志的资深摄影记者史蒂夫·迈克凯瑞(Steve·Mc Curry)来到巴基斯坦白夏瓦(Peshawar)附近的难民营采访,期间为一位名为莎尔巴特·古拉(Sharbat Gula)的女孩拍摄了一张照片。几个月后,这张《阿富汗少女》出现在1985年6月号的美国《国家地理》杂志的封面上。

2002年1月,史蒂夫·迈克凯瑞重返巴基斯坦,试图寻找这位有着摄人眼神的神秘少女的下落,了解这些年在她身上发生过的故事。

面对数不胜数的阿富汗难民,史蒂夫·迈克凯瑞利用美国联邦调查局分析案件的手法——面部辨识和虹膜技术分析真伪后,终于在偏僻山区找到了如今已是3个孩子的母亲,而且面容略显苍老的莎尔巴特·古拉。

事隔17年,史蒂夫·迈克凯瑞再次为她拍下了一组照片,并再次出现在了《国家地理》的封面上(见图6-1)。同时,寻找和确认其身份的过程也拍摄成为纪录片,在国家地理频道做全球性播出。17年沧海桑田,尽管人的面貌已有了很大的变化,但其生物特征却始终没有改变。

图 6-1　17 年前、后的阿富汗少女照片[1]

## 第一节　生物特征识别技术概述

生物特征识别（Biometric Recognition 或 Biometric Authentication）技术主要是指通过人类的生物特征对其进行身份识别与认证的一种技术。这里的生物特征通常具有惟一性（与他人不同）、可以测量或可以自动识别与验证性、遗传性或终身不变性等特点。目前比较成熟并已大规模使用的方式主要为指纹、虹膜、脸、语音识别等。此外，近年来，耳、掌纹、手掌静脉、脑电波识别、唾液提取 DNA 等研究也有所突破，有望进入商用阶段。

### 一、生物特征识别技术的起源及发展

生物特征识别的应用可以追溯到古埃及时期，当时人们通过给人身体的某一个特定部位进行测量，并记录下数据，当要证明某人的身份时，就与记录的数据进行比对。

在我国古代也用到了生物特征识别技术，秦汉时期，人们将写好的文书用粘土封口，然后再摁上自己的指纹作为凭证。

到了 19 世纪，科学家发现每个人的指纹都是独一无二的，并意识到指纹可以作为身份识别的可行性。从此，测量个人身体特征的概念就确定下来，指纹也成为安全部门进行身份确认的国际通用方法。

20 世纪 60 年代以后，一些公司开发出能自动识别指纹的仪器，应用于安全级别要求较高的原子能实验、生产基地等地的安保工作。美国联邦调查局（Federal Bureau of Investigation，FBI）也开始使用自动识别指纹的设备。但是由于生物特征识别设备在当时是一个高成本产物，无法得到普及，只能在一些高度安保环境中才使用。

到了 20 世纪 70 年代中期，随着成本的下降，已经有一定数量的自动识别指纹的设备开始在美国大范围使用。80 年代，利用除指纹之外的生物特征，如虹膜识别、掌纹识别、面部识别等进行身份鉴定的技术逐步发展起来。1987 年，Drs.Flom & Safir 研究发现的没

---

[1] 资料来源：http://www.baike.com/wiki/%E9%98%BF%E5%AF%8C%E6%B1%97%E5%B0%91%E5%A5%B3

有两个人的虹膜是相似的,这一理论为生物特征识别技术的快速发展作出了贡献。

到了 20 世纪末期,近代的生物特征识别技术开始蓬勃发展。随着计算机应用的发展,生物特征识别技术越来越成熟,生物特征识别产品的成本也越来越低。生物特征识别技术已经在刑侦、政府、军队、电信、金融、商业等领域得到了广泛的应用。

进入 21 世纪,生物特征识别技术受到格外重视,广泛用于反恐、信息安全、金融安全等多方面。2001 年,美国在"9·11"事件后,连续签发了《爱国者法案》、《边境签证法案》、《航空安全法案》,都要求必须采用生物识别技术作为法律实施的保证,要求将指纹、虹膜等生物特征加入护照中。

2003 年,世界民用航空组织向其 188 个成员国公布了生物识别技术的应用规划,提出在个人护照中加入生物特征,并在进入各个国家的边境时,进行个人身份的确认。此规划已获得美国、欧盟、澳大利亚、日本、韩国、南非等国的支持。

在各国政府的重视与推动下,生物特征识别技术将越来越深入到人们的日常生活中。以身份证、护照为基础的生物特征识别技术的应用,将在社会生活的各个方面逐步开始大规模的应用。中国政府也拟定在第三代公民身份证中加入个人的指纹信息。

我国生物特征识别行业最早发展的是指纹识别技术,基本与国外同步,早在 20 世纪 80 年代初,就开始了研究,并掌握了核心技术,产业发展相对比较成熟。而我国对于人脸识别、虹膜识别、掌形识别等生物特征识别技术研究的开展,则是在 1996 年之后。

1996 年,现任中国科学院副秘书长、模式识别国家重点实验室主任的谭铁牛入选中科院的"百人计划",辞去英国雷丁大学的终身教授职务回国,开辟了我国基于人类生物特征的身份鉴别等国际前沿领域的学科研究方向,开始了我国对人脸、虹膜、掌纹等生物特征识别领域的研究。

生物特征包括生物的身体特征和行为特征,其中,身体特征包括指纹、静脉、掌型、视网膜、虹膜、人体气味、脸型,甚至血管、DNA、骨骼等;行为特征则包括签名、语音、行走步态等。

生物特征识别技术通常按照扫描、数字化处理、分析、特征提取、存储、匹配分类几个步骤处理。目前,扫描数字化的处理已经相对成熟,主要的研究集中在分析和特征提取方面。

生物特征识别系统则对生物特征进行取样,提取其惟一的特征转化成数字代码,并进一步将这些代码组成特征模板。当人们与识别系统交互进行身份认证时,识别系统通过获取其特征,并与数据库中的特征模板进行比对,以确定二者是否匹配,从而决定接受或拒绝该人。

由于人体特征具有人体所固有的不可复制的惟一性,这一生物密钥具有无法复制、失窃或被遗忘的特性,从而比传统的身份鉴定方法更安全、更保密和更有方便性。

生物特征识别技术的应用相当广泛,尤其在计算机应用领域居于重要地位。在计算机安全学中,生物特征识别是认证(Authentication)的重要手段,生物测定(Biostatistics)则被广泛地应用于安全防犯,国家安全、公共安全等领域。

对生物特征识别技术来说,被广泛地应用意味着它能在影响亿万人日常生活的各个地方使用。通过取代个人识别码和口令,生物特征识别技术可以阻止非授权的"访问",可以防止盗用 ATM、蜂窝电话、智能卡、桌面 PC、工作站及其计算机网络;在通过电话、网络进行的金融交易时进行身份认证;在建筑物或工作场所,生物特征识别技术可以取代钥匙、证件、图章等。生物特征识别技术的飞速发展及其广泛的应用，将开创个人身份鉴别的新时代。

> 【概念辨析6-1】　　　　生物特征识别技术与其他识别技术
>
> 　　生物特征识别技术主要是对人的身份进行鉴定，是指通过计算机与光学、声学、生物传感器和生物统计学原理等高科技手段密切结合，利用人体固有的生理特性（如指纹、脸像、虹膜等）和行为特征（如笔迹、声音、步态等）来进行个人身份的鉴定。
>
> 　　传统的身份鉴定方法包括身份标识物品（如身份证、证件、银行卡等）和身份标识知识（如用户名和密码）等，但这些鉴定方法主要借助于身体以外的物品，一旦证明身份的标识物品和标识知识被盗或遗忘，身份就容易被他人冒充或无法证明。
>
> 　　生物特征识别技术具有不易遗忘、防伪性能好、不易伪造或被盗、随身"携带"和随时随地可用等优点。

## 二、生物特征识别技术的基本原理

　　生物特征识别技术的核心在于如何获取这些生物特征，并将之转换为数字信息，存储于计算机中，再利用可靠的匹配算法来完成识别与验证个人身份的过程。

### 1. 基本原理

　　生物特征识别技术的原理，如图6-2所示。

图6-2　生物特征识别技术的原理

　　完成整个生物特征识别技术，首先要对生物特征进行取样，样品可以是指纹、面相、语音等；其次要经过特征提取系统，提取出惟一的生物特征，并转化为特征代码；再将特征代码存入数据库，形成识别数据库。当人们通过生物特征识别系统进行身份认证时，识别系统将获取被认证人的特征，然后通过一种特征匹配算法，将被认证人的特征与数据库中的特征代码进行比对，从而决定接受还是拒绝该人。

### 2. 生物特征识别技术的特点

　　生物特征识别技术的特点，决定了该技术是个人身份鉴别的有效手段。其主要特点如下：普遍性、惟一性、稳定性、不可复制性。

（1）普遍性

　　生物特征识别技术所依赖的身体特征基本上是人类与生俱来的，不需要向有关部门申请或制作。

（2）惟一性和稳定性

　　经研究和经验表明，每个人的指纹、掌纹、面部、发音、虹膜、视网膜、骨架等都与别人不同，且终生不变。

（3）不可复制性

随着计算机技术的发展，复制钥匙、密码卡及盗取密码、口令等都变得越来越容易，然而，要复制人类的活体指纹、掌纹、面部、虹膜等生物特征，就困难得多。

综上所述，利用生物特征进行身份验证的方法，无需依赖于各种人造的和附加的物品来证明人的自身，而用来证明自身的，恰恰是人的本身。所以，它不会丢失、不会遗忘、很难伪造和假冒，是一种"只认人、不认物"的、方便安全的保安手段。

## 三、生物特征识别技术的主要内容

### 1. 指纹

指纹在我国古代就被用来代替签字画押，证明身份。大致可分为"弓"、"箕"、"斗"3种基本类型，具有各人不同、终身不变的特性。指纹识别是目前最成熟、最方便可靠、无损伤和价格便宜的生物特征识别技术解决方案，已在许多行业领域中得到了广泛的应用。

1）优点

（1）专一性强，复杂程度高。指纹是人体独一无二的特征，并且它们的复杂度足以提供用于鉴别的足够特征。

（2）可靠性高。如果想要增加可靠性，只需登记更多的指纹，鉴别更多的手指，最多可以多达10个，而且，每一个指纹都是独一无二的。用户将手指与指纹采集头直接接触，是读取人体生物特征最可靠的方法。

（3）速度快、使用方便。扫描指纹的速度比较快，使用非常方便。

（4）设备小、价格低。指纹采集装置更加小型化，可以很容易地与其他设备相结合，而且随着电子传感芯片的快速发展，价格也会更加低廉。

2）缺点

（1）某些人或某些群体的指纹因为指纹特征很少，因此很难成像。

（2）由于现在的指纹鉴别技术都可不存储任何含有指纹图像的数据，而只是存储从指纹中得到的加密的指纹特征数据。每一次使用指纹时，都会在指纹采集装置上留下用户的指纹印痕，而这些指纹痕迹存在被用来复制指纹的可能性。

### 2. 掌纹

手掌几何学是基于几乎每个人的手的形状都是不同的，而且这个手的形状在人达到一定年龄之后就不再发生显著变化的基础上的事实。当用户把他的手放在手形读取器上时，一个手的三维图像就会被捕捉下来。然后，对手指和指关节的形状和长度进行测量。

根据用来识别的数据的不同，手形读取技术可划分为下列三种范畴：手掌的应用、手中血管的模式，以及手指的几何分析。映射出手的不同特征是相当简单的，不会产生大量数据集。但是，即使有了相当数量的记录，手掌几何学也不一定能够把人区分开来，这是因为手的特征是很相似的。与其他生物特征识别方法相比较，手掌几何学不能获得最高程度的准确度。当数据库持续增大时，也就需要在数量上增加手掌的明显特征，用以清楚地将人与模板进行辨认和比较。

### 3. 眼睛

基于分析眼睛的复杂和独特特征的生物特征识别技术主要包括：虹膜识别技术、视网膜识别技术和角膜识别技术。其中常用的是虹膜识别和视网膜识别。

1）虹膜识别

虹膜是位于人眼表面黑色瞳孔和白色巩膜之间的圆环状区域，它在红外光下会呈现出丰富的纹理信息，如斑点、条纹、细丝、冠状、隐窝等细节特征。

虹膜识别技术是通过比对虹膜图像特征之间的相似性来确定人的身份的，其核心是使用模式识别、图像处理等方法，对人眼睛的虹膜特征进行描述和匹配，从而实现自动的个人身份认证。英国国家物理实验室的测试结果表明：虹膜识别是各种生物特征识别方法中错误率最低的。从普通家庭门禁、单位考勤到银行保险柜、金融交易确认，应用后都可以有效地简化通行验证手续、确保安全。如果手机加载"虹膜识别"，即使丢失也不用担心信息泄露。机场通关安检中采用虹膜识别技术，将缩短通关时间，提高安全等级。

2）视网膜识别

视网膜是眼睛底部的血液细胞层。视网膜扫描是采用低密度的红外线去捕捉视网膜的独特特征，血液细胞的惟一模式就因此被捕捉下来。某些人认为，视网膜是比虹膜更为惟一的生物特征。

视网膜识别的优点就在于它是一种极其固定的生物特征，因为它是"隐藏"的，因此不可能受到磨损、老化等影响；使用者也无需和设备进行直接接触；同时，它是一个最难欺骗的系统，因为视网膜是不可见的，无法被伪造。另一方面，视网膜识别也有一些不完善的方面，如视网膜技术可能会给使用者带来健康的损坏，这需要进一步研究；设备投入较为昂贵，识别过程的要求也高。因此，视网膜扫描识别在普遍地推广应用上，具有一定的难度。

### 4. 面部

面部识别系统是通过分析面部特征的惟一形状、模式和位置来辩识人。其采集处理的方法主要是标准视频和热成像技术。

标准视频技术通过一个标准的摄像头来摄取面部的图像或者一系列图像，在面部被捕捉之后，一些核心点被记录，例如眼睛、鼻子和嘴的位置，以及它们之间的相对位置被记录下来，然后形成模板。热成像技术是通过分析由面部的毛细血管的血液产生的热线来产生面部图像，它与视频摄像头不同，热成像技术无需较好的光源条件，因此，即使在黑暗情况下，也可以使用。

面部生物特征识别技术的吸引力在于它能够人机交互，用户无需和设备直接接触。但相对来说，这套系统的可靠性较差，使用者面部的位置与周围的光环境都可能影响系统的精确性，并且设备十分昂贵，只有比较高级的摄像头才可以有效、高速地捕捉面部图像，设备的小型化也比较困难。

此外，面部生物特征识别系统对于因人体面部的如头发、饰物、变老以及其他的变化需要通过人工智能来得到补偿，机器的知识学习系统必须不断地将以前得到的图像和现在的进行比对，以改进核心数据和弥补微小的差别。鉴于以上各种因素，此项技术在推广应用上还存在着一定的困难。

### 5. 语音

语音识别主要包括了两个方面：语言和声音。声音识别是对基于生理学和行为特征的说话者的嗓音和语言学模式的运用，它与语言识别的不同在于，不对说出的词语本身进行辩识，而是通过分析语音的惟一特性（例如发音的频率）来识别出说话的人。声音辩识技术使得人们可以通过说话的嗓音来控制能否出入限制性的区域。

举例来说，通过电话拨入银行。语言识别则要对说话的内容进行识别，主要可用于信息输入、数据库检索、远程控制等方面。现在身份识别方面更多的是采用声音识别。

声音识别也是一种非接触的识别技术，用户可以很自然地接受，使用方便。但由于非人性化的风险、远程控制和低准确度，它并不可靠。并且声音的变化范围（如音量、速度和音质等方面）直接会影响到采集与比对的精确度，一个患上感冒的人有可能被错误的拒认，从而无法使用该声音识别系统。同时随着数字化技术的发展，音频数字处理技术很可能欺骗声音识别系统，其安全性受到了挑战。

### 6. 签名

签名识别，也被称为签名力学辩识，它是建立在签名时的力度上的。它分析的是笔的移动，例如加速度、压力、方向以及笔划的长度，而非签名的图像本身。签名识别和声音识别一样，是一种行为测定学。签名力学的关键在于区分出不同的签名部分，有些是习惯性的，而另一些在每次签名时都不同。

签名作为身份认证的手段已经用了几百年了，应用范围从独立宣言到信用卡都可见到，是一种能很容易被大众接受，而且是一种公认的、较为成熟的身份识别技术。然而，签名辩识的问题仍然存在于获取辩识过程中使用的度量方式以及签名的重复性。

### 7. DNA

人体内的 DNA 在整个人类范围内具有惟一性（除双胞胎可能具有同样结构的 DNA 外）和永久性。因此，除了对双胞胎个体的鉴别可能失去它应有的功能外，这种方法具有绝对的权威性和准确性。DNA 鉴别方法主要根据人体细胞中 DNA 分子的结构因人而异的特点进行身份鉴别。

这种方法的准确性优于其他任何身份鉴别方法，同时有较好的防伪性。然而，DNA 的获取和鉴别方法（DNA 鉴别必须在一定的化学环境下进行）限制了 DNA 鉴别技术的实时性。此外，某些特殊疾病可能改变人体 DNA 的结构组成，系统无法正确地对这类人群进行鉴别。

### 8. 其他

除了以上介绍的几种生物特征识别技术以外，现在开发和研究中的还有通过静脉、耳朵形状、按键节奏、身体气味、行走步态等的识别技术。

表 6-1 对 5 类主要的人体生物特征的自然属性进行了比较。

从表 6-1 列出的特性可以看出，某一应用领域可能特别需要某种生物特征，如应用于刑侦的静脉、指纹识别，亲子鉴定与 DNA 等。与其他生物特征相比，虹膜组织更适用于

表 6-1　5 类主要的人体生物特征的自然属性

| 自然属性＼特性 | 虹膜 | 指纹 | 面部 | DNA | 静脉 |
|---|---|---|---|---|---|
| 惟一性 | 因人而异 | 因人而异 | 因人而异 | 同卵双胞胎相同 | 惟一性 |
| 稳定性 | 终生不变 | 终生不变 | 随年龄段改变 | 终生不变 | 终生不变 |
| 抗磨损性 | 不易磨损 | 易磨损 | 较易磨损 | 不受影响 | 不受影响 |
| 痕迹残留 | 不留痕迹 | 接触时留有痕迹 | 不留痕迹 | 体液、细胞中含有 | 不留痕迹 |

信息安全和通道控制领域。虽然多种特征都具有因人而异的自然属性，但虹膜的重复率极低，远远低于其他特征识别。又如：容易留痕迹可以给刑侦带来很大方便，但也容易被他人利用来造假，则不利于信息安全。再则，虹膜相对不易因伤受损，更加大大减少了因外伤而导致无法进行识别的可能性。而静脉识别更完美，精确度可以与虹膜识别媲美，无须接触，操作方便，适用人群广泛。

## 第二节　指纹识别技术

两枚指纹（Fingerprinting）经常会具有相同的总体特征，但它们的细节特征却不可能完全相同。每个人的指纹在图案、断点和交叉点上各不相同，呈现出惟一性和终生不变性。据此就可以把一个人同他的指纹对应起来，通过将他的指纹和预先保存的指纹数据进行比较，验证真实身份，这就是指纹识别技术。

指纹识别主要根据人体指纹的纹路、细节特征等信息，对操作或被操作者进行身份鉴定。指纹识别技术得益于现代电子集成制造技术和快速而可靠的算法研究，最早成功应用于公安刑侦，近年来，已经开始走入我们的日常生活，成为目前生物检测学中研究最深入、应用最广泛、发展最成熟的技术。

### 一、指纹识别技术的起源与发展

中国是世界上公认的"指纹术"的发源地，在指纹应用方面，具有非常悠久的历史。追溯中华民族的指纹历史，可以上溯到 6000 年以前的新石器时代中期（图 6-3（b）），图 6-3（a）所示为古代丞相指纹印。

（a）古代丞相指纹印　　　　　　（b）古陶罐上原始斗形指纹画[1]

图 6-3　古代的指纹识别

---

[1] 资料来源：刘持平《指纹无谎言》http://www.windaka.com/news/1345.html

在半坡遗址出土的陶器上，就印有清晰可见的指纹图案。在距今有 5000 年历史的红山文化遗址处（今天的内蒙赤峰市东郊红山），考古发现的古陶罐上有 3 组几何曲线画，是 3 枚相同的、典型的箕形指纹画，每枚指纹画都有一条中心线和 6 条围线。在位于青海省乐都县柳湾墓地的马家窑文化，出土了距今 5000 年的人像指纹彩陶壶，其上绘有 4 幅原始的螺旋形指纹画。画面上峭线的起点、终点的细节特征都很明显，并在两组画之间绘制有一个三角，一个中心花纹配左右两个三角纹，组成了一幅完整的斗形指纹画，如图 6-3（b）所示。

【知识链接 6-1】　　　　　"指纹术"在中国古代的应用

指纹学家确认，指纹曾是古人进行陶器纹样设计的模板。被考古学家命名的新石器时代陶器上的几何装饰纹中，如波形纹、弧形纹、圆圈纹、曲线纹、旋涡纹、雷云纹等，在指纹上应有尽有。这是在积累了丰富的指纹观察经验的基础上，创作的准确生动的指纹画。这种创作的成功，是深刻理解指纹特性基础上的再创作，是对指纹术认识的前奏。

中国古代第一个利用指纹的保密措施是秦汉时期（公元前 221 年—公元 25 年）盛行的封泥制。当时的公私文书大都写在木简或木牍上，差发时用绳捆绑，在绳端或交叉处封以粘土，盖上印章或指纹，作为信验，以防私拆。这种泥封指纹作为个人标识，表示真实和信义，同时还可防止伪造，保密措施可靠易行。

中国古代第一个印有指纹的契约文书是 1959 年在新疆米兰古城出土的一份唐代藏文文书（借粟契）。这封契是用长 27.5cm、宽 20.5cm、棕色、较粗的纸写成的，藏文为黑色，落款处按有 4 个红色指印。其中一个能看到峭线，可以确定是指纹。

此外在我国宋代时期，判案就讲证据、讲科学，指纹在那时已作为正式刑事判案的物证。《宋史·元绛传》中记载有元绛利用指纹判案的故事。

指纹最早应用在中国，但指纹技术的形成却是西方人对世界的贡献。

亨利·福尔茨博士是英国皇家内外科医师学会会员，1874—1886 年在日本京筑地医院工作。1880 年 10 月 8 日，他在第 22 期英国《自然》杂志上发表了《手上的皮肤垄沟》（On the Skin-furrows of the Hand）论文。

几乎同一时间，威廉·赫谢尔爵士（大英帝国派驻印度殖民地的内务官，1853—1878 年在孟加拉胡格里地区民政部任职）于 1880 年 11 月 28 日第 23 期的英国《自然》杂志也发表了他的文章——《手的皮肤垄沟》（Skin Furrous of the Hand）。比起亨利·福尔茨博士的论文，他的论文仅迟了一期在同样的杂志上发表，但两篇论文的题目却惊人的相似。

亨利·福尔茨博士在日本讲授生物学的 13 年间，看到日本许多文件和中国一样，都用手印来签署，出于对生物学知识的敏感，对古代陶器的指纹产生了浓厚的兴趣。亨利·福尔茨博士收集了大量的指纹进行研究，并经过大量的观察比对，认定人的指纹各不相同。从而成为第一个提出指纹第一大特性的人。

为了了解指纹是否在人的生命周期内发生变化，亨利·福尔茨博士组织日本的学生和医生进行各种试验，其中包括用砂纸、酸碱试着磨去或腐蚀指纹，但新长出来的指纹与原来一模一样。凭借自己深厚的生物学知识功底，亨利·福尔茨博士从一开始就利用生物学理论和方法来规范自己的指纹研究，很快就得到了指纹各不相同的结论，并证实了由吉森大学讲师、人类学家奥尔克于 1856 年提出的指纹终身不变的理论。到了 1921 年，亨利·福尔茨博士又连续 7 期出版了《指纹学》双月期杂志，奠定其在西方指纹学方面的主导地位。

　　威廉·赫谢尔爵士于 1853—1878 年在印度任职时发现孟加拉的一些中国商人有时在契约上按大拇指印。于是就采用盖手印的方法，让每个士兵在领津贴的名单和收据上盖两个指纹，结果重领和冒领的情况戛然而止。后来，他又让犯人按右手中指和食指为质，制止了当时常见的罪犯雇人服刑、冒名顶替的现象。威廉·赫谢尔爵士在自己长达 19 年的指纹试验和实践中，收集了数千人的指纹档案，为进一步研究指纹技术提供了宝贵的资料。1877 年，他在印度写出了《手之纹线》一文。

　　1891 年，高尔顿用统计学和概率论的理论，整理出指纹的形态规律。高尔顿是达尔文的表弟，擅长统计学，以指纹的三角数目的多少和有无为依据，将千奇百态的指纹合并为弓、箕、斗三大类型，再从其中细分出亚形，并对各种形态编制数字代码，大大方便了指纹档案的管理。亨利·福尔茨的理论经高尔顿的系统整理，于 1892 年，高尔顿出版了经典力作《指纹学》。此书标志着非经验意义上的、有着科学意义的现代指纹学的诞生。

　　威廉·赫谢尔爵士的继任者亨利，于 1893 年学习了高尔顿的《指纹学》，创造出指纹档案分类登记法。亨利把指纹分为 5 个种类：桡侧环（正箕）、尺侧环（反箕）、螺型、平拱和凸拱（见图 6-4），并开始在印度使用。1901 年，英国政府采用了亨利指纹分类法，1903 年德国、1904 年美国、1914 年法国也都相继使用了亨利指纹法，其他国家如瑞士、挪威、俄罗斯、意大利、埃及等国，也在后来陆续采用了亨利指纹分类法。从此，包括我国在内，亨利指纹分类法在世界上广泛地使用。

图 6-4　亨利对指纹的分类[1]

　　19 世纪初，科学研究发现了至今仍然承认的指纹的两个重要特征，一是两个不同手指的指纹纹脊的式样不同；另一个是指纹纹脊的式样终生不变（即指纹的惟一性和不变性）。这个研究成果使得指纹在犯罪事件[2]的鉴别中得以正式应用。20 世纪 60 年代，由于计算机可以有效地处理图形，人们开始着手研究利用计算机来处理指纹。从那时起，自动指纹识别系统在法律实施方面的研究和应用在世界许多国家中展开。

　　到了 20 世纪 80 年代，随着个人计算机、光学扫描这两项技术的革新，使得对指纹取

---

　　1　资料来源：http://biometrics.bokee.com/photo/5104488.html

　　2　主要代表性的事件有：1896 年在阿根廷首次应用，然后是 1901 年的苏格兰，20 世纪初，其他国家也相继应用到犯罪事件的鉴别中。

像成为现实,从而使指纹识别可以在其他领域中得以应用。现在,随着取像设备的引入及其飞速发展,生物指纹识别技术的逐渐成熟,以及可靠的比对算法的发现,都为指纹识别技术提供了更广阔的舞台。比如指纹考勤系统代替了 IC 卡、磁卡等传统的考勤方法,从而从根本上杜绝了代打考勤的现象。

## 二、指纹识别技术的原理和特点

与人工处理不同,一般的生物特征识别技术公司并不直接存储指纹的图像,而是使用不同的数字化算法,在指纹图像上找到并比对指纹的特征。每个指纹都有几个独一无二的、可测量的特征点,每个特征点都有 5～7 个特征,从而 10 个手指会产生至少 4900 个独立、可测量的特征,这足以说明指纹识别是一个更加可靠的鉴别方式。

识别指纹主要从两个方面展开:总体特征和局部特征。在考虑局部特征的情况下,英国学者 E.R.Herry 认为,只要比对 13 个特征点重合,就可以确认为是同一个指纹。

### 1. 总体特征

总体特征是指那些用人眼直接就可以观察到的特征,包括纹形、模式区、核心点、三角点和纹数等,见表 6-2。手指纹型大致可分为环型、弓型、螺旋型三种基本类型,如图 6-5 所示,其他的指纹图案都是基于这三种基本图案组合而成的。但仅仅依靠纹形来分辨指纹是远远不够的,这只是一个粗略的分类,通过更详细的分类使得在大数据库中搜寻指纹会更加方便快捷。

图 6-5  基本的指纹纹形图案

表 6-2  指纹总体特征分析表

| 名称 | 图片 | 描述 |
| --- | --- | --- |
| 模式区<br>(Pattern Area) | | 模式区是指指纹上包括了总体特征的区域,即从模式区就能够分辨出指纹是属于哪一种类型的。有的指纹识别算法只使用模式区的数据。<br>Secure Touch 的指纹识别算法使用了所取得的完整指纹而不仅仅是模式区进行分析和识别。 |
| 核心点<br>(Core Point) | | 核心点位于指纹纹路的渐进中心,它在读取指纹和比对指纹时作为参考点。许多算法是基于核心点的,即只能处理和识别具有核心点的指纹。<br>核心点对于 Secure Touch 的指纹识别算法很重要,但对于没有核心点的指纹,仍然能够处理。 |

续表

| 名称 | 图片 | 描述 |
|---|---|---|
| 三角点<br>（Delta） | | 三角点位于从核心点开始的第一个分叉点或者断点、或者两条纹路会聚处、孤立点、折转处，或者指向这些奇异点。三角点提供了指纹纹路的计数和跟踪的开始之处。 |
| 纹数<br>（Ridge Count） | | 纹数是指模式区内指纹纹路的数量。在计算指纹的纹数时，一般先连接核心点和三角点，这条连线与指纹纹路相交的数量，即可认为是指纹的纹数。 |

### 2. 局部特征

局部特征是指指纹上节点的特征，这些具有某种特征的节点称为特征点。两枚指纹经常会具有相同的总体特征，但它们的局部特征——特征点，却不可能完全相同。指纹纹路并不是连续的、平滑笔直的，而是经常出现中断、分叉或打折。这些断点、分叉点和转折点就称为"特征点"。就是这些特征点提供了指纹惟一性的确认信息。

如图 6-6 所示为几种典型的指纹局部特征，相对应的具体描述见表 6-3。

图 6-6 主要几种指纹节点[1]

表 6-3 指纹局部特征分析表

| 节点类型和名称 | 描述 |
|---|---|
| A：终结点（Ending） | 一条纹路在此终结。 |
| B：分叉点（Bifurcation） | 一条纹路在此分开成为两条或更多的纹路。 |
| C：分歧点（Ridge Divergence） | 两条平行的纹路在此分开。 |
| D：孤立点（Dot or Island） | 一条特别短的纹路，以至于成为一点。 |
| E：环点（Enclosure） | 一条纹路分开成为两条后，立即又合并成为一条，这样形成的一个小环称为环点。 |
| F：短纹（Short Ridge） | 一段较短但不至于成为一点的纹路。 |
| 方向（Orientation） | 节点可以朝着一定的方向。 |
| 曲率（Curvature） | 描述纹路方向改变的速度。 |
| 位置（Position） | 节点的位置通过（$x$, $y$）坐标来描述，可以是绝对的，也可以是相对于三角点或特征点的。 |

---

[1] 图片来源：http://pkuimage.com/art.html

### 3. 采集指纹图像的三种技术

获得良好的指纹图像是一个十分复杂的问题，由于用于测量的指纹仅是相当小的一片表皮，因此，指纹采集设备应有足够好的分辨率，以获得指纹的细节。目前所用的指纹图像采集设备基本上基于三种技术基础：光学技术、半导体硅技术、超声波技术。

（1）光学技术

借助光学技术采集指纹是历史最久远、使用最广泛的技术。将手指放在光学镜片上，手指在内置光源照射下，用棱镜将其投射在电荷耦合器件（CCD）上，进而形成脊线（指纹图像中具有一定宽度和走向的纹线）呈黑色、谷线（纹线之间的凹陷部分）呈白色的数字化的、可被指纹设备算法处理的多灰度指纹图像。

光学指纹采集设备有着明显的优点。它已经过较长时间的应用考验，一定程度上适应温度的变异，较为廉价，可达到 500DPI[1] 的较高分辨率等。

缺点在于由于要求足够长的光程，因此要求足够大的尺寸，而且过分干燥和过分油腻的手指也将使光学指纹产品的效果变坏。

（2）硅技术（CMOS 技术）

20 世纪 90 年代后期，基于半导体硅电容效应的技术趋于成熟。硅传感器成为电容的一个极板，手指则是另一极板。利用手指纹线的脊和谷相对于平滑的硅传感器之间的电容差，形成 8b 的灰度图像。

硅技术的优点在于可以在较小的表面上获得比光学技术更好的图像质量，在 1cm×1.5cm 的表面上可获得 200～300 线的分辨率（较小的表面也导致成本的下降和能被集成到更小的设备中）。

缺点在于易受干扰，可靠性相对差。

（3）超声波技术

为克服光学技术设备和硅技术设备的不足，一种新型的超声波指纹采集设备已经出现。其原理是利用超声波具有穿透材料的能力，而且随材料的不同，会产生大小不同的回波（超声波到达不同材质表面时，被吸收、穿透与反射的程度不同），因此，利用皮肤与空气对于声波阻抗的差异，就可以区分指纹脊与谷所在的位置。超声波技术所使用的超声波频率为 $10^4$～$10^9$Hz，能量被控制在对人体无损的程度（与医学诊断的强度相同）。

超声波技术产品是目前对指纹图像采集能够达到最好的精度，它对手指和平面的清洁程度要求较低，但采集时间会明显地长于前述两类产品。

### 4. 指纹识别的过程与特点

（1）指纹识别的过程

指纹其实是比较复杂的，仅仅依靠图案类型来分辨指纹是远远不够的，这只是一个粗略的分类，但通过分类，使得在大数据库中搜寻指纹更为方便。与人工处理不同，许多生物特征识别技术公司并不直接存储指纹的图像。多年来，在各个公司及其研究机构中产生了许多种数字化的算法（美国有关法律认为，指纹图像属于个人隐私，因此不能直接存储

---

[1] DPI: Dots Per Inch，即每英寸点数，常用于表示图像的分辨率。

指纹图像)。但指纹识别算法最终都归结为在指纹图像上找到并比对指纹的特征。

相对于其他生物特征鉴定技术(例如语音识别及视网膜识别),指纹识别是一种更为理想的身份确认技术。

(2) 特征拾取、验证和辨识

一个高质量的图像被拾取后,需要许多步骤将它的特征转换到一个复合的模板中,这个过程,被称为特征拾取过程,它是手指扫描技术的核心。指纹处理过程如图 6-7 所示。在一开始,通过指纹读取设备读取到人体指纹的图像,取到指纹图像之后,要对原始图像进行初步的处理,使之更为清晰。

(a) 指纹原始图像　　　　(b) 指纹增强图像　　　　(c) 指纹细化图像

图 6-7　指纹处理过程

当一个高质量的图像被拾取后,它必须被转换成一个有用的格式,微小细节的图像来自于这个经过处理的图像。如果图像是灰度图像,相对较浅的部分会被删除,相对较深的部分被变为黑色。脊的像素有 5~8 个被缩细到一个像素,这样就能精确定位脊断点和分岔了。在这一点上,即便是十分精细的图像也存在着变形细节和错误细节,而这些变形和错误细节都要被滤除。除去细节的定位和夹角方法的应用外,也可通过细节的类型和质量来划分细节。这种方法的好处在于检索的速度有了较大的提高,一个显著的、特定的细节,它的惟一性更容易使匹配成功。还有一些生产商采用的方法是模式匹配方法,即通过推断一组特定脊的数据来处理指纹图像。

就应用方法而言,指纹识别技术可分为验证和辨识。验证就是通过把一个现场采集到的指纹与一个已经登记的指纹进行一对一的比对,从而来确定身份的过程。指纹以一定的压缩格式存储,并与其姓名或标识联系起来。随后在对比现场,先验证其标识,然后利用系统的指纹与现场采集的指纹比对,来证明其标识是合法的。

辨识是把现场采集到的指纹同指纹数据库中的指纹逐一对比,从中找出与现场指纹相匹配的指纹,这也叫"一对多匹配"。指纹是人体独一无二的特征,其复杂度足以提供用于鉴别的特征。随着相关支持技术的逐步成熟,指纹识别技术经过多年的发展,已成为目前最方便、可靠、非侵害和价格便宜的生物特征识别技术解决方案,对于广大的市场应用有着很大的发展潜力。

(3) 特征数据

一种单方向的转换,可以从指纹转换成为特征数据,但不能从特征数据转换成为指纹,而两枚不同的指纹不会产生相同的特征数据。有的算法把节点和方向信息组合,产生了更多的数据,这些方向信息表明了各个节点之间的关系,也有的算法还处理整幅指纹图像。

最后，通过计算机模糊比较的方法，把两个指纹的模板进行比较，计算出它们的相似程度，最终得到两个指纹的匹配结果。

## 三、指纹识别技术的应用

目前，从实用的角度看，指纹识别技术是优于其他生物特征识别技术的身份鉴别方法。由于指纹各不相同、终生基本不变的特点已经得到公认，近二三十年的警用指纹自动识别系统的研究和实践，为指纹自动识别技术打下了良好的技术基础。特别是现有的指纹自动识别系统已达到操作方便、准确可靠、价格适中的阶段，是实用化的生物测定方法。

指纹自动识别系统通过特殊的光电转换设备和计算机图像处理技术，对活体指纹进行采集、分析和比对，从而可以自动、迅速、准确地鉴别出个人身份。

指纹自动识别系统一般主要包括对指纹图像采集、指纹图像处理、特征提取、特征值的比对与匹配等过程。现代电子集成制造技术使得指纹的图像读取和处理设备小型化，同时，飞速发展的个人计算机运算速度提供了在计算机，甚至单片机上可以进行指纹比对运算的可能，而优秀的指纹处理和比对算法，则保证了识别结果的准确性。

对现金等贵重物品的保存，早期还是密码式保险柜，这在实际应用中存在很大的漏洞，很容易被破解。通过引入指纹识别技术的改进型指纹识别保险柜，大大增加了现金等贵重物品的安全性。如图6-8（a）所示，为指纹型保险柜。

沈阳工学院在教师考勤系统上应用了指纹识别打卡机，通过指纹识别机，可以方便地进行日常员工的考勤工作，如图6-8（b）所示。

同样，在个人家庭的安保中，指纹识别技术也体现出其安全性的优势。如图6-8（c）所示为指纹型门锁，该技术把主人的指纹（加密后）存储在门锁上，并加装指纹识别系统。当读入家庭成员的指纹时，通过比对指纹，就可以确认开门者是否是家庭的成员。

在计算机系统中，指纹识别可以用于开机登录身份确认、远程网络数据库的访问权限以及身份的确认。如图6-8（d）所示，为指纹U盘，增加了数据的安全性。

在医院里，指纹识别技术还可以用来验证病人身份，例如可用于输血管理。指纹识别技术也有助于证实寻求公共救援、医疗，以及其他政府福利或者保险金的人的身份确认。在这些应用中，指纹识别系统将会取代或者补充许多大量使用照片和ID的系统。

（a）指纹型保险柜　　（b）指纹识别打卡机　　（c）指纹型门锁[1]　　（d）指纹U盘

图6-8 常见的指纹识别设备

---

1　图片来源：http://www.jiaju.cc/product/45740.html

## 第三节 人脸识别技术

人脸识别技术作为生物特征识别技术的一种,目前逐渐引起广大研究者的关注。人脸识别特指利用分析、比较人脸的视觉特征信息,进行身份鉴别的技术。近年来,已成为模式识别与计算机视觉领域内一项受到普遍重视、研究十分活跃的课题。如图 6-9 所示,描述了人脸识别系统的工作过程。

图 6-9 人脸识别系统的工作过程

### 一、人脸识别技术的发展历程

人脸识别的研究工作自 20 世纪 60 年代开始以来,经历了 40 多年的发展,已成为图像分析和识别领域最热门的研究内容之一。而我国的研究则起步于 20 世纪 80 年代,虽然起步较晚,但取得了很多研究成果。人脸识别大致可以分为以下三个发展阶段。

第一阶段是一般性模式下的脸部特征研究,所采用的主要技术方案是基于人脸的几何结构特征的方法,用一个简单的语句将人脸与数据库中的特征数据联系。这一阶段是人脸识别的初级阶段,人工依赖性较强,基本没有实际方面的应用。

第二阶段是人脸识别的成果井喷期,诞生了很多具有代表性的人脸识别算法,美国军方组织了著名的 FERET[1]人脸识别算法测试,同期出现了商业化的人脸识别系统,比如最为著名的 Visionics 的 Face It 系统。

第三阶段是真正的机器自动识别阶段,这一阶段主要克服光照、姿态、表情变化时对人脸识别的准确性的影响。随着人脸识别的深入研究,很多研究者进行了专门的攻关,并取得了一定的进展。由 Blanz 等人提出的三维可变型模型方法,能够克服不同的姿态和光照的影响,其结果表明,具有较好的识别性能,在 10 人的 2000 张图像上的实验中,识别率为 88%。

近年来,生物特征识别技术作为一种身份识别的手段发展神速,得到人们的广泛关注。人脸识别是生物特征识别技术中一个活跃的研究领域,由于其具有直接、友好、方便的特

---

[1] 1993 年,美国国防部高级研究项目署(Advanced Research Projects Agency)和美国陆军研究实验室(Army Research Laboratory)成立了 FERET(Face Recognition Tec0hnology)项目组,建立了 FERET 人脸数据库,用于评价人脸识别算法的性能。

点，成为最容易被接受的生物特征识别方式。如图 6-10 所示，为数码相机的人脸识别自动对焦示意图。

## 二、人脸识别技术的应用现状

近年来，人脸检测作为一个单独的课题受到了日益广泛的重视。在会议电视、视频监控以及视频数据压缩等诸多方面具有广泛的应用，特别是近年来的内容检索，尤其是视频检索的研究方兴未艾，人脸作为重要的、稳定的、具有一定语义的检索特征，在新闻片、故事片等各种题材类型的视频中广泛存在，利用检测得到的人脸，可以有效标注、索引以及分类视频。正如前面所说，人脸检测不仅仅是人脸识别的前提和关键，也是其他应用领域中的一项关键技术。如图 6-11 所示，为人脸的检测。

图 6-10　数码相机的人脸识别自动对焦示意图[1]

图 6-11　人脸的检测[2]

在不断的发展过程中，人们提出了各种人脸识别技术，人脸识别方法得到了很大的发展。由于人脸识别是一种直接、友好、方便、对于使用者无任何心理障碍、容易被人们接受的非侵犯性识别方法，因此，人脸识别的应用范围非常广泛，在许多领域中都有着广阔的应用前景。

在工业领域，自动人脸识别（AFR[3]）系统可以应用于安全成像系统、建筑物的通道控制、工厂的考勤、安全检查系统等。

在商业领域，AFR 系统可应用于银行卡（如信用卡和 ATM 卡）的鉴别、商场或银行的监控（通道控制监视）、小区的保安系统等。

在政府部门，AFR 系统可满足视频会议、移民控制、边境监视、全天候监视、航空港和码头安全检测等的需求。AFR 系统还可用于驾照、护照、个人身份证的鉴定，司法机关的罪犯识别和反恐等活动。

在国防方面，如军事部门出入口的控制、战场监视和军事人员的鉴别等，都能应用 AFR 系统来进行相应的工作。

在医学上，AFR 系统可以通过检测和分析病人的表情等来研究病人的生理反映和进行不间断的监视护理等。

下面举例说明人脸识别的典型应用。

---

1　图片参考资料：http://dv.abang.com/od/dv_02_xuangou/a/02-016_p1.htm
2　图片来源：http://baike.baidu.com/view/246859.htm
3　自动人脸识别：Automatic Face Recognition，AFR。

## 1. 数码相机的人脸自动对焦和笑脸快门技术

人脸自动对焦技术首先是面部捕捉，它根据人类头部的部位进行判定，首先确定头部，然后判断出眼睛和嘴巴等头部特征，通过特征库的比对，确认是人类面部，完成面部捕捉。然后以人脸为焦点进行自动对焦，从而可以大大提高拍摄照片的清晰度（见图6-10）。

笑脸快门技术就是在人脸识别的基础上，完成面部捕捉，然后开始判断嘴的上弯程度和眼的下弯程度，来判断是不是笑了，如图6-12所示。

以上所有的捕捉和比较都是在比对特征库的情况下完成的，所以，特征库是基础，里面有各种典型的面部和笑脸特征数据。

## 2. 公安刑侦破案

通过查询目标人像数据来寻找数据库中是否存在重点人口的基本信息。例如在机场或车站安装该系统，用于抓捕在逃案犯等，如图6-13所示。

图6-12　数码相机的笑脸快门技术

图6-13　人脸特征提取[1]

## 3. 门禁系统

受安全保护的地区可以通过人脸识别门禁系统来辨识试图进入者的身份。人脸识别系统可用于企业、住宅安全和管理，如人脸识别门禁考勤系统、人脸识别防盗门等，如图6-14所示。

（a）门禁人脸识别[2]

（b）人脸识别银行出入系统

图6-14　人脸识别门禁系统

---

1　图片来源：http://info.security.hc360.com/2008/03/310834129871.shtml

2　图片来源：http://baike.baidu.com/view/246859.htm

### 4. 摄像监视系统

摄像监视系统可在机场、体育场、超级市场等公共场所，对人群进行监视。例如在机场安装监视系统，以防止恐怖分子登机。而如果用户的银行卡片和密码被盗，就会在自动提款机上被他人冒取现金，ATM 上应用人脸识别系统，就可以避免这种情况的发生，如图 6-15 所示。

### 5. 网络应用

利用人脸识别系统辅助信用卡的网络支付，可以防止非信用卡的拥有者使用信用卡等，如图 6-16 所示。

图 6-15 人脸识别摄像监视系统

### 6. 身份辨识

身份辨识或许是人脸识别系统在未来规模最大的应用，如电子护照及身份证等，如图 6-17 所示。国际民航组织已确定，从 2010 年 4 月 1 日起，其 118 个成员国和地区，必须使用机读护照，该规定已经成为国际标准，而人脸识别技术是其首推识别模式，美国已经要求和它有出入免签证协议的国家在 2006 年 10 月 26 日之前，必须使用结合了人脸、指纹等生物特征的电子护照系统，到 2006 年年底，已有 50 多个国家实现了这样的系统。

图 6-16 信用卡网络支付[1]

图 6-17 加装人脸识别系统的电子护照及身份证[2]

2011 年年初，美国运输安全署（Transportation Security Administration）计划在全美推广一项基于生物特征的国内通用旅行证件。欧洲很多国家也在计划或者正在实施类似的计划，用包含生物特征的证件对旅客进行识别和管理。中国的电子护照计划也在公安部加紧规划和实施。

### 7. 信息安全

信息安全包括计算机登录、电子政务和电子商务等。在电子商务中，交易全部在网上完成；电子政务中的很多审批流程也都搬到了网上。而当前，交易或者审批的授权都是靠密码来实现的，如果密码被盗，就无法保证安全。如果使用生物特征识别系统，就可以做

---

1　图片来源：http://baike.baidu.com/view/246859.htm

2　图片来源：http://baike.baidu.com/view/246859.htm

到当事人在网上的数字身份和真实身份统一,从而大大增加了电子商务和电子政务系统的可靠性。

与指纹识别、DNA 识别等其他基于生物测定学的识别方法相比,人脸识别系统有着价格便宜、操作方便、易于由操作人员在录入记录时进行检查和验证、易于获得高质量的人脸图像、对使用对象友好和无侵犯性等一系列的优点。

此外,人脸识别技术的研究由于涉及心理物理学、神经科学、图像处理、模式识别、计算机视觉、统计学和人工智能等众多学科知识,技术含量高且市场需求大,产品具有很强的赢利前景。另一方面,由于种族的不同,所以带来了识别库及算法的差异,国外已开发成功的商用软件在我国的应用范围有限,不可能形成垄断,这为国产人脸识别系统占领市场留下了很大的发展空间。

总之,由于人脸识别技术提供了一种直接、友好、方便、非侵犯性、高可靠性和稳定的鉴别途径,有着非常广阔的应用前景。而自动人脸识别系统在各种不同的领域中的应用,必将对人们生活的各个方面产生深刻的影响。

## 三、人脸识别技术的基础

### 1. 人脸识别的含义

人脸识别特指利用分析比较人脸的视觉特征信息进行身份鉴别的计算机技术。一个自动的人脸识别系统的工作可以划分成以下 4 个部分。

(1) 人脸检测(Detection)与分割(Segmentation),即在输入的图像中找到人脸及人脸存在的位置,并将人脸从背景中分割出来。

(2) 人脸的规范化(Normalization),校正人脸在尺度、光照和旋转等方面的变化。

(3) 人脸表征(Face Representation),采用某种方法表示出数据库中的已知人脸和检测出的人脸,通常的方法有几何特征、代数特征、特征脸、固定特征模板等。

(4) 人脸识别(Recognition),根据人脸的表征方法,选择适当的匹配策略,将得到的人脸与数据库中的已知人脸相比较,即对检测与定位的人脸图像预处理后,进行人脸特征提取与匹配识别。

### 2. 人脸识别技术基本原理

人脸识别系统的基本框架如图 6-18 所示。首先,由传感器(如 CCD 摄像机)捕获人脸图像;其次经预处理来提高图像的品质;再根据人脸检测来定位人脸,并将人脸图像设置成预先定义的尺寸;特征提取用于抽取有效的特征,以降低原模式空间的维数;而分类器则根据特征来做出决策分类。

图 6-18 人脸识别系统基本框架

目前，人脸识别技术已从实验室的原型系统逐渐走向商用，出现了大量的识别算法和若干的商业应用系统。然而，人脸识别的研究仍面临着巨大的挑战，人脸图像中姿态、光照、表情、饰物、背景、时间跨度等因素的变化，对人脸识别算法的鲁棒性有着负面的影响，一直是影响人脸识别技术进一步实用化的主要障碍。如图6-19所示，为从各方面分别克服以上障碍及所获得信息量的具体框图。

图6-19 人脸识别过程框图及获得信息

人脸识别过程包含以下三个部分。

1）面貌检测

面貌检测是指在动态的场景与复杂的背景中判断是否存在面像，并分离出这种面像。一般有下列几种方法。

（1）参考模板法

首先设计一个或数个标准人脸的模板，然后计算测试采集的样品与标准模板之间的匹配程度，并通过阈值来判断是否存在人脸。

（2）人脸规则法

由于人脸具有一定的结构分布特征，人脸规则的方法会提取这些特征，生成相应的规则以判断测试样品是否包含人脸。

（3）样品学习法

样品学习法采用模式识别中人工神经网络的方法，通过对面像样品集和非面像样品集的学习产生分类器。

（4）肤色模型法

肤色模型法是依据面貌肤色在色彩空间中分布相对集中的规律来进行检测的。

（5）特征子脸法

特征子脸法是将所有面像集合视为一个面像子空间，并基于检测样品与其在子孔间的投影之间的距离，判断是否存在面像。

值得提出的是，上述5种方法在实际检测系统中可综合采用。

2）面貌跟踪

面貌跟踪是指对被检测到的面貌进行动态目标跟踪，具体采用基于模型的方法或基于运动与模型相结合的方法。此外，利用肤色模型跟踪也不失为一种简单而有效的手段。

3）面貌比对

面貌比对是指对被检测到的面貌像进行身份确认，或在面像库中进行目标搜索。这实际上就是说，将采样到的面像与库存的面像依次进行比对，并找出最佳的匹配对象。所以，面像的描述决定了面像识别的具体方法与性能。目前主要采用特征向量与面纹模板两种描述方法。

（1）特征向量法

该方法是先确定眼虹膜、鼻翼、嘴角等面像五官轮廓的大小、位置、距离等属性，然后再计算出它们的几何特征量，而这些特征量形成描述该面像的特征向量。

（2）面纹模板法

该方法是在库中存储若干标准面像模板或面像器官模板，在进行比对时，将采样面像所有像素与库中所有模板采用归一化相关量度量，进行匹配。

此外，还有采用模式识别的自相关网络或特征与模板相结合的方法。

人体面貌识别技术的核心实际为"局部人体特征分析"和"图形/神经识别算法"。这种算法是利用人体面部各器官及特征部位的方法，如对应几何关系，多数据形成识别参数并与数据库中所有的原始参数进行比较、判断与确认。一般要求判断时间低于1s。

### 3．人脸识别技术原理

以上所述对人脸识别的总体框架有了初步的认识，下面将分别介绍在人脸识别过程中，应用的一些重要技术原理。

（1）基于模糊的图像边缘检测技术

物体的边缘包含了物体形状的重要信息，有着特别重要的意义，有时单凭一条粗糙的边缘就能识别出目标，所以，在图像识别和分析中，物体边缘的检测和抽取技术一直深受人们的重视和关注。

【知识链接6-2】　　　边缘检测技术的基础——图像预处理

图像预处理是为实现特征（或基元）抽取、进行模式分类的重要环节。预处理的内容和方法与识别对象、识别方法密切相关，不同的识别对象，决定了不同的识别方法，也决定了不同的预处理内容。

如图6-20所示，是应用图像边缘检测技术采用不同算法仿真得到的边缘检测结果，仿真分析表明，经过增强后的图像保留了更多的信息，增强后的区域之间层次更加清楚；仿真结果也表明该算法提取的边缘信息更加精细。

（2）图像分割技术

阈值化技术是图像分割中一个最常用的工具。阈值选取技术不仅是图像增强、边缘检测中的一个常用方法，而且在模式识别与景物分析中也有重要的应用价值，在人脸检测和人脸识别技术中均占有重要的地位，因此，在许多人脸检测和识别系统中，都采用了图像分割技术。

(a)案例一

(b)案例二

图 6-20　图像边缘检测结果[1]

【知识链接 6-3】　　　图像分割技术的基础——图像的阈值化

　　图像的阈值化是一个基本的像素分割问题，其目的是把一幅图像分割成两类：属于目标的像素和属于背景的像素。属于目标（或背景）像素的灰度值低于或等于给定阈值，而属于背景（或目标）像素的灰度值则大于给定阈值。一般地，阈值选择的方法可划分成两类，即全局阈值化和局部阈值化。全局阈值化技术是指用一个阈值对整幅图像进行阈值处理；局部阈值化技术是指将整幅图像分成几幅子图，再对每幅子图选取阈值进行阈值处理。多年来，已经提出了各种各样的阈值选择方法。

　　下面为常用选择阈值方法——二维最小误差法的仿真实验结果。实验所采用的灰度图像为 Cameraman、House、Lena 和 Girl，其大小为 256×256，均有 256 个灰度级，其中 House 为红外图像，见图 6-21 和图 6-22 所示。

Cameraman　　　　Lena　　　　House　　　　Girl

图 6-21　原图

---

1　图片来源：http://www.cnblogs.com/xianglan/archive/2010/12/29/1920490.html

t=124　　　　　t=92　　　　　t=105　　　　　t=110

图 6-22　二维最小误差法

对于全部 4 幅图像的二维最小误差法都比一维最小误差法的分割效果更好。对于 Cameraman 和 House 图像，二维最小误差法比 Pun 方法有更好的性能；在对 Lena 和 House 图进行分割时，本文方法和 Otsu[1] 方法有基本相似的效果。

边缘检测和图像分割技术需要先从输入人脸图像中提取出边缘，对边缘进行细化、连接处理，提取出人脸头部的基本轮廓线，再在此基础上获得人脸的其他特征，如眼睛、眉毛、鼻子和嘴巴等的位置，最后进行识别或确认是否在背景中存在人脸图像。因此，边缘检测和分割效果的好坏，直接影响着这些系统的成败。如图 6-23 所示，为人脸图像特征点分布图。

图 6-23　人脸图像特征点分布图[2]

（3）彩色人脸识别技术

在以前人脸识别的研究中，一般都以灰度图像为研究对象。但真实的人脸图像是彩色的，这些色彩提供了比灰度人脸图像更为丰富的信息。目前，随着计算机技术的迅猛发展，彩色图像的处理已成为当前人们研究的热门课题。然而，由于灰度图像具有易于处理的特点，而且大多数经典的图像处理方法都是基于灰度图像的。因此，如果将一幅彩色图像经过某种变换转换成灰度图像，使该灰度图像中包含原彩色图像中的绝大多数特征信息，那么，后续处理就可以采用经典的图像处理方法，大大减少了计算量。

基于这一基本思路，可以首先采用 Ohta 提出的一组最优基来模拟 K-L 变换，从而将一幅彩色人脸图像转换成人脸灰度图像，再用特征脸方法来进行人脸识别。基于卡洛南-洛伊（Karhunen-Loeve）变换（简称为 K-L 变换）的彩色人脸图像特征的提取过程，可以用框图（见图 6-24）表示。

现在，主要的人脸识别方法有：①基于脸部几何特征的方法；②基于特征脸（Eigenfaces）的方法；③神经网络的方法；④局部特征分析的方法；⑤弹性匹配的方法。

其中，特征脸法与神经网络方法均属于基于人脸全局特征的识别方法，所谓人脸全局特征是指抽取的特征与整幅人脸图像，甚至整个样本群相关，这种特征未必有明确的含义，但在某种意义上，是易于分类的特征。

---

1　Otsu 算法也称为最大类间差法，或大津算法，被认为是图像分割中阈值选取的最佳算法，计算简单、不受图像亮度和对比度的影响，在数字图像的处理上有着广泛的应用。

2　图片来源：http://roll.sohu.com/20110725/n314483659.shtml

图 6-24 基于 K-L 变换的彩色人脸图像特征的提取过程示意图

协同人脸识别方法是指从人脸图像整体出发，基于人脸全局特征的人脸识别方法。特征脸法具有较好的分类性能，但是特征脸法对污损、低分辨率人脸图像的识别率不高、鲁棒性不强，应用于人脸身份认证的效果较差。

## 四、人脸识别系统的实际案例分析

### 案例一：人脸识别考勤系统——"辨脸通"

目前，大多数企业的考勤采取刷卡方法，但常常会出现员工相互代打卡，考勤管理形同虚设；部分企业使用指纹识别考勤，但总有 5%左右的误识率，而且识别速度慢，上下班高峰时需要排长队。人脸识别考勤系统，解决了上述棘手的问题。

人脸识别考勤系统是基于"人脸无法替代"的特性和为企业级用户提供"便捷、有效"的考勤管理的理念而设计出来的，它采用热门的人脸识别技术，精确地提取人脸特征作为身份识别的依据，从而可以提供准确的考勤记录，替代指纹、打卡考勤机。具体实物如图 6-25 所示。

图 6-25 人脸识别考勤系统[1]

人脸识别考勤系统具有如下特性。

（1）惟一性：每个人都有一张脸，且无法被复制、仿冒，因此，可以提供更准确的考勤管理。

（2）自然性好：人脸识别技术同人类（甚至其他生物）进行个体识别时所利用的生物特征相同，而其他生物特征（如指纹、虹膜）不具备这个特征。

（3）简单方便：无需携带卡，识别速度快，操作简单便捷，仅凭人脸便可轻松识别。

（4）非接触性：无需接触设备，不用担心病毒的接触性传染，既卫生，又安全，不易招致反感。

人脸识别考勤系统就是把人脸识别和考勤系统结合，并通过人脸识别作为考勤管理的要素之一。如图 6-26 所示为辨脸通系统的组成，如图 6-27 所示为辨脸通系统的识别过程。

系统的特色如下所述。

◆ 精确度高，公平公正：识别精确度高，彻底杜绝代打卡现象。

---

[1] 图片来源：http://tupian.baike.com/a1_43_76_01300000335934123985761798721_jpg.html

图 6-26 辨脸通系统的组成[1]

图 6-27 辨脸通系统的识别过程[2]

- 卫生便捷，轻松自然：非接触式识别，识别速度快，既卫生，又免去上下班高峰排长队的苦恼。
- 稳定性高，低耗节能：采用高性能、低功耗的 DSP 处理器，完全脱机操作。同时，设备支持自动休眠模式，环保节能。
- 操作简单，界面人性化：TFT 液晶显示/触摸屏，人性化的 GUI 界面。
- 多种识别方式可选：支持单人脸识别、密码＋人脸识别、ID/IC 卡＋人脸识别等多种模式。
- 智能自学习功能：自动捕获人脸，具备模板自学习功能，随着发型、肤色、年龄等变化，动态更新人脸数据库。
- 网络远程管理：可通过 IE 浏览器或客户端软件，方便地远程查看、控制管理。
- 配备完善的考勤管理软件：管理者可以根据需要，对所有资料进行汇总、编辑、拟制多种考勤管理报表、薪资管理报表、人员管理报表等，满足各种场所的考勤应用。

---

1 图片来源：http://baike.baidu.com/view/4101562.htm
2 图片来源：http://baike.baidu.com/view/246859.htm

**案例二：最新的人脸识别系统，0.01s即可准确识别**

2012年4月在西洽会的新兴产业馆，一套根据人类面部200多个特征点来识别身份的人脸识别系统，赚足了市民的眼球，如图6-28所示。

此人脸识别系统其实是一台特殊的摄像机，判断速度相当快，只需0.01s左右。由于利用的是人体骨骼的识别技术，所以即使易容改装，也难以蒙过它的眼睛。而且"人脸识别系统"具有存储功能，只要把一些具有潜在危险性的"重点人物"的"脸部特写"输入存储系统，重点人物如果擅自闯关，就会在0.01s内被"揪"出来，同时向其他安保中心"报警"。此外，某些重要区域（如控制中心）只允许特定身份的工作人员进出，这时候，面部档案信息未被系统存储的所有人，全都会被拒之门外。

图6-28 最新的人脸识别系统[1]

现在，人脸识别技术距离市民生活并不遥远，比如通过脸部照片信息来打开小区门禁、房间门锁或者进入单位办公室等，使用的就是人脸识别技术。所以，使用人脸识别技术可以大大提高小区的治安水平。

## 第四节 虹膜识别技术

虹膜是指在眼睛瞳孔内的织物状、各色环状物，每一个虹膜都包含一个独一无二的基于像冠、水晶体、细丝、斑点、结构、凹点、射线、皱纹和条纹等特征的结构。每个人每只眼睛的虹膜都是惟一的。即使是整个人类，也没有任何两个虹膜在数学细节是相似的，即使是一对双胞胎，他们的虹膜也不会相同。目前世界上还没有发现虹膜特征重复的案例。即使全人类的虹膜信息都录入到一个数据库中，出现认假和拒识的可能性也相当小。

虹膜识别技术则是利用人眼虹膜终身不变性和个体差异性的特点来进行身份鉴别的一项高新技术。它采用光学手段、非接触式采集虹膜图像，通过计算机图像处理技术对采集到的虹膜图像进行识别、存储。虹膜识别技术与相应的算法结合后，可以到达十分优异的准确度，目前可以达到的误识率为120万分之一。

本节将从虹膜识别技术的特点入手，逐一介绍虹膜识别技术的特点，虹膜识别技术与其他生物特征识别技术的对比等内容，并介绍一些目前较流行的虹膜识别技术的应用事例。

### 一、虹膜识别技术的起源与发展

19世纪，一个法国人类学家指出，人类的生理特征具有区分不同个体的能力。他的儿子随后将其思想应用于巴黎的刑事监狱中，使用耳朵大小、脚的长度等生理特征来区分不同的犯人，虹膜也是当时使用的生理特征之一，不过那时主要利用的是虹膜的颜色信息（与

---

[1] 图片来源：http://www.21ic.com/news/control/ 201204/114903.htm

亚洲人不同，欧洲人的虹膜具有各种各样的颜色）和形状信息。

1936年，眼科专家Frank Burch指出，虹膜具有独特的信息，可用于身份识别。

1987年，眼科专家Aransafir和Leonardflom首次提出利用虹膜/视网膜图像进行自动虹膜/视网膜识别的概念。

1991年，美国洛斯阿拉莫斯国家实验室的Johnson实现了一个自动虹膜/视网膜识别系统，这是有文献记载的最早的一个应用系统。

1993年，Johndaugman实现了一个高性能的自动虹膜/视网膜识别原型系统。

1996年，Richard Wildes研制成功了基于虹膜的身份认证系统。

1997年，中国第一个虹膜/视网膜识别专利得到批准，申请人为王介生。

2005年，中科院自动化所模式识别国家重点实验室因为在"虹膜/视网膜图像获取以及识别的技术"方面取得突出的成绩，获得"国家技术发明二等奖"，这代表了国内虹膜/视网膜识别技术发展的最高水平。

2007年11月，《信息安全技术虹膜/视网膜识别系统技术要求》（GB/T 20979—2007）国家标准颁布实施，起草单位为北京凯平艾森信息技术有限公司。

## 二、虹膜识别技术基础

### 1. 虹膜识别技术的概念

人眼的外观由巩膜、虹膜、瞳孔三部分构成，巩膜即眼球外围的白色部分，眼睛中心为瞳孔部分，虹膜位于巩膜和瞳孔之间，包含了最丰富的纹理信息。外观上看，虹膜由许多腺窝、皱褶、色素斑等构成，是人体中最独特的结构之一。虹膜作为身份标识具有许多先天的优势，如图6-29所示，为虹膜图像。

（1）惟一性

由于虹膜图像存在着许多随机分布的细节特征，造就了虹膜模式的惟一性。英国剑桥大学John Daugman教授提出的虹膜相位特征证实了

图6-29 虹膜图像[1]

虹膜图像有244个独立的自由度，即平均每平方毫米的信息量是3.2bit。实际上，用模式识别方法提取图像特征是有损压缩过程，可以预测，虹膜纹理的信息容量远大于此。并且，虹膜的细节特征主要是由胚胎发育环境的随机因素决定的，即使是克隆人、双胞胎、同一人左右眼的虹膜图像之间也具有显著差异。虹膜的惟一性为高精度的身份识别奠定了基础。英国国家物理实验室的测试结果表明，虹膜识别是各种生物特征识别方法中错误率最低的。

（2）稳定性

虹膜从婴儿胚胎期的第3个月起开始发育，到第8个月，虹膜的主要纹理结构已经成形。除非经历危及眼睛的外科手术，此后几乎终生不变。而且由于角膜的保护作用，发育完全的虹膜不易受到外界的伤害。

---

[1] 图片来源：http://www.lancheng.cn/znsb/hmnews1.html

（3）非接触性

虹膜是一个外部可见的内部器官，不必紧贴采集装置就可以获取合格的虹膜图像，识别方式相对于指纹、手形等需要接触感知的生物特征更加干净卫生，不会污损成像装置，影响其他人的识别。

（4）便于信号处理

在眼睛图像中，和虹膜邻近的区域是瞳孔和巩膜，它们和虹膜区域存在着明显的灰度阶变，并且区域边界都接近圆形，所以，虹膜区域易于拟合分割和归一化。虹膜结构有利于实现具有平移、缩放和旋转不变性的模式表达方式。

（5）防伪性好

虹膜的半径小，在可见光下，中国人的虹膜图像呈现深褐色，看不到纹理信息，具有清晰虹膜纹理的图像获取需要专用的虹膜图像采集装置和用户的配合，所以在一般情况下很难盗取他人的虹膜图像。此外，眼睛具有很多光学和生理特性可用于活体虹膜检测。

### 2．虹膜识别的过程

虹膜识别是通过对比虹膜图像特征之间的相似性来确定身份的，其核心是使用模式识别、图像处理等方法，对眼睛的虹膜特征进行描述和匹配，从而实现自动的个人身份认证。虹膜识别系统的架构如图 6-30 所示。

图 6-30　虹膜识别系统的架构[1]

虹膜识别技术的过程一般来说可分为：虹膜图像获取、图像预处理、特征提取和特征匹配四个步骤。如图 6-31 所示为虹膜识别的流程，如图 6-32 所示为虹膜识别系统设计的结构框图。

1）虹膜图像获取

虹膜图像获取是指使用特定的数字摄像器材对人的整个眼部进行拍摄，并将拍摄到的图像通过图像采集卡传输到计算机中存储。

虹膜图像的获取是虹膜识别的第一步，同时也是比较困难的步骤，它需要光、机、电

---

[1] 图片来源：http://www.sxiot.org.cn/nshow.asp?thex=343&cla=2&ncla=4&clink=wulian.asp

图 6-31 虹膜识别的流程　　　　图 6-32 虹膜识别系统设计的结构框图[1]

技术的综合应用。因为人类眼睛的面积小，如果要满足识别算法的图像分辨率要求，就必须提高光学系统的放大倍数，从而导致虹膜成像的景深较小，所以，现有的虹膜识别系统需要用户停在合适位置，同时眼睛凝视镜头（Stop and Stare）。此外，东方人的虹膜颜色较深，用普通的摄像头无法采集到可识别的虹膜图像。不同于脸像、步态等生物特征的图像获取，虹膜图像的获取需要设计合理的光学系统，配置必要的光源和电子控制单元。

由于虹膜图像获取装置自主研发的技术门槛高，限制了国内虹膜识别研究的开展。中国科学院自动化研究所在 1999 年研制出国内第一套自主知识产权的虹膜图像采集系统，其特点是小巧、灵活、低成本、图像清晰。经过不断地更新换代，自动化所最新开发的虹膜成像仪已经可以在 20～30cm 距离范围通过语音提示、主动视觉反馈等技术采集到合格的虹膜图像。

2）图像预处理

图像预处理是指由于拍摄到的眼部图像包括了很多多余的信息，并且在清晰度等方面不能满足要求，需要对其进行包括图像平滑、边缘检测、图像分离等预处理操作。

虹膜图像预处理过程通常包括虹膜定位、虹膜图像归一化、图像增强三个部分。

3）特征提取

一般认为，虹膜的内外边界可以近似地用圆来拟合。内圆表示虹膜与瞳孔的边界，外圆表示虹膜与巩膜的边界，但是这两个圆并不是同心圆。通常来说，虹膜靠近上、下眼皮的部分总会被眼皮所遮挡，因此，还必须检测出虹膜与上、下眼皮的边界，从而准确地确定虹膜的有效区域。虹膜与上、下眼皮的边界可用二次曲线来表示。虹膜定位的目的就是确定这些圆以及二次曲线在图像中的位置。

常用的定位方法大致可分为两类：边缘检测与 Hough 变换相结合的方法、基于边缘搜索的方法。这两种方法共同的缺点是运算时间长，因此，出现了一些基于上述两种策略的改进方法，但是运算速度并没有数量级的提高。定位仍然是虹膜识别过程中运算时间最长的步骤之一。

---

1　资料来源：http://blog.chinaaet.com/detail/6601.html

(1) 虹膜图像归一化

虹膜图像归一化的目的是将虹膜的大小调整到固定的尺寸。到目前为止，虹膜纹理随光照变化的精确数学模型还没有得到。因此，从事虹膜识别的研究者主要采用映射的方法对虹膜图像进行归一化。如果能够对虹膜纹理随光照强度变化的过程建立数学模型或者近似模拟，将会对虹膜识别系统性能的提高有很大帮助。

(2) 图像增强

图像增强的目的是为了解决由于人眼图像光照不均匀造成归一化后，图像对比度低的问题。为了提高识别率，需要对归一化后的图像进行图像增强。

(3) 特征提取

特征提取是指通过一定的算法，从分离出的虹膜图像中提取出独特的特征点，并对其进行编码。主流的虹膜特征提取和识别方法可分为以下八大类。

① 基于图像的方法：将虹膜图像看成是二维的数量场，像素灰度值就构成联合分布，图像矩阵之间的相关性度量了相似度。

② 基于相位的方法：这种方法认为图像中的重要细节，如点、线、边缘等"事件"的位置信息，大多包含在相位中，所以在特征提取时，舍弃了反映光照强度和对比度的幅值信息。

③ 基于奇异点的方法：虹膜图像中的奇异点分两种，过零点和极值点。

④ 基于多通道纹理滤波统计特征的方法：虹膜图像可以看成是二维纹理，在频域中的不同尺度和方向上会有区分性强的统计特征可供识别，这也是纹理分析中常用的方法。

⑤ 基于频域分解系数的方法：图像可以看成是由很多不同频率和方向的基组成，通过分析图像在每个基投影值的大小分布，就可以深入认识图像中具有规律性的信息。

⑥ 基于虹膜信号形状特征的方法：虹膜信号形状特征包括两方面的信息，一是虹膜曲面凹凸起伏的二维形状信息；二是沿着虹膜圆周的一维形状信息。

⑦ 基于方向特征的方法：方向（Direction）或者朝向（Orientation）是一个相对值，对光照、对比度变化的鲁棒性较强，而且可以描述局部灰度特征，是一种比较适合虹膜图像特征表达的形式。

⑧ 基于子空间的方法：子空间的方法需要在较大规模的训练数据集上根据定义的最优准则找到若干个最优基，然后将原始图像在最优基上的投影系数作为降维的图像特征。

4) 特征匹配

特征匹配是指根据当前采集的虹膜图像进行特征提取，得到的特征编码与数据库中事先存储的虹膜图像特征编码进行比对、验证，从而达到识别的目的。

## 三、国外虹膜识别技术的应用案例

在包括指纹在内的所有生物特征识别技术中，虹膜识别技术是最为方便和最精确的一种。虹膜识别技术被广泛地认为是21世纪最具发展前途的生物认证技术。未来在安防、国防、电子商务等领域的应用，也必然会以虹膜识别技术为重点。这种趋势，现在已经在全球各地的各种应用中开始逐渐显现出来，市场应用前景非常广阔。

## 1. 机场

美国新泽西州肯尼迪国际机场和纽约奥尔巴尼国际机场均安装了虹膜识别仪,用于对工作人员安检,只有通过虹膜识别系统的检测才能进入例如停机坪和行李提取处等受限制场所。

## 2. 校园

2006年1月30日,美国新泽西州的学校在校园里面安装了虹膜识别的装置,以进行安全控制。学校的学生及员工不再使用任何形式的卡片与证件,只要他们在虹膜摄像头前经过,他们的位置、身份便被系统识别出来,所有外来人员都必须进行虹膜资料的登录才能进入到校园中。同时,通过中央登录与权限控制系统,对进入者的活动范围进行控制。系统安装后,校园内的各种违反校规以及侵犯、犯罪活动大大减少,极大地减轻了校园管理的难度。

## 3. 难民

在阿富汗,联合国(UN)与美国联邦难民署(the United Nations Refugee Agency,UNHCR)使用虹膜识别系统来鉴定难民的身份,以防同一个难民多次领取救济品。同样的系统在巴基斯坦与阿富汗的难民营中也在使用。总共有超过200万的难民使用了虹膜识别系统,这套系统对于联合国人道主义援助物资供品的分配起到了很关键的作用。

## 4. 出入境

阿联酋自2002年10月开始,对被驱逐出境的外国人进行虹膜注册,通过在机场以及一些边境检查中使用虹膜识别系统,来阻止所有被阿联酋所驱逐的外国人再次进入境内。该系统不仅能防止被驱逐者再次入境,还能防止正在阿联酋接受司法检查的人员伪造证件、擅自出境以逃脱法律的制裁。德国柏林的法兰克福机场、荷兰史基浦机场以及日本成田机场也安装了虹膜出入境管理系统,应用于乘客通关,如图6-33所示。

图6-33 用于海关边防的虹膜识别系统[1]

## 5. 医院婴儿房

2002年11月,德国巴伐利亚Bad Reichenhall市医院的婴儿房安装了虹膜识别系统来确保婴儿的安全。这是虹膜识别技术首次应用于婴儿保护方面。这套安全系统只允许婴儿的母亲、家人或者医生进入。一旦婴儿出院,母亲的虹膜代码数据就被从系统中删除,不

---

1 图片来源:http://www.sxiot.org.cn/nshow.asp?thex=343&cla=2&ncla=4&clink=wulian.asp

再被允许进入。

### 6. 病人隐私

华盛顿、宾夕法尼亚和阿拉巴马这三个州（城市）的医疗保健体系是基于虹膜识别系统的，该系统保证了病人的医疗记录不会在未授权的情况下被人看到。HIPPA（Health Insurance Portability and Accountability Act）采用了类似的系统来保证个人信息隐私以及安全。

### 7. 酒店通道

2004 年，位于波士顿的隶属于金普顿酒店集团的 Nine Zero 酒店中的 Cloud Nine Penthouse 套房和员工通道安装了 LG IrisAccess 3000 虹膜识别仪。

### 8. 俱乐部通道

位于曼哈顿的 Equinox Fitness 俱乐部的体育馆中应用了虹膜识别系统，用于俱乐部的 VIP 会员进入配备全新设备和最好教练的专用区域。

### 9. 银行营业部

美国 Iriscan 研制出的虹膜识别系统已经应用在美国得克萨斯州联合银行的营业部，储户办理银行业务时，只要摄像机对用户的眼睛进行扫描，就可以对用户的身份进行检验。

## 四、我国虹膜识别技术的应用前景[1]

现在，国内的虹膜识别技术的应用已经开始启动，2010 年的销售额估计在 1000 万人民币左右，发展势头强劲。可以预计，我国虹膜识别技术的产业化将迎来一个明媚的春天。国内虹膜识别系统的主要应用领域有以下几种。

### 1. 门禁和考勤

这也是国内其他生物认证产品的最大应用方向，目前，国内销售的国外虹膜识别产品也主要安装在高档的房地产项目上，用于访问控制。

### 2. 金融和证券

中科院自动化所、模识科技公司和宁波八一集团共同研发的基于虹膜识别技术的银行保险箱/柜已经投入市场，国内第一台虹膜识别 ATM 机也于 2010 年研制成功，参加了中国国际金融（银行）技术暨设备展览会。

### 3. 电子护照和第二代身份证

2003 年，国际民航组织公布的规划要求在个人护照中加入生物特征（面部识别、虹膜识别、指纹识别），并要求在进入各国的边境时进行个人身份的确认。我国迟早会加入这个规划，出于国家安全的考虑，国产虹膜识别系统将有较大的竞争优势。

---

1　参考资料：http://www.21csp.com.cn/CPZX/Article_6169.html。

### 4. 医疗保险和养老保险的发放

我国的社会保障事业正在蓬勃发展中，由于虹膜特征能够保持终身不变，虹膜识别技术可以用于参保人员的身份确认，防止冒领。

### 5. 公安和司法

虹膜识别技术可以应用于如逃犯追踪、司法刑侦等方面。

### 6. 电子商务

我国已经出台《电子签名法》，如果在数字签名方案中引入虹膜识别，必然将增加网上交易的安全性。

### 7. 信息安全

例如文件加密、密码学和虹膜识别技术相结合，将带来更高的信息安全性。

### 8. 特殊行业

如采矿行业的工人下井归来，脸部和手部的生物特征提取都会受到影响，而采用虹膜识别技术，将不必担心这类问题。

虽然虹膜识别技术及相关的产品在我国相关领域的应用取得了成功，但同时也要清醒地认识到与国外优秀的虹膜识别产品相比，国产系统目前还是存在较大的差距，尤其是在虹膜图像采集的硬件装置方面。

现在，虹膜识别系统在实际应用中的主要问题就是获取高质量的虹膜图像需要用户的良好配合，硬件成本也较高。所以，未来虹膜识别的发展趋势是提高系统人机接口的友好性，降低采集设备的成本。

从硬件方面，可以设计景深较大的光学镜头组，引入自动变焦技术和辅助定位技术，来提高系统的易用性；从软件方面，可以利用超分辨率技术和图像增强技术，来提高图像质量，通过语音提示或者视频的方式，提醒用户配合采集设备。

在安全级别要求较高的应用环境中，虹膜图像的活体检测也是一个重要的方面，以防止假冒者盗用他人的虹膜图像。为了规范虹膜图像的数据格式，统一硬件提供商、软件开发商和系统集成商之间的数据接口，促进各种计算机应用之间的数据共享，方便研究人员之间的交流，同时尽早开展虹膜识别标准化方面的工作。

## 第五节 语音识别技术

与机器进行语音交流，让机器明白你说什么，这是人们长期以来梦寐以求的事情。

语音识别技术，也被称为自动语音识别（Automatic Speech Recognition，ASR）技术，就是让机器通过识别和理解过程，把语音信号转变为相应的文本或命令的高技术，也就是让机器听懂人类的语音，其目标是将人类语音中的词汇内容转换为计算机可读的输入（例如按键、二进制编码或字符序列)。

与说话人辨认及说话人确认不同，尝试识别或确认发出语音的说话人，而非其中所包含的词汇内容，这是从狭义上理解的语音识别技术。从广义上讲，语音识别技术应该包括说话人辨认、说话人确认和语义理解等几种情况。

说话人辨认（Speaker Identification）用以判断某段语音是若干人中的哪一个所说的，是"多选一"问题；而说话人确认（Speaker Verification）用以确认某段语音是否是指定的某个人所说的，是"一对一判别"问题。不同的任务和应用会使用不同的语音识别技术。

## 一、语音识别技术的发展历程

所谓"语音识别"技术，就是利用计算机等机械装置来识别人讲话的意义和内容。20世纪50年代，就有人提出"口授打印机"的设想，可以说，这是有关语音识别技术的最早构想。

语音识别技术经历了语音识别、语音合成以及自然语音合成3个阶段。从原理上讲，似乎让计算机识别人的语言并不难，但实际上困难还是不少的。例如，不同的人读同一个词所发出的音在声学特征上却不完全相同；即便是同一个人，在不同情况下对同一个字的发音也不相同；加上人们讲话时常有不合语法规律的情况，有时还夹杂些俗语，或省略一些词语，而且语速变化不定。

所有这些，在我们听别人讲话时似乎都不成为问题，但让机器理解则很困难。近年来，由于计算机功能的日益强大，存储技术、语音算法技术和信号处理技术的长足进步，以及软件编程水平的提高，语音识别技术已经取得突破性的进展，使它的广泛应用成为可能。

### 1. 国外语音识别技术的发展历程

早在计算机发明之前，自动语音识别的设想就已经被提上议事日程，早期的声码器可被视作语音识别及合成的雏形。

20世纪20年代生产的"Radio Rex"玩具狗可能是最早的语音识别器，当这只狗的名字被呼唤时，它能够从底座上弹出来。

20世纪50年代，研究人员大都致力于探索声学-语音学的基本概念。1952年，贝尔实验室的Davis等人成功研发出世界上第一个能识别单一发音人、孤立发音的10个英文数字发音的语音识别系统，采用的方法主要是度量每个数字的元音音段的共振峰。

1960年，英国的Denes等人成功研发出第一个计算机语音识别系统。20世纪60年代，几个日本的实验室进入语音识别领域，并构建出一些专用的硬件，用于语音识别系统。东京的Radio Research Lab首先构建出一个用硬件实现的元音识别器，语音信号经过精心制作的带通滤波器进行谱分析和通道输出谱加权处理后，用多数逻辑决策电路来选择输入语音中元音的识别结果。

大规模的语音识别研究是在进入了20世纪70年代以后，在小词汇量、孤立词的识别等方面都取得了实质性的进展，语音识别技术的研究取得了一系列具有里程碑意义的成就。首先，在模式识别思想、动态规划方法、线性预测思想等基础研究成功应用的支撑下，孤立词发音和孤立语句发音的识别成为可行的有用技术。

进入 20 世纪 80 年代以后，研究的重点逐渐转向大词汇量、非特定人、连续语音识别。继孤立词语识别成为 70 年代研究的主要焦点之后，连接词语识别的问题则是 80 年代研究的焦点。其目标是创建基于用由单个词的模式串接在一起进行匹配、并能识别由词汇串接组成的流畅话语的可靠系统。语音识别研究在 80 年代的最大特点是在研究思路上发生了重大的改变，即由传统的从基于模板的方法向统计模型方法的转变，特别是转向研究隐马尔柯夫模型（HMM）的理论、方法和实现问题。到 80 年代中期，才使原本艰涩的 HMM 纯数学模型工程化，从而为更多的研究者所了解和认识，并被世界上几乎每一个从事语音识别的实验室所采用。此外，再次提出了将神经网络技术引入语音识别的技术思路。

进入 20 世纪 90 年代以后，在语音识别的系统框架方面并没有什么重大突破。但是，在语音识别技术的应用及产品化方面，出现了很大的进展。90 年代对语音识别技术研究的重点转向自然语言的识别处理，任务转移到航空旅行信息的索取。同时，语音识别技术不断地应用于电话网络，增强话务员服务和自动化。

2000 年以来，人机语音交互成为研究的焦点。研究重点包括即兴口语的识别和理解、自然口语对话，以及多语种的语音同声翻译等。

【知识链接6-4】　　　　　　　DARPA 计划

DARPA（Defense Advanced Research Projects Agency）是在 20 世纪 70 年代由美国国防部远景研究计划局资助的一项 10 年计划，旨在支持语言理解系统的研究开发工作。

到了 80 年代，美国国防部远景研究计划局又资助了一项为期 10 年的 DARPA 战略计划，其中包括噪声下的语音识别和会话（口语）识别系统，识别任务设定为"（1000 单词）连续语音数据库管理"。

到了 90 年代，DARPA 计划仍在继续进行，其研究重点已转向识别装置中的自然语言处理部分，识别任务设定为"航空旅行信息检索"。

### 2. 中国语音识别技术的发展历程

中国的语音识别研究工作最早开始于中科院声学所。1958 年，中科院声学所用频谱分析的方法，利用电子管电路实现了汉语 10 个元音的语音识别。

直至 1973 年，才由中国科学院声学所开始进行计算机语音识别技术的研究。到 20 世纪 70 年代后期，构建了基于模板匹配的孤立词语音识别系统。由于当时条件的限制，中国的语音识别研究工作一直处于缓慢发展的阶段。在 80 年代后期，主持研究了"八五"期间中科院人机语音对话研究项目。

进入 20 世纪 80 年代以后，随着计算机应用技术在我国逐渐普及应用以及数字信号技术的进一步发展，国内许多单位具备了研究语音技术的基本条件。一些大专院校和研究所也相继开始了语音识别技术的研究。中科院自动化所、北大、清华等研究机构在中国的语音识别研究的方向和内容等方面，起到了积极的催化和引导作用。

与此同时，在国际上，语音识别技术在经过多年的沉寂后，重新成为研究的热点，发展迅速。就在这种形式下，国内许多单位纷纷投入到这项研究工作中去。

1986年3月，中国高科技发展计划（"863"计划）启动，语音识别作为智能计算机系统研究的一个重要组成部分，被专门列为研究课题。在"863"计划的支持下，中国开始了有组织的语音识别技术的研究，并决定了每隔两年召开一次语音识别技术的专题会议。

继"863"计划之后，汉语大词汇量语音识别-听写机技术成为研究的重点，汉语自然口语对话和语音翻译在"973"计划期间成为新的研究焦点。

2002年，中科院自动化所及其所属的模式科技（Pattek）公司发布了他们共同推出的面向不同计算平台和应用的天语中文语音系列产品——Pattek ASR，结束了中文语音识别产品自1998年以来一直由国外公司垄断的历史。

语音识别的迅速发展依赖高效可靠的应用软件，这使得这些语音识别系统在很多方面得到了应用。这种系统最大特点就是可以实现"君子动口不动手"的数据采集和命令的实现，美国战斗机上就配备这种系统，用于飞行员在空战中下达发射导弹的命令。

目前，我国在语音识别技术的研究上和世界发达国家相比还有一定距离，但在汉语语音识别技术上，有自己的特点与优势，并达到国际先进水平。

【知识链接6-5】 我国关于语音识别技术的研究机构及科研成果

中科院自动化所、声学所、清华大学、北京大学、哈尔滨工业大学、上海交通大学、中国科技大学、北京邮电大学、华中科技大学等科研机构都有实验室进行过语音识别方面的研究，其中具有代表性的研究单位为清华大学电子工程系与中科院自动化研究所模式识别国家重点实验室。

清华大学电子工程系语音技术与专用芯片设计课题组研发出的非特定人汉语数码串连续语音识别系统的识别精度，可达到94.8%（不定长数字串）和96.8%（定长数字串），在允许5%的拒识率情况下，系统识别率可以达到96.9%（不定长数字串）和98.7%（定长数字串），这是目前国际最好的识别结果之一，其性能已接近实用水平。研发的5000词邮包校核非特定人连续语音识别系统的识别率达到98.73%，前三选识别率达99.96%，并可以识别普通话与四川话两种语言，达到实用要求。

## 二、语音识别技术基础

数字语音识别技术是研究如何采用数字信号处理技术来自动提取以及决定语音信号中最基本、最有意义信息的一门新兴的边缘学科，它是语音信号处理学科的一个分支。

语音识别涉及众多学科领域，具体包括：信号处理学、物理学（声学）、模式匹配学、通信及信息理论、语言语音学、生理学、计算机科学（研究软硬件算法以便更有效地实现用于识别系统中的各种方法）、心理学、人工智能等多项技术。

计算机语音识别过程与人对语音识别处理过程基本上是一致的。目前，主流的语音识别技术是基于统计模式识别的基本理论。一个完整的语音识别系统可大致分为以下三部分。

（1）语音特征提取：其目的是从语音波形中提取出随时间变化的语音特征序列。

（2）声学模型与模式匹配（识别算法）：声学模型是识别系统的底层模型，是语音识别系统中最关键的一部分。声学模型通常由获取的语音特征通过训练产生，目的是为每个发音建立发音模板。在识别时，将输入的语音特征同声学模型（模式）进行匹配与比较，得到最佳的识别结果。声学模型的设计和语言发音特点密切相关，声学模型单元大小（字发音模型、半音节模型或音素模型）对语音训练数据量大小、系统识别率，以及灵活性都有较大影响。

（3）语言模型与语言处理：语言模型包括由识别语音命令构成的语法网络或由统计方法构成的语言模型。语义理解是指计算机对识别结果进行语法、语义分析，明白语言的意义，以便做出相应的反应。

### 1．语音识别技术的分类

从技术方面，语音识别技术按照不同的角度有不同的分类方法。

1）从所要识别的单位来分

从所要识别的单位对语音识别系统进行分类，可以分为孤立单词识别、连续单词识别、连续语音识别和连续言语识别与理解。

（1）孤立单词识别（Isolated Word Recognition）是指识别的单元为字、词或短语，由它们组成识别的词汇表，对它们中的每一个通过训练，建立标准模板或模型。

（2）连续单词识别（Connected Word Recognition）是指以比较少的词汇为对象，能够完全识别出每个词。识别的词汇表和标准、样板或模型也是字、词或短语，但识别对象可以是它们中间几个的连续。

（3）连续语音识别（Continuous Speech Recognition）是指以中大规模词汇为对象，但用子词作为识别基本单元的连续语音识别系统。

（4）连续言语识别与理解识别（Conversational Speech Recognition）的内容是说话人以自然方式说出的语音，即以多数词汇为对象，待识别语音是一些完整的句子。虽不能完全准确地识别每个单词，但能够理解其意义。

2）按语音词汇表的大小分

每个语音系统必须有一个词汇表来规定识别系统所要识别的词条。词条越多，发音相同或相似的词也越多，这些词听起来容易混淆，误识读率也随之增加。根据系统所拥有的词汇量大小，可分为有限词汇语音识别系统和无限词汇语音识别系统。

（1）有限词汇语音识别系统按词汇表中字、词或短句的个数的多少，又可以大致分为100以下的小词汇、100～1000的中词汇、1000以上的大词汇三种。一般来说，语音识别的识别率都随单词量的增加而下降。

（2）无限词汇语音识别系统又称为全音节识别，即当识别基元为汉语普通话中对应所有汉字的可读音节。全语音识别是实现无限词汇或中文文本输入的基础。

3）按说话人的限定范围分

根据系统对用户的依赖程度，可以分为特定人语音识别（Speaker-Dependent）和非特定人语音识别（Speaker-Independent）。

特定人语音识别系统可以是个人专用系统或特定群体系统，如特定性别、特定年龄、特定口音等。而非特定人语音识别系统适应于指定的某一范畴的说话人。

4）按识别方法分

按识别方法分，可以分为模板匹配法、概率模型法和基于神经网络的识别方法。

（1）模板匹配法是基于模板的识别方法，事先通过学习获得语音的模式，并将它们做成一系列语音特征模板存储起来。在识别时，首先确定适当的距离函数，再通过诸如时间规整（DTW）等方法，将测试语音与模板的参数一一进行比对与匹配，最后根据计算出的距离，选择在一定准则下的最优匹配模板。

（2）概率模型法是基于统计学的识别方法，在这一框架下，语音本身的变化和特征被表述成各种统计值，不再刻意追求细化语音特征，而是更多地从整体平均的角度来建立最佳的语音识别系统。

（3）基于神经网络的识别方法与生物神经系统处理信息的方式相似，通过用大量处理单元连接成的网络来表达语音基本单元的特性，利用大量不同的拓扑结构来实现识别系统和表述相应的语音或语义信息。这种系统可以通过训练积累经验，从而不断改善自身的性能。

目前，关于语音识别研究的重点在于大词汇量、非特定人的、连续语音识别，并以隐马尔可夫模型为统一框架。

### 2．语音识别技术的优缺点

语音识别技术的优点是系统的成本非常低廉；对使用者来说无需与硬件直接接触，而且说话是一件很自然的事情，所以，语音识别可能是最自然的手段，使用者很容易接受；最适于通过电话来进行身份识别。

语音识别技术的缺点是准确性较差，同一个人由于音量、语速、语气、音质的变化等很多原因，容易造成系统的误识；语音可能被伪造，至少现在可以用录在磁带上的语音来进行欺骗；高保真的录音设备是非常昂贵的。另外，虽然每个人的语音特征均不相同，但当语音模板到达一定数量时，语音特征就不足以区分每个人。而且语音特征容易受背景噪声、被检查者的身体状况的影响。

### 3．语音识别技术的基本原理

语音识别技术又称为声纹识别技术，是将人讲话发出的语音通信声波转换成一种能够表达通信消息的符号序列。这些符号可以是识别系统的词汇本身，也可以是识别系统词汇的组成单元，常称其为语音识别系统的基元或子词基元，如图6-34所示。

图6-34 连续语音识别系统的识别基元

语音识别基元的主要任务是在不考虑说话人试图传达信息内容的情况下，将声学信号表示为若干个具有区别性的离散符号。可以充当语音识别基元的单位可以是词句、音节、音素或更小的单位，具体选择什么样的基元，经常受识别任务的具体要求和设计者的知识背景影响。

1）文本有关的声纹识别系统

文本有关（Text-Dependent）的声纹识别系统要求用户按照规定的内容发音，从而使每个人的声纹模型逐个被精确地建立起来；而识别时，也必须按规定的内容发音，因此可以达到较好的识别效果。但系统需要用户配合，如果用户的发音与规定的内容不符合，则无法正确识别该用户。

这种识别是依赖原文的。系统将一句话与访问者相联系，对每个访问的人，系统会给出不同的句子提示。应对说话者不断变化的主要方法是动态的变化，这包括用一系列的声音向量来描述说话方式，然后计算访问者和允许进入者说话方式的差距。

2）文本无关的声纹识别系统

文本无关（Text-Independent）的声纹识别系统不规定说话人的发音内容，模型建立相对困难，但用户使用方便，可应用范围较广。这种语音识别技术是不依赖于原文的。访问者不必说同样的句子，因此，系统应用的惟一信息就是访问者的语音特征。

（1）训练（Training）：预先分析出语音特征参数，制作语音模板（Template），并存放在语音参数库中。

（2）识别（Recognition）：待识别语音经过与训练时相同的分析，得到语音参数，将它与库中的参考模板一一比对，并采用判决的方法找出最接近语音特征的模板，得出识别结果。

（3）失真测度（Distortion Measures）：在进行比较时要有个标准，这就是计量语音特征参数矢量之间的"失真测度"。

（4）主要识别框架：基于模式匹配的动态时间规整法（DTW：Dynamic Time Warping）和基于统计模型的隐马尔可夫模型法（HMM：Hidden Markov Model）。

【知识链接 6-6】　　　　　　　声纹门禁系统

声纹门禁系统是利用声音来控制门的出入权限，每个人利用自己的声音做钥匙，利用声纹识别技术，特定人员对着语音采集模块说出预先录制的语句，就可以实现身份识别，从而通过门。声纹具有不易遗忘、防伪性能好、不易伪造或被盗、随身"携带"和随时随地可用等优点，与门禁系统相结合，可以有效地提高门禁系统的安全性和便利性。声纹识别设备及系统构成，如图 6-35 所示。

图 6-35　声纹识别设备及系统构成

采用动态时间规整和语音增强处理技术可以有效提高声纹门禁的性能，硬件采用专业稳定的 CPU 内核电源芯片和复位芯片，来保证系统运行的稳定性。

## 4. 语音识别技术系统

一个语音识别技术系统的原理框图如图 6-36 所示，下面对各部分做简要说明。

图 6-36　语音识别原理框图

（1）预处理

语音识别的第一步就是预处理。待识别的语音经过话筒变换成电信号后，加在语音识别系统的输入端，首先要先经过预处理。预处理包括反混叠滤波（滤除其中不重要的语音频率分量和背景噪声），然后进行模/数转换、自动增益控制以及语音有效范围检测等处理工作。

（2）特征参数提取及分析

语音信号是冗余度很高的、非平稳随机信号，必须经过特征提取才能降低语音信号的冗余度，而特征提取又是通过对语音信号分析来获取表征语音信号的特征参数的。这一步就是分析经过预处理后的语音信号，从而提取其特征参数。

语音识别系统常用的特征参数有幅度、能量、过零率、线性预测系数（LPC）、LPC 倒谱系数（LPCC）、线谱对参数（LSP）、短时频谱、共振峰频率、反映人耳听觉特征的 Mel 频率倒谱系数（MFCC）、PARCOR 系数（偏自相关系数）、随机模型（即隐马尔可夫模型）、声道形状的尺寸函数（用于求取讲话者的个性特征），以及音长、音调、声调等超音段信息函数等。

特征的选择和提取是构建语音识别系统的关键，信号的复杂度越高，识别就越困难，要想提高识别率，识别参数的选择也要增加更多包含信息的特征。因为在通常情况下，如果参数中包含的信息越多，则分析和提取的难度就越大。

（3）距离测度

距离测度是语音识别特征提取的衡量尺度。用于语音识别的距离测度有多种，如欧氏距离及其变形的距离、似然比测度、加权超音段信息的识别测度、隐马尔可夫模型之间的距离测度、主观感知的距离测度等，至于具体采用什么样的距离测度，这与语音识别系统采用什么样的特征参数和什么样的识别模型有关。

（4）语音库

语音库即声学参数模板。它是训练与聚类的方法，从单讲话或多讲话者的多次重复的语音参数，经过长时间的训练而聚类得到。

（5）测度估计

测度估计是语音识别的核心。目前已经研究过多种求取测试语音参数与模板之间测度的方法，如动态时间规整法（DTW）、有限状态矢量化法（VQ）、隐马尔可夫模型法（HMM）

等。此外，还可使用混合方法，如 VQ/DTW 法等。

DTW 是一种基于模板匹配的特定人语音识别技术，它的成功之处在于巧妙地解决了对两个程度不等的模板进行比较的问题，并在孤立词特定人语音识别系统中获得了良好性能，但这种方法不适用于非特定人语音识别系统。

HMM 是先进的语音识别系统中采用的主流技术，它实质上是一种通过相互关联的两重随机过程共同描述语音信号短时谱随时间变化的统计特性的模型参数表示技术，其中一重随机过程是隐蔽不可观测的有限状态马尔可夫链；另一重随机过程是与马尔可夫链的每一状态相关联的可观测特征的随机输出。

HMM 基元模型匹配的主要原理是贝叶斯估计，即在系统可知的范围中，对要识别的语音观察特征序列，找出最有可能产生该观察序列的基元模型序列，作为识别结果的假设，这个过程也叫搜索。在搜索最佳结果的过程中，语言认知的知识可以提供极大的帮助。

（6）专家知识库

专家知识库用来存储各种语言学知识，如汉语变调规则、音长分布规则、同音字判别规则、构词规则、语法规则、语义规则等。对于不同的语言有不同的语言学专家知识库，对于汉语，也有其特有的专家知识库。

（7）判决

对于输入信号计算而得到的测度，根据若干准则及专家知识，判决选择可能的结果中最好的结果，由识别系统输出，这一过程就是判决。

## 三、语音识别技术的应用领域

**【知识链接 6-7】　　　　语音识别将把鼠标键盘打入冷宫**

2011 年，一部美国流行大片《2012》中有一个镜头，几个飞往中国的美国人乘坐飞机上一台豪华汽车下飞机，可是用钥匙怎么也启动不了，这是由于车子是富商定制的，后来在车上的富商说了句"Start"，车子才发动，他们最终才成功脱险。

从孤立词到大词汇量连续语音的识别（LVCSR），再到语音库检索，语音识别技术一直在向前发展，现在的语音识别技术离我们已经不再遥远。"今后 5 年内，互联网搜索将更多地通过语音来完成。"比尔·盖茨在多个场合曾再三强调，语音识别技术 5 年内将取代键盘，所以，语音识别技术势必成为业界关注的焦点。

语音识别技术的应用主要有以下两个方面。

一方面是用于人机交流。目前这方面应用的呼声很高，因为使用键盘、鼠标与计算机进行交流的方式，使许多非专业人员，特别是不懂英语或不熟悉汉语拼音的人被拒之门外，影响到计算机的进一步普及。而语音识别技术的采用，改变了人与计算机之间的互动模式，只需动动口，就能打开或关闭程序，改变工作界面。这种使电脑人性化的结果使得人的双手得到解放，使每个人都能操作和应用计算机。

电话仍是目前使用最为普遍的通信工具，通过电话与语音识别系统的协同工作，可以实现语音拨号、电话购物以及通过电话来办理银行业务、炒股、上网检索信息或处理电子邮件等工作。不久，能按主人口令接通电话、打开收音机，以及通过声纹识别来者身份的安全系统也将获得应用。

另一方面的应用是语音输入和合成语音输出。现在，已经出现能将口述的文稿输入计算机，并按指定格式编排的语音软件，它比通过键盘输入在速度上要提高2~4倍。装有语音软件的计算机还能通过语音合成，把计算机里的文件用各种语言"读"出来，这将大大推进远程通信和网络电话的发展。

在现阶段，语音技术主要用于电子商务、客户服务和教育培训等领域，它对于节省人力、时间，提高工作效率将起到明显的作用。能实现自动翻译的语音识别系统目前也正在研究、完善中。

可以预期，随着社会信息化的普及，语音识别技术作为人机交互最自然的界面，很快会在实际生活中的信息查询和命令控制等方面成为人的得力助手，帮助人们摆脱鼠标、键盘、屏幕等信息终端的物理约束，减轻生理、心理负担，提高社会生产力。

目前语音识别技术主要使用在如下几个领域。

### 1. 在信息查询领域的应用

通过语音识别技术进行用户身份识别，从而提高呼叫中心的工作有效性，尤其在更加需要人性化服务的医疗、教育、投资、票务、旅游等应用方面，语音识别技术显得尤其重要。

### 2. 在电话交易方面的应用

在通过电话进行交易的系统中，如电话银行系统、商品电话交易系统、证券交易电话委托系统，交易系统的安全性是最重要的，也是系统设计者所要重点考虑的内容。传统的电话交易系统采用"用户名＋密码"的控制机制，以确认用户的身份并确保交易的安全性。然而这种控制机制有几个明显的缺点。

（1）为了降低用户名及密码被猜中的可能性，用户名和密码往往很长，而且难以记忆或是容易遗忘。

（2）密码有可能被猜到，而且现有的电话系统中，如果没有专用的端加密设备，身份密码很容易就可能被别人窃取。

（3）拨打者往往需要拨打很多数字才能完成身份验证并最终进入系统，给用户带来很大的麻烦。

若在电话交易系统内采用语音识别技术来进行交易者的身份识别与确认，上面的问题就可以迎刃而解。

### 3. 在PC以及手持式设备上的应用

在PC及手持式设备上，也需要进行用户身份的识别，从而允许或拒绝用户登录计算机或者使用某些资源，或者进入特定用户的使用界面。同样，采用传统的"用户名＋密码"的保护机制，存在着用户名和密码泄密、被窃取、容易遗忘等问题。

语音识别技术应用到 PC 以及手持式设备上，可以无须记忆密码，就可实现保护个人信息安全，大大提高系统的安全性，方便用户使用的目标。例如在 Mac OS 9 操作系统中，就增加了 Voiceprint Password 的功能，用户无需通过键盘输入用户名和密码，只需对着计算机说一句话，就可以登录。

### 4．在安保系统及证件防伪中的应用

语音识别系统可用于信用卡，银行自动取款机，门、车的钥匙卡，授权使用的计算机，声纹锁及特殊通道口的身份卡等。如在卡上事先存储了持卡者的声音特征码，在需要时，持卡者只要将卡插入专用机的插口上，通过一个传声器读出事先已储存的暗码，同时，仪器接收持卡者发出的声音，然后进行分析比对，完成身份确认。同样，可以把含有某人语音特征的芯片嵌入到证件中，通过上述过程完成证件防伪。

### 5．与二维条码技术相结合的防伪应用

采用语音识别的方法对重要的证件、文件、单据进行防伪，但在应用时，需要在一载体上记载语音信息。若采用芯片的方式，则芯片和证件文件的紧密结合不易实现，并且芯片造价过高。从可行性上考虑，证件文件的声纹防伪需要选择一种可以和证件、文件紧密结合的声纹记载方法。综合考虑，二维条码不失为一种理想办法。

由于二维条码的高信息容量可以容纳特定人的语音信息，而且可以很好地与证件文件等纸质结合。在需要进行证件确认的时候，通过语音二维条码识别出用户的声纹特征，并输入到语音确认仪器中，同时与持证人的声音进行对比，完成证件和身份的确认。

语音二维条码技术也可以应用到人类生活的很多领域，例如物流配送方面，在提取货物时、订货到达时，可以通过承载语音的二维条码来确认提货人或者购物者的身份，从而大大降低冒领、拒领等现象的发生，提高了物流运行效率，促进了电子商务和电话商务的发展。

## 四、语音识别技术的发展趋势

近 20 年来，语音识别技术取得了显著的进步，开始从实验室走向市场。预计在未来 10 年内，语音识别技术将全面进入工业、家电、通信、汽车、电子、医疗、家庭服务、消费电子产品等各个领域。

在未来几十年中，语音识别技术还将在所有涉及人机界面的地方无处不在。特别在电信服务、信息服务和家用电器中，以"自动呼叫中心"、"电话目录查询"、股票、气象查询和家电语音控制等为代表的语音识别技术的应用将方兴未艾。

而结合语音识别、机器翻译和语音合成技术的直接语音翻译技术，将通过计算机克服不同母语人种之间交流的语言障碍。语音也将成为下一代操作系统和应用程序的用户界面之一。在社会潜在的应用驱动下，语音识别理论和技术将得到飞速发展。

但是，语音识别技术的发展也存在一定的挑战。在语音识别中，口语识别最具技术性挑战，也最具有实用价值，是语音识别技术未来发展的重要趋势之一。

当前世界上有许多大学和研究所已开发和正在开发口语对话系统，例如 Carnegie

Mellon 的 Communicator、MIT 的 Jupiter 和 Mercury、AT&T 的 How May I Help You、Achen 的 Philips，国内中国科学院、清华大学、北京交通大学、沃克斯技术院等单位也开展了对话系统的研究。

同时，一些公司，例如 Nuance、TellMe、BeVocal、HeyAnita、Voxeasy 等，已经成功地在一系列的领域开发出以口语为界面的应用。但就整个来说，这些系统的任务相对比较简单，大体局限在信息查询方面和命令与控制方面，并且以系统主导为主，较复杂的交互目前还正处于开发之中。

虽然已经取得了一定的进展，但语音识别技术目前还未达到应用的要求，主要原因在于语音识别技术所涉及的以下方面还没有找到完满的解决方案。

### 1．环境及噪声

对话系统所处的声学处境、噪声强度、说话人离话筒的距离和位置变化等，都会对语音识别系统产生重大的影响，这是各种语音识别系统普遍存在的问题。

### 2．特征提取

输入的语音信号经过一定的预处理，主要过程为采样、反混叠滤波、自动增益控制、去除声门激励和口唇辐射的影响以及去除噪声影响、端点检测等，进入特征提取阶段。现在主要的特征提取方法是基于 Mel 系数的 Mel 频率倒谱系数（MFCC）分析法，但仍存在优化的强烈动因和改进可能。

### 3．声学模型

声学模型的基本问题是以识别基元的粒度优化，各种语言的最佳分辨粒度存在较大差异，同时，语言的最佳分辨粒度还与辨识任务的结构有关。

### 4．实时解码

对话系统的口语识别要求解码速度至少要达到心理准实时的水平。由于实时性和准确性、内存空间占用等存在矛盾，在兼顾准确性和内存消耗的情况下，做到实时解码，是面向实际应用的系统必须考虑的问题。

### 5．语言模型

语言模型是对话系统重要的知识来源，由于自然口语的语料一般不易搜集，而且自然口语的语法存在语法约束较弱、停顿及插入较多等问题，语言建模在很大程度上直接影响到对话系统性能的提高。

### 6．置信度

置信度是对话系统自知之明的一种度量，在人机对话的过程中有着重要的作用。虽然十多年来，人们已经提出了不少识别结果置信度预测方法，但迄今为止，尚没有找到满意的、通用的置信度预测方法。

## 第六节 对生物特征识别技术的展望

作为常见的生物特征识别技术，虹膜识别、指纹识别、掌纹识别、面部识别等，分别具有各自的优势和劣势，因此，在实际的应用中，需要根据具体的环境和性能要求，选择不同的识别技术，表6-4为主要生物特征识别技术的参数比较。

表6-4 几种常见的生物特征识别技术对比

| 特性<br>类别 | 误识率 | 拒识率 | 影响识别的因素 | 稳定性 | 安全性 |
| --- | --- | --- | --- | --- | --- |
| 虹膜识别 | 1∶120万 | 0.1%～0.2% | 虹膜识别时摄像机镜头的调整 | 非常稳定，只须注册一次 | 使用者选择注册 |
| 指纹识别 | 1∶10万 | 2.0%～3.0% | 干燥、脏污、伤痕、油渍 | 需要经常注册 | 使用者选择注册；隐秘指纹储藏 |
| 掌纹识别 | 1∶1万 | 约等于10% | 受伤、年龄、药物、环境 | 需要经常注册 | 使用者选择注册 |
| 面部识别 | 1∶100 | 10%～20% | 灯光、年龄、眼镜、头脸上的遮盖物 | 需要经常注册 | 使用者选择注册；可以在一定距离内，无使用者同意的情况下被注册 |

在世界生物识别技术市场上，从具体产品的结构来看，指纹识别技术产品占据生物识别技术门类的主导地位，掌形识别技术产品现在也相当成熟，居于第二位。如图6-37所示，为2007年全球生物识别技术产品结构，其中，指纹识别占52.1%，掌形识别占30%，虹膜识别占7.3%，声音识别占4.5%，笔迹识别占2.4%，其他占3.7%。

图6-37 2007年全球生物识别技术产品结构[1]

从市场应用的角度而言，对于指纹、虹膜、人脸、声音等几种生物特征识别技术，它们的目标市场基本重合，因此存在相互竞争的关系，市场占有率处于波动之中。

根据国际生物识别集团（IBG）[2]最新权威报告《2009—2014年生物识别市场与产业报

---

1 资料来源：http://www.cnscdc.com/yanjiubaogao/qita/qita/18678.html
2 IBG 国际生物识别集团（International Biometrics Group，IBG）是生物识别行业领先的咨询和技术服务公司，关于全球生物识别市场的分析调查报告多数是由IBG输出的。除此之外，他还帮助美国政府的代理机关、世界500强企业集成生物识别安全技术服务。

告》显示,在各种生物特征识别技术中,自动指纹识别系统(AFIS)和实时扫描所占份额最大,为 38.3%;指纹识别占到 28.4%(自动指纹识别系统和实时扫描,是指在公安、刑侦、机场、安检等行业应用的指纹识别系统;指纹识别,是指其他指纹识别的民用市场);人脸识别占到 11.4%;虹膜识别、语音识别、静脉识别和掌形识别各占 8.0%、3.0%、2.4% 和 1.8%。

其中一个突出的市场变化就是,经过短短 3 年时间,我国人脸识别技术的市场份额从零增长到 16%,指纹识别的市场份额则从 98% 下降到 82%,充分显示了人脸识别技术不断替代指纹识别技术市场的发展趋势。

随着各种生物特征识别技术的不断发展和提高,在全球信息化、网络化的大背景下,笔者相信,生物特征识别技术的应用面会越来越广,深度会不断深入,并将呈现以下三个发展趋势。

### 1. 网络化趋势

生物特征识别技术解决了人类社会日常生活中一个基本的身份识别问题,今后,这种身份识别的结果会越来越多地和各种行业应用结合起来,并通过网络,得以实现信息共享,简单来说,就是"身份识别+物联网"的发展趋势。

### 2. 融合趋势

各种生物特征识别技术既有各自的优点,也有各自的短处。对于一些安全性要求较高的特殊行业应用,就需要几种生物特征识别技术的融合应用,以进一步提高身份识别的整体安全性。

### 3. 人脸识别技术的快速发展趋势

人脸识别技术作为一种最晚走向大规模商用的生物特征识别技术,近年来,发展速度很快。除了在传统的应用市场不断扩大自己的市场份额外,在一些非传统的应用市场,也将显示出良好的跨界应用的市场前景。

## 本 章 小 结

生物特征识别技术是一项古老的技术,可以以追溯到古代埃及和古代中国。到了 20 世纪末期,近代的生物特征识别技术开始蓬勃发展,并随着计算机应用的发展,生物特征识别技术越来越成熟。因其具有普遍性、惟一性、稳定性、不可复制性等特点,在世界范围内广泛地应用于刑侦、政府、军队、电信、金融、商业等领域。

当前,生物特征识别技术主要包括:指纹识别、静脉识别、掌纹识别、视网膜识别、虹膜识别、人体气味识别、脸型识别、血管识别、DNA 识别、骨骼识别、语音识别等。本章主要介绍了当前主流的 4 项生物特征识别技术的起源与发展、技术基础及典型应用。

指纹识别技术主要根据人体指纹的纹路、细节特征等信息,对操作者或被操作者进行身份鉴定,指纹识别技术最早成功应用于公安刑侦领域。得益于现代电子集成制造技术和快速可靠的算法研究,近年来,已经开始走入我们的日常生活,成为目前生物检测学中研究最深入、应用最广泛、发展最成熟的技术,并在许多行业领域中得到了广泛的应用。

人脸识别技术特指利用分析比较人脸视觉特征信息进行身份鉴别的计算机技术。近年来,成为模式识别与计算机视觉领域内一项受到普遍重视、研究十分活跃的课题。由于人脸识别技术提供了一种直接、友好、方便、非侵犯性、高可靠性和稳定的鉴别途径,因此,有着非常广阔的应用前景,自动人脸识别系统在各种不同的领域中的应用,必将对人们生活的各个方面产生深刻的影响。

虹膜识别技术是利用人眼虹膜终身不变性和个体差异性的特点来进行身份鉴别的一项高新技术,通过对比虹膜图像特征之间的相似性来确定身份,其核心是使用模式识别、图像处理等方法,对人眼睛的虹膜特征进行描述和匹配,从而实现个人身份认证。在包括指纹识别技术在内的所有生物特征识别技术中,虹膜识别技术是最为方便和最精确的一种。虹膜识别技术被广泛认为是21世纪最具有发展前途的生物认证技术。

语音识别是语音信号处理学科的一个分支,是让机器通过识别和理解过程,把语音信号转变为相应的文本或命令的技术。语音识别技术的应用主要有以下两个方面:一方面是用于人机交流;另一方面应用是语音输入和合成语音输出。

## 本章内容结构

生物特征识别技术
- 生物特征识别技术概述
  - 生物特征识别技术的起源及发展
  - 生物特征识别技术的基本原理
  - 生物特征识别技术的主要内容
- 指纹识别技术
  - 指纹识别技术的起源与发展
  - 指纹识别技术的原理和特点
  - 指纹识别技术的应用
- 人脸识别技术
  - 人脸识别技术的发展历程
  - 人脸识别技术的应用现状
  - 人脸识别技术基础
  - 人脸识别系统的实际案例分析
- 虹膜识别技术
  - 虹膜识别技术的起源与发展
  - 虹膜识别技术基础
  - 国外虹膜识别技术的应用案例
  - 我国的虹膜识别技术的应用前景
- 语音识别技术
  - 语音识别技术的发展历程
  - 语音识别技术基础
  - 语音识别技术系统
  - 语音识别技术的应用领域
  - 语音识别技术的发展趋势
- 对生物特征识别技术的展望

## 综合练习

### 一、名词解释

生物特征识别技术　　　指纹识别技术　　　人脸识别技术
虹膜识别技术　　　语音识别技术

### 二、简述题

1. 简述生物特征识别技术的基本原理和特点。
2. 简述指纹识别技术的工作原理和过程。
3. 简述人脸识别技术的工作原理和过程。
4. 简述虹膜识别技术的工作原理和过程。
5. 简述语音识别技术的工作原理和过程。

### 三、比较思考题

1. 比较主流的生物特征识别技术各自的特点和优缺点。
2. 结合所学的知识，预测生物特征识别技术将在哪些领域会有新的突破和应用？

### 四、实际观察题

1. 生物特征识别技术在我们的生活中有哪些具体应用，请举例说明。
2. 谈一下你对生物特征识别技术的体会。

## 参考书目及相关网站

[1] 田捷. 生物特征识别理论与应用[M]. 北京：清华大学出版社，2009.
[2] 苑玮琦. 生物特征识别技术[M]. 北京：科学出版社，2009.
[3] 李铭. 自动人脸检测与识别系统中若干问题的研究[D]. 北京：北京交通大学，2005.
[4] 梁路宏，艾海舟，徐光佑，等. 基于模板匹配与人工神经网确认的人脸检测[J]. 电子学报，2001，29（6）：744-747.
[5] 王瑞平，陈杰，山世光，等. 基于支持向量机的人脸检测训练集增强[J]. 软件学报，2008，19（11）：2922-2929.
[6] 徐毅琼，李弼程，王波. 基于隐马尔可夫模型的人脸检测与识别[J]. 中国图像图形学报，2003，8（z1）：667-669.
[7] 肖红，南威治. 基于肤色模型与人脸结构特征的人脸检测[J]. 科学技术与工程，2010.
[8] 刘持平. 指纹无谎言[J]. 南京：江苏人民出版社，2010.
[9] 中国自动识别技术协会网址 http://www.aimchina.org.cn
[10] http://baike.baidu.com/view/2562893.htm